KB007461

이 책에 대

"엄청난 책이다. 이 주제에 깊이 통달ᄂᆞ ㅜ ㄱ ㅣ ㄱᆞ ㄴ 쓰는 여ㅁㅓ 심오한 이해를 가지고 썼다. 팸 몽고메리는 북미 토착민의 지혜와 현대의 연구들, 과학, 양자물리학을 하나로 엮어서 약초 속에 내재해 있는 신성하면서도 강력한 본질을 생생하게 증언해 주고 있다. 이 놀라운 책의 모든 페이지가 전하는 메시지 덕분에 약초 치유에 대한 우리의 인식은 물론이고 의학 전반에 대한 우리의 인식까지 바뀌게 될 것이다."

—로즈마리 글래드스타Rosemary Gladstar,

약초 치유사, 미국식물보존협회United Plant Savers 창립자,

《로즈마리 글래드스타의 가정 허브Rosemary Gladstar's Family Herbal》저자

"축복 같은 책이다. 팸 몽고메리의 글은 힐데가르트 폰 빙엔이 말한 '녹색 치유력viriditas'으로 빛을 발하고 있다. 진정한 약초 치료사의 지혜가 가득 담겨 있다."

—데이비드 호프만David Hoffman,

《의학적 약초학과 50세 이후의 약초 처방Medical Herbalism and Herbal Prescriptions after 50》저자

"팸 몽고메리는 이 책에 쓴 그대로 살고 있다. 이 책은 식물에 대한 그녀의 폭넓은 지식을 치유와 변형이라는 영적인 길의 맥락 속에서 전달한다. 크게 존경받는 약초 치료사이자 교사로서 그녀가 해온 철저한 연구와 더불어 그녀가 직접 체험한 직관적인 경험들이 돋보인다."

—나키 스컬리Nicki Scully,

《연금술적 치유와 동물 영 명상Alchemical Healing and Power Animal Mediations》저자

"자신도 모르게 식물과 이야기를 나눠봤거나, 산을 향해 어떤 감정을 느껴봤거나, 바람 속의 속삭임을 들은 경험이 있다면, 이 책이 잘 맞을 것이다. 우리는 식물이 하는 태고의 대화를 아주 주의 깊게 듣고 그것에 참여하는 것을 통해서 식물을 우리의 공동체 속에 진정으로 포함하라고 촉구받고 있다. 이 책은 우리의 녹색 친구들, 비단 현재 약초로 사용되는 것들만이 아니라 모든 식물과 관계를 구축하기 위한 실질적인 방법을 제공해 준다."

—존 시드John Seed, 우림 활동가,

《산처럼 생각하라Thinking Like a Mountain》저자

✤

"이 책은 식물의 영들과 소통하여 치유를 요청하는 내용의 책이다. 팸 몽고메리는 살아있는 '자연' 속에 푹 빠져 사는 것이 어떤 것인지 보여준다. 이 책은 의미나 영, 관계 등을 돌아볼 수 없을 정도로 바쁘게 돌아가는 현대 생활의 과도함을 풀어주는 해독제와 같다. 사랑, 기쁨, 영, 생명 같은 말은 추상적일 수 있지만, 여기서는 실질적이다."

—매튜 우드Matthew Wood,《약초 지혜Herbal Wisdom》저자

✤

"이 책은 온전함에 이르는 심오한 방식의 핵심을 파고든다. 현대 물리학에서부터 북미 토착민의 전통까지를 살펴본 뒤 녹색 세계가 지닌 사랑의 힘에 대해 배우고 그것과 다시 연결될 수 있다는 믿음을 키워나가는 과정으로 우리를 안내한다. 궁극적으로 그녀는 우리가 삶에서 클라이언트들과 함께 이 경이로운 방식의 치유를 꽃피울 수 있도록 돕는다. 내 생각에 이 책은 이미 고전이다."

—브룩 매디슨 이글Brooke Medicine Eagle,

《버펄로 여인이 노래하며 온다Buffalo Woman Comes Singing》,

《마지막 고스트 댄스Last Ghost Dance》저자

"약초를 사용해 본 경험 여부와 상관없이, 진리를 찾는 모든 영혼이 이 책 속에 담긴 것을 치유의 탕약처럼 마실 것이다. 그리고 라틴어 이름과 화학을 사랑하는 이들은 이 책에서 물리적인 것을 훨씬 넘어서 있는 식물의 힘에 다가가는 문을 발견하게 될 것이다."

—아만다 맥 퀘이드 크로퍼드Amanda McQuade Crawford,
《여성들을 위한 약초Herbal Remedies for Women》 저자

"이 책은 식물을 사랑하는 이들과 약초 치료사들에게 완전히 새로운 영역을 제시한다. 인간 진화의 현시점에서 식물 영들은 상호 이해라는 새로운 패러다임 속에서 우리의 파트너가 될 수 있고, 또 그렇게 될 것이며, 그것을 통해 우리 모두가 구원될 수도 있다. 팸은 식물의 영적 자질들을 존중하는 방식으로 우리가 식물을 바라보고 인식하도록 촉구하는 동시에, 우리 자신과 지구를 위해 이런 치유의 힘을 활용하는 방법을 보여준다."

—로지타 아비고Rosita Arvigo, 《사스툰Sastun》, 《영적 목욕Spiritual Bathing》 저자

치유자 식물

Plant Spirit Healing

PLANT SPIRIT HEALING

Copyright © 2008 by Pam Montgomery

Foreword copyright © 2008 by Stephen Harrod Buhner
All rights reserved.

Korean translation copyright © 2015 by Shanti Books.
Korean translation rights arranged with Inner Traditions, Bear & Company through
EYA(Eric Yang Agency).

이 책의 한국어판 저작권은 EYA(Eric Yang Agency)를 통해 Inner Traditions, Bear & Company
와 독점 계약한 도서출판 샨티에 있습니다. 저작권법에 의하여 한국 내에서 보호를 받는 저
작물이므로 무단 전재와 복제를 금합니다.

치유자 식물

2015년 12월 28일 초판 1쇄 발행. 2022년 9월 15일 초판 2쇄 발행. 팸 몽고메리가 쓰고 박
준식이 옮겼으며, 도서출판 샨티에서 박정은과 이홍용이 펴냅니다. 전혜진이 표지 및 본문
디자인을 하였으며, 이강혜가 마케팅을 합니다. 제작 진행은 굿에그커뮤케이션에서 맡아 하
였습니다. 출판사 등록일 및 등록번호는 2003. 2. 11. 제2017-000092호이고, 주소는 서울
시 은평구 은평로3길 34-2, 전화는 (02) 3143-6360, 팩스는 (02) 6455-6367, 이메일은
shantibooks@naver.com입니다. 이 책의 ISBN은 978-89-91075-01-6 03480이고, 정가
는 18,000원입니다.

이 도서의 국립중앙도서관 출판시도서목록(CIP)은 e-CIP홈페이지(http://www.nl.go.kr/ecip)와 국가자료공동
목록시스템(http://www.nl.go.kr/kolisnet)에서 이용하실 수 있습니다.(CIP제어번호: CIP2015034296)

식물 영과 함께하는 치유 가이드

치유자 식물

팸 몽고메리 지음 | **박준식** 옮김

【샨티】

이 이야기는 너를 위한 거야, 카라Cara, 내 가슴의 딸아.
이 이야기가 네 가슴속에 씨앗으로 자리 잡기를,
그리고 네가 네 딸에게 이 이야기를 들려주고
거기서 싹이 터 자라나기를.
우리가 우리 아이들에게 해주는 이야기대로
세상이 만들어질 테니까.

▶사진 1 Orchis spectabilis.
(Photo by Linda E. Law)

▼ 사진 2 엄마 단풍나무Maple Mama(Photo art by Linda E. Law)

◀사진 3 데이지의 나선형 패턴
(Photo by Linda E. Law)

▼ 사진 4 줄무늬단풍나무의 영(Photo art by Linda E. Law)

▲ 사진 5 나무껍질 존재Bark Being(Photo art by Linda E. Law)

▶ 사진 6 에키네시아와 소통하고 있는
데비(Photo by Linda E. Law)

◀**사진 7** 화이트파인과의 조용한 순간
(Photo by Pam Montgomery)

◀**사진 8** 영적 식물 목욕을 위해
식물들을 준비하는 모습
(Photo by Linda E. Law)

▲ 사진 9 쑥의 영(Photo by Linda E. Law)

▶ 사진 10
영적 식물 목욕을 받고
있는 리사(Photo by
Linda E. Law)

◀ 사진 11 홀리바질

▼ 사진 12 성요한초로 플라워 에센스를 만드는 모습(Photo by Linda E. Law)

▲ 사진 13 금잔화의 영(Photo by Linda E. Law)

▲ 사진 14 트릴리움(Photo by Kelly Sinclair)

▲ 사진 15 안젤리카의 영(Photo by Linda E. Law)

◀ 사진 16 장미
(Photo by Pam Montgomery)

차례

✤ 추천의 글

보이지 않는 것을 되찾기 위하여

―스티븐 해로드 뷰너[1]

지난 20년 동안 나는 식물인plant people[2], 베게탈리스타vegetalista(아
마존 약초 치료사), 약초 치료사herbalist 들과 많은 시간을 보냈다. 그린 네
이션스 게더링Green Nations Gathering(오래전에 이 책의 저자인 팸 몽고메리가
시작한 모임이다)이나 국제 약초 심포지엄The International Herb Symposium 같
은 컨퍼런스에는 세계 모든 대륙에서 온, 다양한 식물인植物人들이 모
였다. 이런 컨퍼런스와 모임에서는 여느 곳과는 다른 것이 느껴진다.

그들이 그곳에 모인 이유는, 오래전 식물이 자신들의 생명을 구해
주었기 때문이다. 그리고 일단 그런 일이 일어나면 모든 것이 이전과
는 달라진다. 무언가가 그들의 내면에 들어오게 된 것이다. 보이지 않
는 무언가가 그들 내면에 들어와서 그들의 삶을 바꾸고, 주변의 자연

---

1 스티븐 해로드 뷰너Stephen Harrod Buhner는 약초 치료사이자 지구에 관한 영감을 표현하는 시인으
로, 자연과 식물의 지성, 북미 토착민 문화, 약초학에 관해 10여 권의 책을 썼으며 상도 받았다. 대표
작으로《식물의 잃어버린 언어The Lost Language of Plants》,《식물의 비밀스러운 가르침The Secret Teach-
ings of Plants》,《식물의 지성과 상상 영역Plant Intelligence and Imaginal Realm》등이 있다. 국내에서는
《식물의 잃어버린 언어》(나무심는사람, 2005)가 출간 후 절판되었다가《식물은 위대한 화학자》(양문,
2013)란 제목으로 재출간되었으며,《음식을 끊다Fasting》(따비, 2015)가 최근 출간되었다.―옮긴이.
2 치유 과정을 통해 식물의 영과 직접 소통하게 된 사람을 가리킨다. 이 글의 아래와 책의 본문에 자
세한 설명이 나온다.―옮긴이.

세계를 인식하거나 그것과 관계하는 방식을 바꾼다. 그들은 자신들이 생존하는 데 가장 근본적인 것을 야생의 자연과 연결시켰다. 그리고 자신들을 '야생의 상태로 회복시켜 주는 약Wild Redeemer'을 먹었다. 또 그 과정에서 그들은 의학적 환원주의에서 이야기하는 약초학herbalism 과는 다른 약초학을 접하게 된다. 이 책에서 팸 몽고메리는 이 다른 종류의 약초학과 함께, 치유받기 위해 식물들에 의지했던 사람들의 내면에 들어온 그 보이지 않는 것을 탐구한다.

금방 죽은 사람의 몸은 살아있는 사람의 몸과 무척 비슷해 보이지만 실은 보이지 않는 무언가가 떠나고 없는 몸이다. 로버트 블라이Robert Bly는 "사람의 몸과 마찬가지로 시詩에서도 보이지 않는 것이 모든 차이를 만든다"고 이야기한다. 블라이가 이야기한 이 보이지 않는 것의 중요성과 힘은 비단 언어의 경우에만 해당하는 것이 아니다. 우리 삶의 핵심이 바로 거기에 있는 것이다. 하지만 인간이 추구하는 분야 중에서 그 점을 이해하고 받아들이는 곳은 거의 없다. 환원주의적 방법론(리처드 도킨스Richard Dawkins[3]식의 현실관)과 보이지 않는 세계 간의 갈등은 어디에나 존재하며, 약초학 역시 예외가 아니다.

지난 20년 동안 많은 약초 치료사들이 좋은 의도에서 약초학이 '진짜' 과학임을 입증하려고 노력했다. 자신들이 연구하는 분야가 진지하게 받아들여지기를 바랐기 때문이다. 하지만 이 과정에서 그들은, 수없이 많은 분야에서 수없이 많은 이들이 그랬듯이, 보이지 않

3_《이기적인 유전자》의 저자로, 삶의 많은 부분을 유전자의 작용으로 설명했다. 웬델 베리가 이를 반박하는 《삶은 기적이다Life Is a Miracle》(녹색평론사, 2006)라는 책을 썼다.—옮긴이.

는 것을 기계적인 것의 손아귀 속에 넘겨주었으며, 그 결과 대다수 사람들이 보기에 치명적인 오류가 있는 세계관이 약초학을 제멋대로 바꿀 수 있도록 허용하고 말았다. 이 치명적인 오류에 대해서는 체코의 대통령을 지냈던 바츨라프 하벨Vaclav Havel이 다음과 같이 간명하게 이야기한 바 있다.

현대 과학이 발전시킨 세계와의 관계는 이제 그 잠재력을 다해가고 있는 것처럼 보인다. 이러한 관계에 이상하게도 무언가가 빠져 있다는 점이 점점 더 분명해지고 있다.…… 예를 들어 오늘날 우리가 조상들보다 우주에 대해서 훨씬 많은 것을 알고 있을지 모르지만, 조상들이 우리보다 더 근본적인 것, 우리가 놓치고 있는 무언가를 알고 있었을 것 같다는 느낌이 점점 더 커지고 있다.…… 우리 몸의 기관들과 그 작동 방식, 기관들의 내부 구조와 그 안에서 벌어지는 생화학 반응들에 대해 더 많은 것이 묘사되면 될수록, 그것들이 이루는 전체 시스템, 곧 우리가 자신으로 경험하는 시스템의 존재 목적과 의미는 점점 더 파악하기 어려워지는 것 같다.[4]

우리가 놓치고 있는 이유, 현대 과학이 보지 못하는 이유는 우리가 연구하는 대상의 어느 부분에서도 그것이 발견되지 않기 때문이다. 그것은 보이지 않는 것이다. 그리고 오늘날 서구인은 보이지 않는 것을 무척 불편해한다. 그 정도가 너무나 심한 나머지 대다수 서구인은 그것에 관해 이야기하는 것조차 거부한다. 마치 멀리 치워버리거나 눈

4_Vaclav Havel, *The Art of the Impossible* (New York: Knopf, 1997), pp. 166~167.

에 띄지 않는 곳에 숨겨야 할 부끄러운 것인 양 취급할 정도이다. 이는 참으로 통탄스러운 일이다. 그 결과 우리 내면의 풍요로움뿐만 아니라 우리가 사는 환경까지 파괴되고 있기 때문이다.

사람들이 서로 주고받는 것들 가운데서 가장 중요한 것이 눈에 보이지 않는 것과 마찬가지로(서로 깊이 아끼는 사람들 간에 오가는 사랑이나 관심 등), 지구의 여러 살아있는 시스템들 안에서 진행되는 가장 중요한 상호 작용들도 보이지 않는다.[5] '식물이 주는 약plant medicines'[6]을 곤충, 조류, 파충류, 포유류, 다른 식물 등 생태계 전체가 이용하고 있지만, 환원주의 연구자들은 이를 오랫동안 무시해 왔다. 또한 식물이 생태계의 병든 구성원이 어떤 화학 물질을 필요로 하는지 정확히 파악해서 실제로 그것을 만들어낸다는 사실 역시 간과하고 있다. 이는 눈에 보이지 않는 것들이 자연 속에서 실제로 작용하고 있다는 사실을 잘 보여주는 것이며, 식물과 식물의 지성에 대한 깊이 뿌리박힌 가정들과는 상반되는 것이다.

이 책에서 팸 몽고메리는 생태계 안에서 보이지 않는 것들이 어떻게 작용하는지 우리에게 들려준다. 내가 보기에 특히 의미심장했던 점은 지구에서 식물과 다른 생명체들이 공진화共進化를 통해 발전했다

5_이 글의 필자는 기본적으로 지구 전체와 지구의 여러 시스템들(각종 생태계)이 모두 살아있으며, 그 속에 있는 모든 구성 요소들(생물, 무생물) 역시 끊임없이 서로 소통의 메시지를 주고받는다는 견해를 가지고 있다. 이런 관점은 전 세계 토착민들에게서 공통적으로 나타나며, 심층생태론deep ecology 역시 거기에 뿌리를 두고 있다. 이에 관해서는 뷰너의 책《식물의 비밀스러운 가르침》을 살펴보기 바란다.—옮긴이.

6_뷰너에 따르면, 식물은 다른 생물은 물론이고 생태계 전체 차원에서도 특별한 치유 기능을 수행한다.—옮긴이.

는 인식이다. 구체적으로 다음 구절이다.

식물과 동물이 처음 생겨난 시기로 되돌아가 보면 양서류 식물, 즉 쇠
뜨기나 양치류 같은 관다발 식물이 육지로 먼저 이동했다. 그다음에 구
과毬果 식물[7] 같은 파충류 식물이 육지로 이동했으며, 속씨 식물 같은 포
유류 식물, 즉 내부에서 배아를 키우고 보호하는 식물은 가장 늦게 육지
로 이동했다. 식물들이 육지로 이동하면서 그에 상응하는 동물들이 뒤를
따랐다. 다시 말해 먹이를 제공할 속씨 식물(꽃이 피는 식물)이 등장하고
나서야 포유류가 육지에 나타난 것이다.

인간은 지구상의 보이지 않는 것들과 불가분의 관계로 엮여 있
다. 현대 의학은 이른바 치유healing를 물질을 정교하게 조작하는 일로
축소시키려고 노력해 왔지만, 지구 생태계들에 있는 것과 똑같은 종
류의 보이지 않는 것들이 지구의 축소판인 우리에게도 고스란히 들어
있으며, 이러한 보이지 않는 것을 현대 의학의 환원주의가 손볼 수 있
는 여지는 별로 없다. 이는 우리 몸과 그 기관들의 미묘한 작용들의 경
우만이 아니라 치유와 관련한 경우에도 마찬가지로 적용되는 이야기
이다. 우리 조상들은 알고 있었지만 지금 우리가 놓치고 있는 것 중 하
나가, 인간 치유에 가장 중요한 요소 중 많은 것이 실제로는 보이지 않
는 것이라는 점이다.

7_겉씨 식물의 구과목에서 소철류와 은행나무류를 제외한 것. 침엽수가 대표적이다.—옮긴이.

예를 하나 들어보자. 오래 전 나는 엘리자베스 퀴블러-로스Eliza-beth Kübler-Ross와 함께 작업하는 영광을 누렸다. 그녀는 내 마음에 깊이 새겨진 이야기를 하나 들려주었는데, 그것은 그녀가 치유에서 보이지 않는 것의 중요성을 깨닫게 된 순간에 관한 이야기였다. 그 당시 그녀는 콜로라도 주 덴버에서 의사로 일하고 있었는데, 환자의 대부분은 암 환자들이었다.

그런데 그녀는 일부 환자들이 도저히 낫기 어려운 상태인데도 병세가 호전되고 있음을 발견했다. 그래서 그녀는 무슨 일이 벌어지고 있는지 알아볼 생각으로 환자들을 면밀히 관찰하기 시작했다. 환자들은 매일 아침이면 상태가 나아졌다가(실제로 훨씬 나아졌다) 하루가 끝날 무렵에는 다시 상태가 나빠지곤 했다. 그래서 그녀는 그 원인을 밝혀볼 참으로 밤에 병원 이곳저곳을 몰래 돌아다녔다. 그러다 한 청소부가 병실에서 환자들과 오래도록 시간을 보낸다는 것을 알게 되었다. 어느 날 밤 이 여자 청소부와 만난 그녀는 "내 환자들에게 뭘 하는 거죠?"라고 물었다.

청소부는 두려움에 "아무것도 안 해요! 아무 일도 안 한다니까요" 하고는 급히 몸을 돌려 달아나려 했다.

엘리자베스가 청소부를 붙들고 말했다. "잠깐만요, 제가 화가 나서 그런 게 아니에요. 전 그저 당신이 무슨 일을 하고 있는지 알고 싶을 뿐이에요."

청소부는 걸음을 멈추고 몸을 돌리더니 엘리자베스의 눈을 쳐다보며 이야기했다. "전 그저 그 사람들 곁에 앉아서 손을 잡아줄 뿐이에요. 아시다시피 죽어가는 사람들이잖아요. 혼자 죽는다는 건 참 힘든 일이죠. 돌봐주는 사람 하나 없이 죽는다는 게 얼마나 힘들겠어요? 사랑 없이는 죽기도 어렵고 살기도 어려워요." 이 말을 남기고 그녀는 돌아서 가버렸다.

엘리자베스는 자신이 미국에서 호스피스 운동을 시작하게 된 것이 바로 이 대화 때문이었다고 말한다. 치유에서, 삶에서, 나아가 죽음에서 보이지 않는 것의 중요성을 그녀가 이해하게 된 순간이었다.[8]

여기서 한 가지 지적하고 싶다. 이 이야기를 읽어나가는 동안 여러분은 단어들을 그냥 읽지 않았다. 단어들이 의미하는 바가 자신에게 미치는 영향을 느끼고 있었다. 이 이야기 속에는 여러분의 가슴을 울린 보이지 않는 무엇이 있었던 것이다. 무언가 심오한 의미가 전달되었지만, 단어 자체가 주된 역할을 한 것은 아니었다. 바로 그 순간에 여러분은 언어 속에 존재하는 보이지 않는 것들을 경험하고 있었으며, 거기에 더해서 그보다 좀 더 큰 무언가, 즉 살아있는 시스템들의 치유에 필수불가결한 무언가 또한 경험하고 있었다.

이 글을 읽을 때 단어들의 의미를 이해하기 위해 영문학 학위가 필요하지 않은 것과 마찬가지로, 식물이 주는 약을 이해하기 위해서 화학 학위가 필요한 것은 아니다. 여러분이 앞의 이야기를 읽으며 그 의미에 대한 느낌을 경험했던 것처럼, 식물이 주는 약은 각기 독특한 느낌을 준다. 바로 이 느낌이 식물이 주는 약에 담긴 더욱 깊은 의미들을 옛사람이나 토착민들처럼 이해하는 첫걸음이 된다. 이 느낌은 또

8_ 엘리자베스 퀴블러-로스의 책은 국내에서도 《인생수업》, 《사후생》, 《생의 수레바퀴》 등 여러 권이 출간되었다.—옮긴이.

한 매일의 삶에서 우리를 둘러싸고 있는 보이지 않는 것들을 이해하는 열쇠이기도 하다.

보이지 않는 것을 되찾는 일의 중요성을 탐구하는 책들은 점점 늘어나고 있고, 여러분이 손에 들고 있는 이 책 역시 그중의 하나이다. 이 책에서 팸 몽고메리는 보이지 않는 것들에 관해 이야기하면서 그에 얽힌 자신의 경험도 들려준다. 많은 저자들처럼 팸 역시 보이지 않는 것을 되찾는 일의 중요성을 명확하게 이야기하고 있다.

예를 들어 개개인이 각자 내면에서 읊조리고 있는 이야기의 본질에 관해 그녀가 설명하는 것을 보면 놀랍다. 우리가 자신이 누구이고 어떤 사람인지 스스로에게 매일 들려주는 이야기(보이지는 않지만 의미로 가득 차 있는 이야기)가 우리의 '웰빙'과 '관계' '생물학적 기능' '정신 건강'에 얼마나 큰 영향을 미치는지 그녀는 잘 설명하고 있다. 팸은 이런 이야기를 바꾸고 확장해서, 보이지 않는 것들이 그 속에 포함되도록 만드는 일이 왜 필요한지 설명한다. 그중의 하나가 영spirit이라 불리는 것이다.

그녀는 "우리 생태계의 영적 측면에 대한 인식 없이는 우리는 뿌리 없는 나무요 움직임 없는 파도이며, 계속된 갈구에도 불구하고 자신에게 생명을 주는 영혼soul과 만나지 못한 가슴이다"라고 이야기한다. 팸은 우리가 인간으로서 이런 보이지 않는 것들을 인식할 수 있는 능력을 타고났을 뿐 아니라, 더 나아가 약초 치료사들은 그것들을 늘 접하고 있다는 점을 지적한다.

식물과 함께 치유 작업을 하는 우리 약초 치료사들은 많은 식물이 비슷한 생리 작용을 함에도 특정 환자에게는 특정 식물이 더 잘 맞는다는 걸 직감적으로 느낀다. 어떤 사람한테 필요한 식물이 있으면 그 식물이 근처에서 자라기 시작하는 일이 드물지 않다는 이야기를 모든 시대 약초 치료사들이 해왔으며, 이는 오늘날도 마찬가지이다. 그리고 클라이언트에게 맞는 약초를 생각해 보는 과정에서 갑자기 어떤 식물의 이미지가 떠오르는 경험을 한 사람들도 우리 가운데는 아주 많다.

이런 것들은 약초 치료사로서 우리가 작업할 때 일반적으로 사용하는 보이지 않는 것들 중 일부이다. 물론 보이지 않은 것들의 숫자는 이보다 훨씬 더 많고, 우리가 이 세계에 더 깊이 들어갈수록 그것들은 더 보편화될 것이다. 만약 우리가 단순히 기계적인 관점에서 이런 작업에 임하지 않고 보이지 않는 것들을 활용해 온 과거 전통을 되살려 작업에 임한다면, 환원주의 의학으로는 도달하기 어려운 수준의 훌륭한 치유가 일어날 수 있다. 우리가 의미를 인식하는 능력과 의미 형성에 참여할 수 있는 능력이 자신에게 있음을 받아들이고, 정말로 식물이 클라이언트들에게 필요한 의미들을 담아서 전달하는 도구임을 깨닫는다면, 클라이언트들의 삶 속에 그런 의미들이 흘러들어 가도록 할 수 있기 때문이다.

다시 말해서 이런 의미들이 어떤 힘을 발휘할 수 있을지 그리고 그것이 특정 클라이언트에게 적합한지 아닌지 여부를 결정하는 데 우리가 가진 느낌의 능력을 활용한다면, 우리는 이러한 의미의 흐름을 매개하고 촉진하는 사람이 된다. 그리고 그 과정에서 우리는 우리에게 치유를 받으러 온 사람들의 삶 속으로 살아있는 텍스트, 깊은 의미들로 가득 찬 텍스트를 불어넣게 된다. 이런 의미들은 치유 과정에서 없어서는 안 될 많은 일을 행한다. 하지만 한 가지 중요한 측면은 그것들이 지금 이 시대 너무도 많은 사람들을 괴롭히고 있는 문제, 즉 '의미 없음'에 대한 해독제 역할을 한다는 사실이다.

의미로 되돌아가는 여정은 그 길을 걷기로 한 이들에게 긴 여행이 되는 경우가 많다. 지금 당신이 들고 있는 이런 책은 그런 여정에서 방향을 찾을 때 긴요한 역할을 한다. 이 길을 걷는 더 많은 사람들이 시간을 내어 길에서 자신이 발견한 것들을 책으로 써주면 좋겠다. 그런 책들 속에서 우리는 때로 아주 깊은 의미들과 마주칠 수 있기 때문이다. 이와 관련해 윌리엄 스태포드William Stafford는 다음과 같은 시를 썼다.

> 깨어 있는 이들이 깨어 있는 것이 중요하기에,
> 그렇지 못해 길을 잃고 헤매면
> 낙담해서 다시 잠들 수 있기에,
> 우리가 보내는 신호,
> 긍정, 부정, 불확실함의 신호는 분명해야 한다.
> 우리 주위의 어둠은 깊다.[9]

2007년 5월,
길라 야생지The Gila Wilderness에서

---

[9] Robert Bly, ed., *The Darkness Around Us Is Deep: Selected Poems of William Stafford* (New York: Harper Collins, 1993), p. 136. (이 인용구는 〈서로에게 의례로서 읽어주어야 할 글A Ritual to Read to Each Other〉이란 시의 일부이다.—옮긴이)

감사의 글

내 친구이자 편집자인 킴 아이작스Kim Isaacs에게 얼마나 감사해야 할지 모르겠다. 킴, 그대의 인내심과 지치지 않는 노력이 이 책을 지금의 모습으로 만들었어요. 또한 내가 처음으로 쓴 몇 개 장章의 원고를 읽고 적절한 코멘트로 나머지 원고 작업을 잘 마칠 수 있도록 도와준 안드레아Andrea에게도 감사한다.

이 책에 적합한 사진들을 찾기 위해 스위트워터Sweetwater에서 찍은 수백 장의 사진들을 오랜 시간 다시 살펴봐 준 린다 로Linda Law에게도 큰 감사를 보내고 싶다. 린다, 그대의 거울 효과 이미지들은 참으로 아름다워서, 모든 식물이 체현하고 있는 신비와 마법을 맛볼 수 있게 해준답니다.

이 책이 품고 있는 빛을 알아주고 추천의 글까지 써준 친구이자 나처럼 식물을 사랑하는 동료인 스티브 뷰너에게 특별한 감사드린다. 심장에 관해 쓴 장을 읽고 깊은 통찰력으로 소중한 코멘트를 해준 필립 바크Phillip Bhark 박사에게도 감사를 드린다. 또 이 책을 나와 공동으로 창조한다는 마음으로 임하며 참여자 모두가 만족할 만한 책을 만들어 준 이너 트러디션스Inner Traditions의 편집자 지니 레비탄Jeanie Levitan과

편집장 챙크 밴윙클Chanc VanWinkle에게도 깊은 감사를 드린다.

이 책에 실린 이야기들을 직접 제공하거나 그것에 관한 영감을 준 학생들, 친구들, 클라이언트들에게도 모두 감사드린다. 특히 재스민, 제시카, 제니퍼, 아스트리아, 웬디, 사라, 재키, 멜로디, 린다, 제니, 리지, 제프, 타미, 셜리, 바버라, 리사, 니나, 레티티아, 캐시, 줄리, 주디, 지넌, 엘리자베스, 포레스트, 헬레나, 브렌다, 메리 루이즈 등 이 책 내용의 기반이 된 식물 영 치유 실습생Plant Spirit Healing Apprenticeship 프로그램에 용기 있게 참여한 모든 사람들에게 감사를 드리고 싶다. 하지만 이야기에 등장하는 이름들은 실명이 아님을 밝혀둔다.

책의 저자에게 큰 영향을 준 사람들의 목소리가 책에서 메아리처럼 울려나오는 건 어쩔 수 없는 일이다. 따라서 무척 특별한 사람인 내 스승 마틴 프렉텔Martín Prechtel의 모습이 이 책에서 드러나 보이는 것은 당연한 일이다. "다음 시대를 위한 씨앗 심기"에 기꺼이 동참하기 위해 '볼라드의 부엌Bolad's Kitchen'[1]에 모인 우리에게 당신의 드넓은 가슴과 광대한 지식을 나눠준 마틴, 당신께 최고의 존경과 깊은 감사의 마음을 바칩니다.

책을 쓰는 일은 고도의 주의력과 믿음, 창조적 영감이 필요한 작업이며, 따라서 지극히 외로운 과정이다. 하지만 그 과정에서 불쑥 회의가 들 때 자기가 애당초 왜 이 책을 쓰려고 했는지 기억하게 해주는 친구만큼 좋은 존재도 없다. 그런 점에서 내게 가장 소중한 친구 케이

---

[1] 마틴 프렉텔이 운영하는 학교의 이름. 볼라드는 옛날 페르시아 상인이자 요리사로, 서로 적대 관계에 있는 부족들을 포함한 모든 이웃 부족들을 자신의 부엌으로 초대했다고 한다. 그의 부엌에 들어갈 때는 무기를 문에 놓아두어야 하며, 모두가 동등하고 공평하게 대접받았다고 한다.—옮긴이.

트 길데이Kate Gilday에게 지금은 물론 앞으로도 늘 감사하고 싶다. 케이트, 최고의 순간이나 최악의 순간이나 늘 나와 함께해 줘서 고마워.

내 가슴속 느낌들을 말로 다 표현해 보려 했지만, 내 소중한 사랑 마크, 당신과의 황홀한 경험에 비하면 이 책에 써진 말들은 그저 그림자에 불과해요. 이 책을 쓸 수 있을 정도로 내 가슴이 충분히 열린 것은 당신 덕분이에요. 나에게 '사랑 속에 있는 것be in love'이 아니라 '사랑으로 존재할be love' 수 있도록 가르쳐주고, 우리가 함께 '사랑으로 존재하는 것'이 세 번째 가슴인 신성한 가슴Holy Heart에 봉사하는 것임을 보여준 이가 바로 당신이에요. 그리고 이 책은 신성한 가슴을 위해 써진 것이에요. 내 사랑이여, 나를 집으로 데려와 준 당신께 감사드려요.

끝으로 식물들께, 끊임없는 인도와 치유, 우정을 보여준 데 참으로 깊은 감사를 드리고 싶다. 여러분의 대변인 중 한 명이 된 것은 저에게 참으로 커다란 영광이에요. 나를 이곳 스위트워터 생츄어리로 불러주고 내 멘토 역할까지 하고 있는 마블 마운틴Marble Mountain과 하트 스프링Heart Spring께도 감사드린다.

한국어판 서문

한 주 동안 한국인 번역자 두 명으로부터 이 책을 한국 독자들에게 소개하고 싶다는 연락을 받고 나자,[1] 한국인의 집단 의식 속에 도대체 어떤 일이 벌어지고 있기에 이 책에 대한 관심이 이토록 커졌을까 곰곰이 생각해 보게 되었다. 오늘날 한국 문화에서는 식물과 분명한 방식으로 소통한다는 생각이 낯선 개념이라고 들었는데, 이 책을 번역해서 많은 독자들에게 소개하려 할 정도로 식물의 의식과 지성에 큰 관심을 가진 한국인이 두 사람이나 있었으니 말이다.

도대체 무엇이 식물의 물리적 특성을 넘어서 식물 영과의 소통이라는 훨씬 넓은 측면에 대해 이렇게 새로운(물론 겉보기에만 새로운 것처럼 보일 뿐이다) 관심을 불러일으키고 있는지 스스로에게 물어보았다. 우선 나는 한국 문화 속에서 식물과의 소통을 당연하게 여기는 지구 중심 영성Earth based spirituality[2]이 엔티오겐entheogen(내면의 신성을 깨우는 식물 또

1_옮긴이가 번역을 마치고 몇몇 구절의 정확한 뜻을 묻고, 한국어판 서문 작성과 관련해 상의하고자 저자에게 전화를 한 날, 다른 한국인 번역자가 이 책을 번역하고 싶다는 이메일을 저자에게 보냈다고 한다.—옮긴이.

2_지구 전체를 자체적인 의식을 가진 신성한 것으로 보고, 인간을 비롯한 모든 생물과 무생물은 신성이 물질로 표현된 것이라 여기는 관점을 말한다. 특히 이런 관점은 식물이나 동물을 인간과 동등하

는 식물에서 얻어지는 화학 물질)과 관련하여 어떤 식으로 존재하고 있는지 알아보았다. 그리고 고구려 고분 벽화에 불사의 신선이 '마법의 버섯'을 채취하는 모습이 그려져 있고,[3] 나쁜 기운을 몰아내기 위해 사람들이 집 입구에 쑥을 심었다는 사실 등을 알게 되었다. 이는 한국의 샤먼 전통에서 환각 작용을 하는 버섯과 그 밖의 식물들이 활용되었음을 나타낸다. 물론 한국은 전 세계에 자랑할 만한 오랜 약초 사용 역사를 가지고 있으며, 한국 인삼은 원기 회복 능력이 탁월해 세계적으로 큰 명성을 얻고 있다. 또한 나는 한국에서 삼림욕 인기가 점점 더 높아지고 있다는 사실도 발견했다.

한국 전통 미술에서는 나무(소나무, 매화나무, 뽕나무 등)를 그린 그림이 많았다. 소나무는 한국인들에게 '장수' '절개' '의지' '행운'을 나타내는 상징이었으며 '우두머리 나무'로 간주되었다.[4] 한국화 화가 허달재[5]는 자신의 유명한 그림에 묘사된 소나무에 대해 이렇게 이야기했다. "이 나무의 붉은 줄기, 잔가지, 작은 솔잎, 그 모두가 신령스러우며⋯⋯ 고요함과 생기를 동시에 지니고 있다."

소나무에 대한 이런 인식은 여기 내가 사는 곳에 있는 화이트파인White Pine에 대한 나의 관점과 무척 흡사하다.[6] 이런 것들을 살펴본 결과 나는 풀과 나무를 지적知的이고 살아있으며 의식을 지닌 신령스

게 보며, 동식물이 사람과 이야기할 수 있다는 점을 당연하게 생각한다. 북미 인디언을 비롯한 전 세계 토착민들에게서 이런 관점을 공통적으로 찾아볼 수 있다.—옮긴이.
3_강서대묘 벽화에 네 명의 선녀 중 두 번째 선녀인 비선飛仙이 불로초인 영지버섯을 채취하는 모습이 그려져 있다.—옮긴이.
4_소나무의 다른 이름인 '솔'은 우두머리를 뜻한다.—옮긴이.
5_의재문화재단 이사장. 뉴욕, 파리 등에서 전시회를 했다.—옮긴이.
6_화이트파인에 대해서는 9장을 참조.—옮긴이.

러운 존재로 여기면서 소통하는 토착민으로서의 기억이 한국인의 혈통 속에 실제로 존재함을 깨닫게 되었다. 그러므로 세계 여느 민족처럼 한국인에게도, 자연(풀과 나무)과의 소통 능력을 회복하는 일은 결국 기억에 관한 문제가 된다.

우리는 원래 식물과 교감communion할 수 있는 능력을 갖고 태어났으며, 따라서 식물과 우리를 하나로 연결시키는 공통의 언어를 발견해 내기만 하면 되는 것이다. 이제 다른 많은 민족들처럼 한국인들도 우리에게 생명을 주는 풀과 나무들이 실제로 우리의 친족이요 우리가 한 모든 경험에 그들이 늘 함께해 왔음을 기억해 내기 시작했다. 그리고 그 기억이 떠오르면서 자연의 광대한 그물 속에서 공동 창조자인 자신의 바른 자리를 찾아가고 있다.

진실은 우리가 녹색 존재들과 하나로 연결된 상태에 있도록 '설계되어hardwired 있다'는 것이다. 녹색 존재들이 우리가 필요로 하는 것을 모든 수준에서(신체적·정신적·감정적·영적 수준에서) 제공해 주고 있다는 점에서, 우리가 그들과 공생 관계에 있다는 점을 부정할 수는 없다. 우리는 그들이 주는 산소를 들이마시고, 그들의 살을 먹으며, 그들 덕분에 우리 몸의 조직들을 만든다. 이렇게 우리의 몸이 필요로 하는 기본적인 것들을 식물을 통해 충족하고 있는 것이다.

우리의 인지 능력은 약 13억 년 전 조류藻類의 한 계통에서 점화된 불꽃에서 유래되었다. 이 조류는 자신의 미래 생식 방법에 대한 결정을 해나가기 시작했고, 그 과정을 통해 현재 번성하고 있는 속씨 식물로 진화했다. 몇몇 과학자들은 이 초기 의사 결정자들이 의식 혹은 '고차원의 정신higher mind'을 지닌 존재들의 선구자였으며, 의식적인 결정을 내릴 수 있는 우리의 능력 또한 거기에서 비롯된 것이라고 이야기한다. 풀이며 나무들과 우리가 공생 관계를 맺고 있음을 기억하기 시작하면 '자연애自然愛, biophillia'가 자라날 수밖에 없다. 이처럼 풀, 나무들과 우리가 오랜 세월 동안 긴밀한 관계를 맺어왔기 때문에, 왜 그들과 함께 살아가야 하는지를 우리는 몸으로 먼저 알고 있다. 이런 경험이 있기에 '자연애' 상태에서는 서로 간에 감정적 공감이 일어나고 깊은 교감이 자연스럽게 이루어진다. 그것을 통해서 우리는 자연에 대한 우리의 사랑을 경험하게 될 뿐만 아니라, 우리에 대한 자연의 사랑 역시 느끼게 된다.

비전vision, 확장된 의식 상태, 신성神性 혹은 신성함과 연결된 느낌을 가져다줄 수 있는 환각 식물들을 인간은 영적인 영역에서 찾아냈다. 이제 일상적으로 볼 수 있는 보통 식물들이 우리의 의식을 확장하기 위해 다가오고 있다. 대표적인 것이 식물 입문식Plant Initiations이다. 식물 입문식이란 의식儀式을 통해 식물을 영약靈藥으로 만든 후 이 영약을 며칠 동안 먹는 것이다.[7] 이 기간에 식물은 우리 몸 안에서 여러 가지 방식으로 작업을 하며, 이를 통해 식물과 우리 사이에 깊은 교감이 일어난다. 식물이 '전수자initiator'가 되고 우리는 '입문자initiated'가 된다. 입문을 통해 우리의 인간 문화는 다시 한 번 완전해지며, 우리는 전체 속에서 우리의 자리가 어디인지 기억해 내게 된다. 전체 속에서

7_저자가 진행하는 프로그램 중 하나로, 식물과 샤먼적 방식으로 작업하는 것을 익힌 상급자들을 위한 것이다. 몇몇 식물(홀리바질, 로즈매리 등)의 의식 확장 능력을 향상시키기 위해 의식을 통해 그것을 영약으로 만든 후, 사흘 동안 단식을 하면서 이 영약을 섭취하는 방식으로 진행된다. 자세한 내용은 이 책 표지에 소개한 저자의 홈페이지를 참조하라.—옮긴이.

우리의 자리가 어디인지 알게 됨으로써, 우리는 자연 속에서 우리가 마땅히 있어야 할 자리에 머물며 신성한 인간으로 살게 된다.

우리의 가슴이 풀과 나무에 열려서 그들의 진동 공명과 동조하면 옥시토신이라는 호르몬이 분비된다. 이 호르몬은 '결합의 호르몬bonding hormone'으로, 이를 통해 우리는 다른 사람뿐만 아니라 모든 생명과의 연결을 느낄 수 있다. 옥시토신[8]이 우리 세포의 수용체에서 흡수되면 회복 반응이 시작된다. 우리의 존재 전체가 이완되고 균형을 회복한다. 자연 세계와의 관계 속에서 자연애를 회복하는 사람의 숫자가 전 세계적으로 늘어나면 지구 전체적으로 회복이 일어나게 된다. '건강' '행복' '자애로움'이 회복되고 우리가 다시 세상 만물과 연결되어 자신의 진정한 본성대로 살 수 있게 되면 우리의 내적인 환경과 외적인 환경 모두에 평화가 오게 된다.

2014년 5월
스위트워터 생츄어리에서

8_출산시 자궁 수축과 모유 분비를 촉진하는 호르몬.—옮긴이.

서론

어렸을 적 나는 켄터키 주 동부 산악 지대에 있는 할아버지네 농장에서 여름을 보내곤 했다. 할머니는 식물을 사랑하는 분이셨다. 집안일을 모두 끝낸 오후만 되면 할머니는 풍성한 정원으로 나가서 무언가를 따거나 꺾곤 했는데, 일하는 내내 누군가와 이야기를 나누는 듯 계속 중얼거리셨다. 하루는 할머니께 도대체 누구랑 이야기를 하는지 물었다. 할머니는 이렇게 대답했다. "식물도 사람이랑 똑같단다. 식물한테도 친구가 필요하지. 꽃에게 이야기를 들려주면 꽃이 더 잘 자란단다."

이것이 할머니가 식물을 잘 가꾸는 비결이었다. 나는 할머니를 무척 사랑했고 할머니가 식물과 이야기 나누는 모습도 아주 자연스러워 보였기 때문에 그런 사실을 추호의 의심도 없이 받아들였다. 이것이 식물과 관련해서 내가 아주 어릴 적부터 마음에 품고 있던 이야기이다. 나는 모든 사람이 식물과 이야기를 한다고 생각했다. 그러나 그 소중했던 순진무구하던 날들이 지나고 나이가 더 들면서 나는 많은 사람들이 식물을 두려워할 뿐만 아니라 식물에 대해 나와는 사뭇 다른 이야기를 마음속에 품고 있다는 걸 알게 되었다. 식물이란 위험하고 잘못

먹으면 우리를 죽게 할 수도 있다는 그런 이야기였다.

나는 큰 충격을 받았다. '어떻게 이럴 수 있을까?' 할머니가 해주신 이야기랑은 너무나 달랐기에, 나는 이 이야기를 믿지 않았다. 그 대신 할머니를, 또 식물과 이야기 나눌 수 있는 우리의 능력을 적극 변호했다. 많은 세월이 지난 지금도 나는 할머니를 변호하고 있으며, 식물이 우리와 이야기를 나눌 수 있고 친구처럼 지내기 좋은 존재라고 가르쳐준 할머니께 진심으로 감사하고 있다. 할머니가 준 큰 선물은 내가 자연 세계와 소통할 수 있는 권리를 타고났다는 사실에 아무런 의문도 가질 필요가 없도록 해준 점이었다.

나는 세상의 힘들이 강요하는 거짓 패러다임들을 떨쳐내려 애써 노력할 필요가 없었다. 식물이 가슴, 영혼soul, 영spirit을 가지고 있다고 생각하는 것이 나에게는 자연스러웠다. 다른 것을 전혀 배우지 않았기 때문이다. 핀드혼 창립자인 도로시 맥클린Dorothy Maclean[1]이나 조지 워싱턴 카버George Washington Carver[2] 같은 사람들에게 내가 일찍부터 끌린 것도 당연했다. 조지 워싱턴 카버는 이렇게 이야기한 바 있다. "저 꽃을 만질 때 저는 무한the Infinite과 접촉합니다. 꽃은 인간이 지구에 나타나기 훨씬 전부터 존재했고, 앞으로도 수백만 년 동안 계속 존재할 겁니다. 꽃을 통해서 저는 무한과 이야기해요. 무한이란 그저 소리 없는 힘

---

[1] 캐나다 출신으로 핀드혼 농장을 창립한 세 사람 중 한 명이다. 식물의 영인 식물 데바deva들과 소통하는 능력을 지녔다. 자세한 내용은 《핀드혼 농장 이야기》(씨앗을뿌리는사람, 2001)를 참조하라.—옮긴이.

[2] 미국의 흑인 농학자로, 가난한 남부 농민들을 위해 땅콩 재배를 적극적으로 보급하고 땅콩을 이용하는 여러 방법을 무료로 공개해 '땅콩 박사'로 불렸다. 그는 독실한 기독교 신자로, 식물을 포함한 세상만물 모두를 통해 창조주와 소통할 수 있다고 이야기했다. 한국에서도 그에 관한 책이 몇 권 출판되었다.—옮긴이.

silent force을 말해요. 이것은 물리적인 접촉이 아닙니다. 그것은 지진이나 바람, 불 속에 있지 않아요. 보이지 않는 세계 속에 있지요. 요정들을 불러내는 깃이 바로 그 고요하고 조그마한 목소리예요."

1980년대에 나는 약초herb[3] 강의를 하고 약초를 이용한 치료를 시작했다. 당시는 약초에 대한 관심이 커지던 시기였다. 하지만 그것은 우리가 모두 피하고 싶어 하던 것, 바로 서양 의학 모델을 단순히 약초로 대체한 것에 불과해 보였다. 인체에 강력한 영향을 미치는 조제 약품들의 대체물로, 비슷한 약효의 화학 성분을 가진 약초들에 대해 이야기했던 것이다. 약초를 사용하고 나면 한동안은 사람들 몸이 나아졌지만, 결국에는 다른 식으로 질환이 나타나곤 했다. 진정으로 바뀐 것은 아무것도 없었다. 특히 의식은 더 그러했다. 내가 단순한 증상 치료를 넘어서 근본 수준에서 치유가 일어나도록 하는 방법, 즉 진정한 치유가 일어날 수 있도록 의식을 전환시키는 방법을 모색하기 시작한 것이 바로 그때였다.

이를 위해서는 식물의 물리적 특성을 넘어 더 깊은 수준에서 과연 치유가 일어날 수 있는지를 살펴볼 필요가 있었다. 내게 식물과 소통할 수 있는 능력이 있다는 걸 결코 의심해 본 적이 없기에 나는 곧바로 식물들에게 가서 그들이 나를 어떻게 도와줄 수 있는지 알아보기 시작했다. 그 후 여러 해 동안 내가 알게 된 것은 식물이 매우 지적

3_영어로 'herb'는 약리 작용을 하는 다양한 식물들을 통칭하는 말이다. 여기에는 일반적으로 이야기되는 서양식 허브뿐만 아니라 약초로 쓰이는 것들과 양념류(고추, 마늘, 생강 등)도 포함된다. 이 책에서는 'herb'를 주로 '약초'로 번역하고, 문맥에 따라 '허브'로도 번역했다. 그리고 'herbalist'는 '약초 치료사'로 'herbalism'은 '약초학'으로 번역했다.—옮긴이.

이고 다차원적인 존재이며, 근본 수준에서 치유를 일으킬 수 있는 엄청난 능력을 가지고 있다는 사실이었다. 이와 같은 치유는 식물의 화학적인 구성 성분만 가지고가 아니라 식물의 존재 전체와 함께 작업할 때 일어날 수 있었다.

여기서 내가 말하고자 하는 바를 분명하게 해두는 게 좋겠다. 팅처tincture[4]나 차茶, 에센셜 오일精油[5], 기타 유용한 식물 제품을 신체 치유 목적으로 쓰지 말자는 이야기가 아니다. 이런 것들도 분명 식물의 한 측면이기는 하다. 하지만 물리적 몸이 우리의 다양한 본질 가운데 한 측면에 불과한 것처럼, 그것은 식물의 진정한 본질(복합적이며 식물마다 다 다르다) 중 일부에 불과하다. 따라서 나는 사람의 가슴heart과 영혼soul 그리고 영spirit을 치유하기 위해서는 식물의 모든 측면, 즉 가슴, 영혼, 영의 삼위일체trinity와 함께 작업하는 것이 필요하다는 이야기를 하고자 한다.

내 작업에서 나는 식물의 영적인 측면에 중점을 두고 있는데, 그 이유는 물리적 측면에 대해서는 다른 사람들이 (몇몇 예외가 있기는 해도) 아주 잘 이야기하고 있기 때문이다. 식물의 영과 함께 작업하면서 나는 자연스럽게 생명 속에 깃들어 있는 영적인 힘을 탐구하게 되었다. 나는 영이 어떻게 사는지, 그리고 어떻게 우리를 통과해서 움직이는지 이야기한다. 그렇게 함으로써 영을 종교의 추상 세계 안에 가두지 않고 현실로 데려오는 것이다.

4_ 식물, 프로폴리스 등을 알코올 등에 일정 기간 담가서 성분을 우려낸 것.—옮긴이.
5_ 식물 속의 오일 성분을 수증기, 솔벤트 등을 이용해서 추출해 낸 것.—옮긴이.

'영'에 관한 경험을 독자들에게 설명하기가 힘들다는 느낌이 들 때도 여러 번 있었다. 말로는 영의 전모를 도저히 표현할 길이 없지만, 그래도 이 책의 설명을 통해 독자 여러분이 '영 경험'을 조금이라도 이해하고 맛볼 수 있기를 바란다. 하지만 무엇이든 스스로 경험하기 전에는 완전히 이해하기가 거의 불가능하다. 좋은 소식은 우리 모두가 영, 치유, 교감, 그리고 의식의 상승을 경험할 수 있다는 것이다. 그것은 우리가 타고난 권리이다. 우리는 사랑하고, 치유하고, 이해하고 또 자신의 진정한 본성에 따라 살도록 되어 있다.

나와 내 학생들이 한 수많은 경험을 뒷받침해 주는 과학적 증거들이 늘고 있다. 이는 오랜 세월 동안 전통 치유사들과 토착민 치유사들이 해온 경험이기도 하다. 이 책 전반에 걸쳐 나는 과학과 전통의 지혜에서 가져온 정보들로 내 이론과 실천을 최대한 뒷받침하고자 했다. 과학은 거대한 돌파구를 찾아내기 직전에 있으며, 이런 점에서 나는 치유 효과가 있는 식물의 진동 공명vibratory resonance에 관한 연구 등을 머잖아 누구나 일상적으로 볼 수 있게 되기를 바란다.

이 책의 1부는 식물 영 치유의 이론적 기반에 관한 것이고, 2부는 실제 활용에 관한 것이며, 내가 가장 좋아하는 3부에는 식물들의 이야기가 실려 있다. 이 책에 소개하고 싶은 식물들이 정말 많았지만, 내가 선택한 식물들은 스스로 독자들에게 자신의 진정한 본질을 드러내고자 하는 식물들로, 모두 자기 고유의 전일적holistic 관점을 보여주는 것들이다. 결국 나는 그저 식물들이 독자 여러분에게 하고 싶은 이야기를 옮기고 있을 뿐이다.

삼중 나선triple spiral에 관해서는 별도의 장을 마련했다. 나는 나선형이 자연에서 근본적인 것이며, 삼위일체가 자연과 생명의 여러 측면에서 전반적으로 드러난다는 사실을 발견했다. 이와 마찬가지로 식물 영 치유도 가슴, 영혼, 영이라는 삼중의 나선형 경로를 따라 이루어진다.

식물 영을 포착한 린다 로Linda Law의 아름다운 이미지들을 독자 여러분도 잘 감상해 보시면 좋겠다. 내가 거울 효과 이미지들을 처음 본 때는 애디론댁 산맥의 아주 고요한 호수에서 카누를 탈 때였다. 호숫가의 나무며 풀 등이 물에 반사되어 거울 효과 이미지가 만들어졌다. 호숫가를 따라 얼굴도 나타나고 여러 형태의 존재들도 나타났는데, 그것들이 마치 토템 상을 새긴 기둥totem pole처럼 보였다. 호수와 호숫가를 넘나들며 수도 없이 늘어선 그 아름다운 존재들이 얼마나 생생하게 느껴지는지 나는 깜짝 놀라고 말았다. 그 후 린다의 사진을 보기 전까지 다시는 그런 것을 보지 못했다. 린다의 사진들은 시각적인 작업을 통해 식물들이 새로운 방식으로 살아 움직이게 만들었다. 이 책의 표지에 실린 린다의 사진은 성모초Lady's Mantle[6]를 찍은 것이다.

나는 거기에 외계 존재가 너무나 뚜렷이 나타나 있는 데 놀라면서 한참동안 그 이미지를 바라보았다. 이 존재는 남성적인 특징을 지니고 있었고, 좀 더 여성적인 존재가 보이지 않는 점이 신기했다. 그러다가 어느 한 순간 나는 그것이 외계 존재가 아니라 지혜로운 노인 모습의 연금술사임을 알아차렸다. 나는 그를 아르투로Arturo라 부르기 시작했

---

[6] 장미목 장미과의 여러해살이풀로, 영어 이름인 Lady's Mantle은 '성모 마리아의 망토'를 뜻한다. 속명인 'Alchemilla'는 연금술을 뜻하는 아랍 어 'alkemelych'에서 비롯되었다.—옮긴이.

는데, 당연한 이야기지만 성모초의 라틴 어 이름인 '알케밀라Alchemilla'
에는 그런 존재가 드러나 있다. 여러분은 식물마다 각기 다른 존재가
깃들어 있으며, 여느 생명체와 마찬가지로 어떤 존재는 상냥하고 어떤
존재는 불안감을 주기도 한다는 걸 알게 될 것이다. 무척이나 놀라운
이 사진들을 통해 여러분은 식물의 본질을 깊이 탐구하는 소중한 기회
를 얻을 수 있을 것이다. 린다가 찍은 이미지들을 볼 때 나는 이 같은
치유가 일어나는 것을 느낄 수 있다.

　린다는 2006년 여름에 나와 함께 공부를 했는데, 그녀가 작업한
것을 보는 순간 나는 그것들이 꼭 이 책에 들어갔으면 싶었다. 린다는
자신의 작업에 대해서 이렇게 이야기한다.

　"저는 자연과의 연결을 중심 테마로 작업하는 디지털 예술가이자
홀로그램 예술가예요. 사진은 늘 제가 인식을 확장시켜 더 넓은 시각
으로 주변 세계를 바라볼 수 있도록 해주는 도구였어요. 내면의 자아
에 집중하는 방법이었지요. 카메라는 제 감각을 확장시켜 표면 아래의
더 깊은 세계로, 우리가 더 이상 분리되어 있지 않은 그런 세계들로 가
기 위해 사용하는 도구예요.

　저는 25년 넘게 사진 필름을 이용해 창조적인 작업을 해왔는데,
디지털 카메라로 바꾸면서 해방감을 느꼈어요. 디지털 카메라가 제 시
각을 확장시켜 주고, 새로운 작업 방식을 자유롭게 탐험할 수 있게 해
준 거지요. 사진에 찍힌 대상과 연결되는 순간과 그 뒤의 작업을 통해
그 대상을 드러내는 순간(즉 확장되는 순간) 사이의 균형도 탐구해 볼 수
있고요. 드러내는 순간, 곧 제 작업의 두 번째 단계는 컴퓨터 안에서 빛

으로 색을 입히는 단계, 이미지의 진정한 본질을 드러내는 단계를 말해요. 숲에 나가서 사진을 찍을 때나, 밤에서 낮으로 바뀔 무렵 구름 가득한 하늘 아래에서 사진을 찍을 때, 혹은 황금빛 연못 위로 빛이 춤추는 듯한 경이로운 곳에서 사진을 찍을 때 저는 그 마법의 장소와 연결됩니다. 이렇게 드러내는 순간은 제가 제 자신과 제가 찍은 이미지들을 새로운 가능성으로 확장시키는 영역, 신화 속 생물들이 스스로 모습을 드러내는 장이 되었고요.

이 기술은 몇 가지 단계를 거쳐 진화했어요. 이 이미지 가운데 몇 개는 먼저 원본 사진을 찍고 거울 효과를 준 다음 이미 거기에 있던 것을 '드러내는' 방식으로 작업했지요. 컴퓨터 덕분에 저는 이 단계를 얼마든지 제 마음대로 제어할 수 있어요.(사진의 인화 작업 때 빛을 가리거나 더 주는 식으로 빛의 양을 조절하는 것과 비슷해요.) 해상도 높은 새로운 디지털 카메라 덕분에 저는 자연을 훨씬 더 세밀하게 들여다볼 수 있어요. 경이로운 존재들의 향연이 층층으로 겹겹으로 드러나지요. 과학에서 말하는 프랙털fractal [7] 세계인 거죠. 이런 이미지들로 작업을 하면서 저는 신화적인 생물들의 세계로 들어갑니다. 이들은 우리 일상 세계 너머에 있는 힘과 공명共鳴하는 원형의 이미지들이에요. 이 존재들은 시간이 존재하지 않는 영역, 우리 세계 배후에 있는 모두가 하나로 존재하는 장소에 대해 이야기해요. 이곳은 우리의 꿈이 나오는 곳이죠.

이런 영역들로 제 이미지를 보는 사람들의 의식을 확장시키는 것

7_부분이 전체 구조와 비슷한 형태로 끝없이 되풀이되는 구조. 눈송이, 나무, 브로콜리, 번개, 뇌 구조, 강줄기 등 자연계의 많은 구조가 이런 특성을 가지고 있다.—옮긴이.

이 제 작업의 의도예요. '우주'에 의식적인 요청을 하면서, 저는 제 이미지들을 통해 이 꿈의 상태dream state로 들어갈 수 있는 문이 열리기를, 그래서 진실에 대한 우리의 개념을 뒤흔들 만한 곳으로 들어가 볼 수 있기를 요청하지요. 우리가 더 이상 혼자가 아니라 경이와 마법이 끝없이 펼쳐지는 가능성의 세계와 연결되어 있는 의식 상태에 들어가도록 말이에요.

2006년 여름, 저는 실습생으로 팸 몽고메리와 함께 식물 영 치유에 관한 공부를 했어요. 자연 세계와 더 깊이 연결되고 싶다는 바람 때문에 그런 결정을 했지요. 그 전에 저는 3년 정도 약초 공부를 했죠. 영국 여자들이 대개 그렇듯이 정원 일을 좋아하고, 자연과의 공동 창조에 헌신하겠다는 마음도 가지고 있었어요. 저를 식물 영과 더 깊이 연결시켜 줄 이미지들을 만들어보고 싶다는 희망으로 팸의 마법의 정원에 들어섰어요. 이 책에 실린 제 이미지들은 모두 그 기간에 만들어진 것이에요."

이 작업의 대부분은 스위트워터 생츄어리의 내 집에서 진행되었다. 8년 전 나는 물과 산의 부름으로 이곳에 왔고, 그때 이후 그들은 내 멘토가 되었다. 나의 소중한 사랑 마크가 평생 살던 미네소타를 떠나 버몬트로 이사 오면서 내 작업은 새로운 단계로 도약했다. 이제 우리는 이곳에서 특별한 삶을 함께하고 있다. 우리는 함께 '사랑으로 존재하는 상태being love'에 들어갔으며, 이 심오하면서도 단순한 존재 방식 덕분에 식물 영들과 함께 일하고 노는 내 작업이 꽃을 피우게 되었다. 지금 내가 깨닫고 있는 것은 식물 영들이 우리와 함께 '사랑으로 존재하는 상태'에 있으며, 그들을 이런 존재 상태에서 만날 때 우리가 집에 도착한다는 것이다. 우리가 있어야 할 곳에 정확히 이르게 되는 것이다.

이 책에 실린 정보가 꼭 따라야 할 규칙이나 규율이란 얘기는 아니다. 그것들은 내가 직접 효과를 확인해 본 것들로, '식물 영 치유'를 실제로 해보는 데 한 가지 지침 정도로 삼아주면 좋겠다. 여러분의 경험은 내 경험과 다를 수 있다. 그러므로 어떤 방식이 자신에게 더 잘 맞는지 주의 깊게 살펴보기 바란다.

나의 식물 영 경험 또한 계속 진화해 가는 중에 있으며, 따라서 나는 늘 새로운 것을 배우고 있다. 식물 영에 관한 이 오래된 지식은 이 시대의 맥락 속에서 새롭게 떠오르고 있으며, 식물 영들이 나눠주는 지혜에도 오래된 것뿐만 아니라 아주 새로운 것이 포함되어 있다. 새로운 이야기, 새로운 패러다임, 그리고 우리의 아름다운 고향 '가이아'에서의 새로운 생활 방식이 그것이다.

PART 1

식물 영의 치유 원리

모든 숨은 당신과 식물이 서로에게 조건 없이 건네는 춤이다.
식물 영 치유는 하프의 현처럼 진동하고 거미줄처럼 아른거린다.
그것은 고대인들의 치유 망토를 다시 짜는 날실이 될 것이다.

—수전 위드 *Susun Weed*

1. 모든 생명은 영적 생태계 안에서 살고 있다

땅이 부드러워지고 새들이 목청껏 노래하며 공기에 생동감이 살아 넘치는 이른 봄날에 비길 것은 없다. 나는 아직 얼음이 바위를 덮고 있는 곳들을 바라보기도 하고, 새로 돋아나는 릭leek[1]을 찾아 낙엽을 헤치기도 하고, 앙상한 나뭇가지들 사이로 비치는 햇살을 즐기기도 하면서 개울을 따라 상류 쪽으로 걸어 올라갔다. 그러다가 내가 늘 뭔지 모르게 끌리는 느낌이 들고 에너지도 남다른 곳에 도착했다. 한 해 전 심한 가뭄이 들었을 적에는, 산에서 흘러내려 오는 물이 이곳에서 개울 바닥 아래로 사라졌다가 집 뒤쪽 하트스프링Heart Spring에서 다시 솟았다. 이상한 일이었다. 또 한 번은 이곳 개울가의 통나무 위에서 커다란 느타리버섯을 보기도 했다. 이곳은 바위도 다르다. 평평한 편암片巖 바위들이 마치 위로 밀어 올리는 커다란 힘에 밀리기라도 한 듯 한쪽으로 들려 있다. 오늘 이 특별한 장소에 도착하자 마치 이곳에 처음 온 듯한 느낌이 든다. 전에 보이지 않던 것들이 눈에 띈다. 가령 굽이치는 물줄기가 내려다보이는 곳에 부드러운 이끼로 덮인 바위 하나가 앉기 좋게 돌출해 있다. 그리고 바위들을 온통 뒤덮고 있는 밝은 녹색의 이끼가 눈에 띄는데 그런 빛깔이 나타나기

1_ 백합과 식물로 대파와 비슷하다. 서양에서 채소로 재배한다.—옮긴이.

에는 아직 이른 시기인 것 같다. 빛이 물 위에서 반짝이는 모습과 바위들을 가로질러 춤을 추는 모습에도 뭔가 다른 게 있다. 다른 곳들보다 훨씬 더 생기가 넘친다. 이곳이 이처럼 다른 이유는 무엇일까? 나는 굽이 진 개울이 한눈에 내려다보이는 곳에 자리를 잡고 앉았다. 시야를 흐릿하게 하고 쳐다보면 직관적인 감각이 잘 살아난다. 이곳 여기저기 나무며 돌 위에 무엇이 있고, 숲 바닥에 널린 낙엽들은 어떤 형태를 하고 있는지 가물거리는 빛의 베일 너머로 보인다. 그 모든 것에 얼굴이 있다. 노인들과 춤추는 여인들이 보이고, 어미 곰 한 마리, 땅속 요정gnome 한 명, 용 한 마리, 손을 맞잡은 아이들 셋, 크고 위엄 있는 할머니 한 분이 보인다. 이제 바위에 생긴 틈과 나무 밑동의 구멍들도 보인다. 이곳에 사는 존재들의 집이다. 이곳이 곧 자연의 영들이 사는 곳임을 분명히 알 수 있다. 그래서 이곳이 늘 그렇게도 생기가 넘치고 생명체들이 가득하고 또 특별했던 것이다. 지금 이 순간 그들이 얼굴을 보여준 것이 축복임을 느낀다.

—2006년 3월 일기에서

식물 영 치유plant spirit healing의 삼중 나선 경로의 기반은 영적 생태계이다. 이 삼중 나선 경로 안에는 영적 생태계가 실제로 존재하며 그 내부에서 균형이 유지되고 있다는 인식이 들어 있다. 생태ecology는 어떤 유기체가 환경과 맺고 있는 '관계'로 정의된다.[2] 이런 점에서 영적 생태는 어떤 유기체가 환경 속에서 자신의 영spirit과 맺고 있는 관계

2_ 자연스런 한국어 번역을 위해 이 글에서는 'ecology'란 말을 종종 '생태계'라고 번역했지만, 실제로는 이 말이 '관계'를 뜻하는 것임을 염두에 두고 본문을 읽기 바란다.—옮긴이.

로 기술될 수 있다. 이는 우리가 우리의 내부 환경 및 외부 환경과 관계를 맺고 있다는 인식을 바탕으로 한 것이다. 또한 영적 생태는 우리가 영이라는 환경과 맺고 있는 관계이기도 하다. 또 다르게는 우리와 영으로 가득 찬 환경 사이의 관계로도 설명할 수 있다. 이 관점들 간에 약간의 차이는 있지만 모든 생명은 영적 생태계 안에서 살고 있다.

영으로 가득 찬 환경

영으로 가득 찬 환경을 살펴보자면 제임스 러브록James Lovelock의 가이아 이론을 보지 않을 수 없다. 가이아 이론은 "지구는 살아있는 유기체처럼 행동한다. 생명체는 온도와 습도, 대기의 구성 등과 같은 환경 요인들을 유지하는 활동을 통해 생존에 필요한 환경을 적극적으로 만들어간다"고 이야기한다. 가이아 이론은 또 "불리한 환경 변화에 저항하고 '항상성homeostasis'을 유지하는 경향을 보인다는 점에서 지구를 민감하게 반응하는 초유기체supraorganism로 본다. 하지만 기존에 환경이 어떤 식으로 조절되고 있든지 간에, 스트레스가 그 한도를 넘어설 경우에는 안정된 새 환경으로의 도약이 일어나고 기존의 종種들 중 다수는 멸종하게 된다"고 이야기한다. 이는 지구가 자신의 존재 양식을 스스로 창조하고 있으며, 우리가 아는 생명체들이 유지되기 위해서는 환경의 항상성이나 균형이 필요하다는 사실을 잘 보여준다.

웹스터 사전에 영靈, spirit은 "생명을 주는 활력the vital principle held to give life"이라고 정의되어 있다. 지구가 스스로를 창조하는 능력이 궁극의 생기生氣, vitality이며, 그것이 없다면 어떤 생명체도 없을 것이다. 이런 생기는 모든 잎사귀에, 모든 풀잎에, 모든 바람에, 모든 바위에, 모든 빗방울에, 모든 햇살 속에 들어 있다. 이런 지구의 본질적인 살아있음, 거기에 영이 있다. 저것이 없이는 이것도 존재할 수 없는데 그것은 둘이 하나요 동일한 것이기 때문이다. 영을 발견하고자 애쓸 필요는 없다. 우리가 '살아있다'는 단순한 사실이 우리 모두에게 영이 주어져 있음을 보여주기 때문이다. 영을 발견하려 애쓰기보다는 균형을 이루기 위해 끊임없이 노력하는 것이 우리가 해야 할 일이다. 우리에게 생명을 주는 영을 알아차리고 돌보는 가운데 균형을 이룰 수 있으며, 이런 균형 속에서 우리는 조화를 경험하게 된다.

전 세계 토착 문화들은 오래전부터 모든 생명 속에 영이 존재한다는 것과 사람이 자연 세계와 서로 연결되어 있다는 것을 인식해 왔다. 이 관계 속에서 영이 발견된다. 우리의 뼈와 지구의 돌이 같은 무기물로 이루어져 있고, 우리가 들이마시는 숨이 나무와 풀에서 나오며, 우리의 피는 바닷물과 조성이 같다. 영의 활력이 만물 속에 살아있음은 호피Hopi 기도문의 다음 구절에도 나타나 있다. "나는 불어오는 수천 개의 바람. 나는 다이아몬드 같은 눈snow의 반짝임. 나는 익은 곡식 위의 햇볕. 나는 온화한 가을비. 나는 당신이 아침의 고요함 속에서 깨어날 때 원을 그리며 조용히 날다가 재빨리 솟구치는 새떼. 나는 밤에 아련하게 빛나는 별들." 이는 스쿼미시Suquamish 족 시애틀 추장의 다음과 같은 말에서도 엿보인다. "이 땅의 모든 곳은 우리 부족민들에게 신성합니다. 모든 언덕, 모든 계곡, 모든 평지, 그리고 작은 숲에는 오래전 사라진 슬프거나 행복한 사건들이 깃들어 있습니다. 우리는 대지의 일부이고, 대지는 우리의 일부입니다."

내적·외적 환경 속에서 우리가 영과 맺고 있는 관계

우리가 환경 속에서 영과 어떤 관계를 맺고 있는지 알려면, 우리의 안과 밖을 각각 그리고 함께 살펴보아야 한다. 우리가 영과 내적으로 맺고 있는 관계를 살핀다는 말이 우리 머릿속의 신God에 관해 이야기한다거나 천국에서의 우리 자리를 상상해 본다는 뜻은 아니다. 그것은 우리가 자기 자신에게 이야기하는 방식, 자신과의 내적 독백을 가리킨다.

우리의 내적 이야기는 우리 마음의 작용 중에서도 영향력이 가장 큰 측면 중 하나다. 그것은 우리의 진동에 공명하는 외부 세계 상황을 끌어들이는 것을 통해 우리의 생물학적 기능과 감정적 균형, 나아가 전반적인 웰빙에까지 영향을 미칠 수 있다. 우리의 내적 환경이 전쟁(갈등)으로 가득 차 있다면 우리는 외부 환경도 그것에 맞춰 나타나고, 반대로 우리의 내적 환경이 평화로 가득 차 있다면 우리의 외부 환경 역시 평화에 맞춰 조정된다. 우리가 자신에게 들려주는 내적 이야기가 생명력을 북돋아주는 것이라면, 우리가 내적 환경에서 영과 균형 잡힌 관계를 맺고 있다고 생각할 수 있을 것이다. 반대로 우리가 스스로에게 '착하지 않다, 예쁘지 않다, 똑똑하지 않다, 무가치하다' 따위의 이야기를 들려준다면, 우리는 생명을 파괴하는 내적 전쟁을 시작하게 된다. 이런 내적 전쟁은 우리에게 불균형을 불러오고 우울증과 질병을 유발할 뿐만 아니라, 그런 파장에 공명하는 전쟁이 외부에 실제로 존재하게 만드는 역할도 한다. 우리가 내적으로 전쟁 상태에 있을 때 세상에서 전쟁이 사라질 가능성은 낮다.

영을 죽이는spirit killing[3] 이러한 내적 전쟁은 많은 사람들에게 아주 어릴 때 시작된다. 이는 부모, 교사, 친구, TV, 광고, 종교 등이 전하는 메시지들에 의해 강화되며, 결국엔 영의 상실spirit loss이라 불리는 현상을 초래하게 된다. 이런 상태에서는 영의 내적 불꽃이 약해져서 불꽃이 겨우 보일랑 말랑해지거나 잿불만 남게 될 수도 있다. 우리의 내적 진동이 평화 상태에 있고 우리의 외적 진동이 이에 맞춰질 경우 우리는 조화 속에 있게 되며, 이처럼 안과 밖의 균형을 유지하려는 항상성은 영의 불꽃이 활활 타오르는 데 필요한 영적 생태계가 유지되도록 해준다. 이 항상성은 가이아가 지구에서 생명이 지속되도록 애쓸 때의 항상성과 동일한 것이다.

공동 창조의 파트너십을 통해서 우리는 외부 환경에서 영을 경험하는 일에 첫발을 내딛게 된다. 공동 창조의 파트너십은 우리가 환경과 관계 맺는 방식의 하나로서, 모든 창조물이 살아있고, 이곳에 존재할 목적을 지니고 있으며, 생명의 그물 안에서 모두가 동등한 지위를 가진다고 본다. 시애틀 추장이 이야기한 바와 같이 "인간은 생명의 그물을 짜지 않았다. 우리는 그것을 이루는 한 가닥 실에 불과할 뿐이다. 우리가 그물에게 하는 일은 모두 우리 자신에게 하는 일이다. 모든 것이 하나로 묶여 있으며 모든 것이 서로 연결되어 있다."

하지만 인간이 다른 유기체보다 우월하다는 관념을 기반으로 교육받고 자란 사람들에게는 근본적인 패러다임 전환이 필요하다. 대표적으로 〈창세기〉 1장 26절에는 "하나님이 이르시되 우리의 형상을 따

3_ 여기서 'spirit'은 기백, 기운, 활력, 혼 등을 의미하는 말이기도 하다. 따라서 '영을 죽이다'는 '기가 꺾이다'로, '영의 상실'은 '혼이 사라지다' '기백이 사라지다'로 해석할 수도 있다.—옮긴이.

라 우리의 모양대로 우리가 사람을 만들고 그들로 바다의 물고기와 하늘의 새와 가축과 온 땅과 땅에 기는 모든 것을 다스리게 하자 하시고"[4] 라고 나와 있다. 이것은 여러 세대를 거쳐 전승되어 온 아주 강력한 믿음이다. 하지만 이런 믿음은 잘못된 번역으로 인해 빚어진 문제일 수 있다. 예를 들어 녹색 신앙Green Faith의 플레처 하퍼Fletcher Harper 목사는 "〈창세기〉의 이 구절은 (지구와 생명체를) 마음대로 이용할 수 있는 권한이 아니라, 하나님의 다스림(즉 사랑, 친절, 연민의 다스림)과 비슷하게 다스릴 수 있는 권한을 뜻하는 것으로 해석되어야 한다"고 지적한다.

이런 패러다임은 아이작 뉴튼 같은 과학자들에 의해 더욱 널리 확산되었다. 뉴튼은 《수학 원리Principia Mathematica》에서 "우주는 우주를 기술하는 데 사용되는 수학에 따라, 완전히 합리적이고 예측 가능한 방식으로 작동한다. 따라서 우주는 기계적이다"라고 이야기한다. 나아가 뉴튼은 이런 기계적인 우주가 인간에 의해 조작될 수 있다고 시사한다. 과학적 방법론의 아버지로 불리는 프란시스 베이컨은 여기에서 한 걸음 더 나아가, "어머니 자연이 비밀을 드러내도록 괴롭히고 고문하기 위해 취조Inquisition[5]의 기술을 사용하는 것이 중요하다"고 말한다. 여기서 그가 이야기하는 것은, 당시 성경 다음으로 널리 보급된 책인 《마녀의 망치Malleus Maleficarum》에 나오는 고문 기술들이다. 베이컨이 실제로는 과학자가 아니라 법률가였으며 뇌물수수로 인해 의회가 그를 대법관직에서 해임했다는 사실이 흥미롭다. 단순한 해임이 아니라 곧바

4_ 〈창세기〉의 우리말 번역은 개역개정본을 따랐다.—옮긴이.
5_ 원래 가톨릭의 종교 재판을 뜻하는 말이다.—옮긴이.

로 처형될 수도 있었던 이 남자로부터, 과학에 접근하는 우리의 전체 방식(과학적 방법론)이 세워졌다.

　　종교와 과학이라는, 엄청난 영향력을 지닌 이 두 권위로부터 인간이 우월한 위치에서 기계적인 지구를 지배한다는 패러다임이 만들어졌고, 이 패러다임은 수세기 동안 서구 세계 전반을(물론 몇몇 예외는 있다) 장악해 왔다. 이런 신념 패턴이 자연, 식물과의 추상적인 관계를 만들어냈으며, 이 같은 관계 안에서는 식물과의 개인적이고 친밀한 파트너십이 형성될 수 없다. 가이아 이론을 받아들임으로써 우리는 '지배' 혹은 '힘의 행사'에서 벗어나 식물을 동등한 파트너로 보는 새로운 패러다임을 창조할 기회를 갖게 된다. 이를 통해 우리는 온전한 지성을 가진 의식적인 존재들, 우리보다 더 큰 지성을 가졌을 수도 있는 존재들이 지표면을 가득 채우고 있음을 깨닫게 되고, 식물로부터 계속해서 배우는 것은 물론 우리가 만물을 연결하는 그물의 한 가닥임을 인정하게 된다.

　　오래된 패러다임이 변하기 시작했음을 알아차리는 것이 중요하다. 유진 피터슨Eugene Peterson이 새롭게 번역한 성경이 그 한 예인데, 목사이자 교사인 피터슨은 성경을 그것이 써진 원래 언어인 그리스 어와 히브리 어 판본에서 번역하였다.[6] 이 현대판 성경은 낡은 옛말투를 걷어내고 더 읽기 편하고 이해하기 쉬운 오늘날의 언어로 성경을 옮겼다. 그 결과 앞에서 인용한 〈창세기〉의 구절은 이렇게 번역되었다.[7] "따

6_ 원래 예수는 지금은 사어死語가 된 아람 어로 이야기했으며, 예수 사후 몇십 년 후에 당시 구전되던 이야기들을 여러 계파들이 각자 나름대로 정리한 것이 성경의 시작이다.—옮긴이.

라서 그들은 바다의 물고기, 하늘의 새, 가축, 그리고 물론 대지Earth 자체와 지표면 위에서 움직이는 모든 동물들에 대해 책임을 질 수 있다.[7] 이와 유사하게 과학 분야에서는 통일장 이론unified field theory이 자연의 네 가지 기본 힘[8]을 하나로 통합시키고자 노력하고 있는데, 이는 기계적인 자연관에서 현저히 멀어지는 것이다.

영이라는 환경과 우리의 관계

홀로그램hologram 세계관은 작은 부분 안에 원본 전체가 들어 있다고 본다. 레이저로 투사된 3차원 홀로그램 이미지는, 그 이미지를 얼마나 많이 자르건 간에 각 부분 속에 전체 이미지가 들어 있다. 영을 하나의 홀로그램으로 볼 때, 역장力場, force field의 하나로 간주할 수 있는 '생명을 주는 활력活力, vital principle'이 그 개별 부분들 속에 완전하게 포함되어 있음을 알 수 있다. 예를 들어 각각의 식물은 살아있고 이 살아있음 안에 영이 내재해 있지만, 각 식물은 개별적으로 타고난 자신만의 본성 또한 가지고 있다.

민들레와 제비꽃을 비교해 보자. 민들레가 태양을 좋아하고 사람들이 가꿔놓은 잔디밭을 사랑하는 반면, 제비꽃은 그늘과 숲의 한적한 곳을 사랑한다. 각 식물은 자신만의 개성을 가지고 있다. 추투힐Tzutujil 마야 족의 샤먼인 마틴 프렉텔Martin Prechtel의 표현대로 "자신만의 진정한 본성에 따라 살고 있는" 것이다. 제비꽃이 진정 및 냉각 작용을 하며

7_ 한글판은 《메시지 세트》(복있는사람, 2015).—옮긴이.
8_ 중력, 전자기력, 약력, 강력을 말한다.—옮긴이.

점액질을 포함하고 있는 반면, 민들레는 소화를 촉진하고 간을 강화하며 쓸개에 도움을 주는 식이다. 제비꽃이 수줍음을 많이 타고 나서지 않는 반면, 민들레는 거의 공격적이라 느껴질 정도로 대담하다. 이 두 식물 속에 영이 살아있지만, 이 영은 식물 각자의 개별적인 본성이 다양하게 발현될 수 있는 여지를 준다. 따라서 각 식물이 자신만의 독특한 영을 가지면서, 동시에 영의 전체성 역시 그 안에 담겨 있는 것이다.

물리학자 데이빗 봄David Bohm과 신경생리학자 칼 프리브램Karl Pribram이 제시한 홀로그램 세계관은 전 우주가 하나의 홀로그램이며, 시간과 공간을 벗어난 곳에서 이 이미지가 투사되고 있다고 이야기한다. 이는 우리 차원 너머의 더 높은 차원으로부터 이 이미지가 투사되고 있다는 뜻이다. 마틴 프렉텔은 영이 자신이 존재하는 차원으로부터 이 홀로그램을 투사하여 우리가 사는 세계, 곧 '영계靈界의 발자국'을 만들어낸다고 말한다. 이 두 차원이 동시에 존재한다는 점을 염두에 둔다면, 영(전체 영)이 전체의 모습으로 살고 있고 그 전체의 부분들인 개별 표현형들(개별 영들) 역시 함께 살고 있는 영의 세계 속으로 걸어 들어가는 것도 가능할 것이다.

민들레의 개별 표현형(민들레가 자신만의 독특한 방식으로 치유하는 능력)은 우리의 물리적인 몸에 영향을 끼치는 민들레의 화학 성분보다 훨씬 크다. 민들레의 물리적 특성에만 초점을 맞추는 것을 넘어서서 민들레에 고유한 본성을 부여하는 주체(민들레의 영)를 탐구해 갈 때, 우리는 민들레의 진정한 본성으로부터 아름다운 이야기를 들을 수 있다. 우리에게는 민들레의 영과 만나고 친해지고 그로부터 배움을 얻고, 궁극적으로는 이 살아있는 존재를 구성하는 많은 측면들과 더불어 공동 창조를 해나가는 파트너가 될 수 있는 능력이 있다. 영들이 살고 있는 곳을 찾아가서 그들과 만나는 여러 방법들에 대해서는 이 책의 뒤에서 다룰 것이다.

영적 생태계의 이런 측면은 현대인들이 가장 난감해하는 것 중 하나인데, 그 이유는 많은 종교가 식물, 동물, 바위, 산 등 자연 세계 모든 것에 개별 영들이 존재한다는 점을 부정하기 때문이다. 이런 개별 영을 경험하는 사람은 모두 우상 숭배자나 원시인으로 간주된다. 제레미 나비Jeremy Narby의 글에 따르면, 페루 아마존 강 유역의 아샤닌카Ashaninca 부족 같은 전통 문화들은 "마닌카리maninkari라 불리는 보이지 않는 존재들이 동물, 식물, 산, 개울, 호수 및 몇몇 수정水晶 들 속에 존재하며, 이들이 지식의 원천"이라고 말한다. 이 '보이지 않는 존재들'이 우리가 관계를 맺을 수 있는 개별 영의 측면이다. 이런 영적 존재들과 우리 사이의 관계를 인식하고 가꾸고 키워나감으로써 균형 잡힌 영적 생태계 속에서 살아갈 수 있다. 그리고 이런 관계가 공동 창조의 파트너십으로 성장해 감에 따라 영적 존재들의 지식이 우리에게 드러나게 된다.

영적 생태계를 인식하고 가꾸고 키워나가기

우리 생태계의 영적 측면에 대한 인식 없이는 우리는 뿌리 없는 나무요 움직임 없는 파도이며, 계속된 갈구에도 불구하고 자신에게 생명을 주는 영혼과 만나지 못한 가슴이다. 환경 속에서 영을 인식해 볼 수 있도록 나는 학생들을 데리고 나가 자연과 함께 앉아서 누가 자신을 주시하고 있는지 느껴보게끔 한다. 나는 그들에게 관찰자가 아닌 관찰 대상의 입장에서 누가 자신에게 주의를 기울이고 있는지, 누가 자신에게 매력을 느끼는지, 누가 자신을 부르고 있는지 느껴보라고 주문한다.

어느 날 우리는 마블 마운틴Marble Mountain에 있는 스네이크 폴스 Snake Falls로 하이킹을 갔다. 나는 학생들에게 숲의 영을 느끼는 데 도움이 될 만한 숙제를 내주었다. 누가 자신을 주시하는지에 관심을 집중해 보는 숙제였다. 타미는 도대체 무엇을 기대해야 하는지조차 모르는 채로 개울 한가운데 놓인 바위에 앉아 있었다.

"뭘 해야 할지 모르는 상태로 앉아 있는데, 개울 건너편에 있는 큰 나무 한 그루가 눈에 들어왔어요. 하지만 제가 주의를 기울이는 주체가 되어서는 안 된다는 이야기가 기억이 났죠. 그냥 계속 앉아 있는데, 그 나무 아래쪽에서 트릴리움trillium[9] 세 포기가 저를 바라보고 있다는 느낌이 들었어요. 제가 왜 그런 느낌을 받았는지 설명하기는 어렵지만, 트릴리움들이 있는 곳이 숲의 다른 곳보다 더 밝고 더 생기 넘치고 더 살아있는 것처럼 보였어요. 제가 트릴리움을 가만히 응시하자 제 지각 perception에 뭔가 변화가 생겼어요. 어떤 자비로운 존재가 강하게 느껴진 거예요. 가슴이 깨지듯 열리면서 눈물이 나기 시작했고, 트릴리움의 눈을 통해서 제가 제 자신을 바라보고 있었어요. 트릴리움은 '물론 너는 여기에 속해'라고 말을 했지요. 그 뒤로 개인적인 생각들이 봇물 터지듯 터져 나왔지만 한 가지만은 분명했어요. '모든 사람이 이런 경험을 한다면 세상이 달라질 거야'라는."

물리적 환경과 마찬가지로 영적 생태계와도 균형 잡힌 관계를 유

9_ 북미 원산의 연령초속 식물로, 'trillium'이란 이름은 잎도 세 장, 꽃받침도 세 장, 꽃잎도 세 장인 데서 유래했다. 13장에 자세한 내용이 나온다.—옮긴이.

지하는 것이 중요한데, 그 이유는 궁극적으로 그 둘이 하나요 같은 것이기 때문이다. 균형 잡힌 영적 생태계를 유지하기 위해서는 세계를 공동 창조의 파트너로 바라볼 수 있어야 한다. 이 파트너십 성공의 열쇠는 효과적인 소통에 있으며, 이는 누구나 계발할 수 있는 기술이다. 소통은 여러 가지 형태로 이루어지는데, 때로는 지각의 문이 새로 열리면서 연결에 초대되는, 단순하지만 특별한 경험을 통해 이루어지기도 한다.

어느 날 차를 몰고 집으로 돌아오던 중이었다. 코너를 돌자 우리 집 뒷산인 마블 마운틴이 눈앞에 장엄한 모습을 드러냈다. 겨울 낮이었는데, 눈보라 틈으로 햇빛이 비치면서 산과 대기에 무지개 효과를 만들어냈다. 그런 광경은 처음 보는 것이라, 나는 그 경이로운 모습에 큰 감명을 받았다. 그 순간 산을 향해서 지각의 문이 열렸고, 예전과는 전혀 다른 방식으로 산이 보였다. 무지갯빛으로 어른거리는 살아있는 산의 모습을 본 것이다. 그것은 더 이상 단순한 산이, 버몬트에 있는 수많은 산 중의 하나가 아니었다. 그는 내가 품속으로 걸어 들어가 이야기를 듣고 배움을 얻을 수 있는 지혜로운 연장자였다.

이 이미지에 사로잡힌 상태로 나는 운전을 했다. 집에 돌아온 뒤 마블 마운틴이 자신과 하트스프링(순수한 물이 솟아나는 집 뒤편의 샘으로, 이미 내가 가르침을 받고 있었다)이 나에게 가르침을 줄 거라는 이야기를 하는 동안에도 그 이미지는 사라지지 않았다. 그는 가르침의 남성적 측면이고, 하트스프링은 가르침의 여성적 측면이다. 가르침은 가슴에서 시작될 예정이었으며, 나는 '사랑으로 존재하는' 법을 배우도록 되어 있었다. 이처럼 심오한 소통이 가능했던 것은 내 자신을 기꺼이 열어서

경이를 경험하고 그것이 주는 선물을 받고자 한 덕분이었다.

크고 작은 방식으로 영에게 먹을 것을 제공함으로써 우리는 모든 생명 속에 존재하는 영을 살찌울 수 있다. 몇 년 전 나는 '오행五行(5원소) 식물 영 의학Five Element Plant Spirit Medicine'의 교사이자 시술자인 엘리엇 코완Eliot Cowan을 따라, 캘리포니아의 한 신성한 산으로 순례 여행을 간 적이 있었다. 우리는 여러 시간 하이킹을 해서 바위가 높이 솟은 한 봉우리에 도착했다. 가까스로 바위 턱을 돌아 올라가자 산의 영이 사는 커다란 구멍이 하나 있었다. 거기서 우리는 이 멋진 봉우리의 영이 먹게끔 양초와 초콜릿을 바쳤다.

나는 산을 올라서 스네이크 폴스까지 나만의 작은 순례를 한다. 폭포 위쪽 평평한 바위에 구멍이 하나 나 있는데, 나는 이곳에 구슬, 양초, 음식, 초콜릿, 그 외 내가 직접 만든 선물들을 놓는다. 이것이 지금까지 만난 가장 경이로운 스승인 마블 마운틴의 영을 먹이는 한 가지 방식이다. 영을 먹이는 또 다른 작은 방식은 전통적인 북미 토착민의 관습대로 담배나 옥수수가루를 바치는 것이다. 식물들과 함께 작업할 때도 나는 우리 집에서 직접 기른 담배를 바치거나, 이보다 내가 더 좋아하는 제물인 내 손으로 직접 만든 것들(작은 구슬[10]이나 예쁜 물건들)을 바친다.

영적 생태계를 하나의 살아있는 모델로 보는 관점이 K. 로렌 디 보어K. Lauren De Boer에 의해 제시되었다.《어스라이트*Earthlight*》지에 실린 내용을 인용하면 이 관점은 다음과 같다.

10_ 저자는 이런 목적으로 구슬을 직접 만들어서 주머니 속에 넣어 다니며, 구슬을 만드는 법은 자신의 스승 마틴 프렉텔로부터 배웠다고 한다.—옮긴이.

"모든 종의 미래 세대에게 넘겨줄 생기 넘치는 지구 공동체에 대한 비전과, 살아있는 지구와 우리 사이의 신성한 관계에 생명력을 부여하는 이야기에 따라 살고 그것을 나누고 축하해야 할 임무를 제시하는 것으로, 다음과 같은 원칙들을 가진다.

- **신성한 관계:** 만물의 상호 의존성에 대한 깨달음을 통해 우리를 낳는 영의 존재를 인정하고 그것에 경의를 표한다. 그렇게 함으로써 우리는 신성한 관계들 속에서 살게 된다.
- **의식적인 진화:** 우리가 개인으로서 또 종種으로서 지구의 모든 생명 형태들 및 자연 시스템들과 상호 호혜적인 관계를 구현하면서 살아갈 수 있는 방법을 적극 모색한다. 그렇게 함으로써 우리는 모든 생명을 존중하고 모든 생명과 연결된 상태로 살게 된다.
- **집단적인 지혜:** 연민, 존경, 감사 같은 가치를 배우는 중요한 원천으로서 세계 지혜 전통들의 정수에 경의를 표한다. 그렇게 함으로써 우리는 더욱 깊은 지혜를 깨닫게 된다.
- **상호 학습 경험에 참여함:** 가슴에서 나오는 이야기를 서로 주고받는 지구 공동체를 창조한다. 그렇게 함으로써 서로의 지혜와 연민의 마음에 대해 알게 된다.
- **의식적인 선택:** 비록 사소하고 습관적인 것이라 할지라도 우리의 일상적인 선택이 지구의 여러 종들에게 긍정적 혹은 부정적인 영향을 끼친다는 점을 인식하며, 사회 정의 및 지속 가능성 실현과 모든 생명체의 생태적 안정성 확보에 기여하는 생활 양식을 증진시키고자 노력한다. 그렇게 함으로써 의식적인 의도에 따라 살

게 된다.

- **포용성:** 생명의 모든 영역에 존재하는 지극히 다양한 관점들과 가치들이 주는 도전과 기쁨을 껴안아서, 서로의 경험이 지닌 깊이를 좀 더 완전하게 받아들이고 이해하며, 지구의 생명 다양성이 지닌 가치를 인식하고, 각 종이 자신만의 독특함을 표현하면서 번영할 수 있는 권리를 존중한다. 그렇게 함으로써 우리는 서로와 모든 생명 속에 있는 각기 다른 선물들을 키워주고 장려하게 된다.
- **인간의 역할을 축하함:** 지구가 펼쳐나가는 이야기 속에서 생명 활동을 증진시키는 긍정적인 주체 중 하나로서 인간이 맡은 역할을 축하한다. 그렇게 함으로써 살아있는 우주의 경이와 신비 속에서 살게 된다."

2. 영적 지성을 갖춘 존재, 식물

차가운 아침 공기 속으로 걸어 나가자 수백만 개의 조그만 결정結晶 구조들이 빛에 반사된다. 그 각각의 독특한 모습들이 한데 모여 춤추는 빛의 무지개가 되더니 새로운 날의 시작을 알리며 반짝거린다. 길을 나서서 이글스 네스트 트레일Eagle's Nest Trail을 따라 오르자 상쾌한 공기가 폐를 가득 채운다. 길이 점점 가팔라지면서 호흡은 더욱 거칠어지고, 마치 내 안 깊숙한 곳에 증기 기관이라도 있는 듯 입김이 구름처럼 뭉게뭉게 뿜어져 나오는 것이 보인다. 내 몸의 무게가 느껴지는 순간 속도를 늦추고 묻는다. "왜 이렇게 서두르는 거지?" 그 순간 키 큰 소나무들이 거대한 파수꾼처럼 위로 우뚝 솟아 있는 모습이 눈에 들어온다. 신선한 솔향기가 내 세포들 하나하나에 생명의 산소를 실어 보낸다. 그 고요함 속에서 걸음을 멈추고 숨을 쉰다.…… 다시 숨을 쉰다. 우리 기억에서 사라진 오래전 옛날에는 솔잎을 모아 만든 차를 마시며 힘든 겨우살이를 이겨냈다. 지금 내가 서 있는 곳에서도 아마 그랬을 것이다. 숨을 쉬면서 이 오래된 소나무들이 내뿜는 녹색 숨이 나를 산소로 가득 채우게 한다. 그러곤 천천히 숨을 내쉬며, 내가 내뿜는 이산화탄소 가득한 숨이 하늘을 만지며 서 있는 내 친구의 넓게 벌린 품속으로 흘러들어 가는 것을 본다. 그리고 다시 숨을 들이쉰다. 이 황홀한 순간, 이 소나무는 내게 생명의 녹색 숨을 나눠주는 존재이고, 나는 이 소나무가 광합성을 통해 자신의 뿌리, 줄기, 솔잎을 이루는 섬유소를 만드는 데 사용할 수 있도록 이산화탄소를 나눠주는 존재임을 안다. 아, 너는 나에게 숨을 주고 나도 너에게 숨을 주며, 너는 나에게 솔잎을 주고 나는 너에게 나의 건강함을 주나니, 이렇게 생명은 공생과 조화의 순환을 통해 계속 이어지는구나.

—2006년 2월 일기에서

식물은 약 4억 년에서 4.5억 년 전 유기체 중 최초로 바다에서 육지로 진출했다. 단일 조류藻類로부터 육상 식물이 발전하기 시작한 것이다. 진화는 계속 진행되어 식물은 지구상 살아있는 유기체 중 99퍼센트를 차지하게 되었다. 식물은 햇빛을 붙잡을 수 있는 독특한 능력을 갖고 있으며, 이 햇빛 에너지를 이용해서 대기에서 이산화탄소를 추출해 낸다. 추출된 이산화탄소는 물에서 뽑아낸 수소 및 산소와 결합해 당분을 만들어내고, 이렇게 생산된 당분은 식물의 잎, 줄기, 뿌리, 씨앗, 꽃 등을 형성하는 데 도움을 준다. 식물의 각 부분은 모두 탄수화물, 지방, 단백질을 포함하고 있다. 광합성이라 불리는 이 과정의 부산물이 산소인데, 산소는 인간의 생명 유지에 필수적이다. 우리가 숨쉬는 산소를 제공해 주는 것 외에, 식물은 우리가 먹는 모든 음식도 제공해 준다. 식물이 직접 음식이 되기도 하고, 식물을 먹은 동물이나 그런 동물을 먹은 다른 동물을 통해 간접적으로 우리에게 음식을 제공해 주는 것이다.

《우리 문명의 마지막 시간들*The Last Hours of Ancient Sunlight*》[1]의 저자

톰 하트만Thom Hartman이 설명하는 바와 같이, "지구상 모든 생명체가 존재 가능한 이유는, 식물이 햇빛을 모아서 저장할 수 있었고, 그 밖의 생명체가 그 식물을 먹은 후 그 햇빛 에너지를 흡수해서 자신의 몸에 동력을 공급할 수 있었기 때문이다." 인간은 "식물처럼 햇빛, 물, 공기로부터 직접 세포 조직을 만들어낼 수" 없으며, 따라서 인간은 자신의 생존을 식물에 전적으로 의지하고 있다고 그는 계속해서 이야기한다.

식물과 동물이 처음 생겨난 시기로 되돌아가 보면, 양서류 식물, 즉 쇠뜨기나 양치류 같은 관다발 식물이 육지로 먼저 이동했다. 그 다음에 구과毬果 식물² 같은 파충류 식물이 육지로 이동했으며, 속씨 식물 같은 포유류 식물, 즉 내부에서 배아를 키우고 보호하는 식물이 가장 늦게 육지로 이동했다. 식물들이 육지로 이동하면서 그에 상응하는 동물들이 뒤를 따랐다. 다시 말해 먹이를 제공할 속씨 식물(꽃이 피는 식물)이 등장하고 나서야 포유류가 육지에 나타난 것이다.

꽃이 피는 식물은 지배적인 위치를 차지하는 과정에서 재생산 능력, 즉 수정 능력을 더욱 완벽하게 발전시켰다. 바람에 의해 무작위적인 수정이 일어나기도 하지만, 곤충이나 벌, 새, 동물을 통해서 좀 더 효율적인 수정이 가능해진 것이다. 식물, 특히 식물의 꽃은 성적性的 표현의 본보기로서 진화해 왔는데, 그 이유는 식물의 성적 부위들이 꽃 속에 들어 있어서 식물의 주된 관심사가 이 성적 기관들로 꽃가루 매개자들을 유인하는 것이기 때문이다. 많은 식물이 한 꽃 안에 남성에

1_ 한글판 《우리 문명의 마지막 시간들》(아름드리미디어, 1999).―옮긴이.
2_ 겉씨 식물의 구과목에서 소철류와 은행나무류를 제외한 것. 침엽수가 대표적이다.―옮긴이.

해당하는 부분(꽃가루를 생산하는 수술)과 여성에 해당하는 부분(씨방, 암술대, 암술머리를 포함하고 있는 암술)을 함께 가지고 있으며, 한 개체에서 암꽃과 수꽃이 따로 피는 식물도 있고, 암식물과 수식물이 따로 존재하는 식물도 있다.

꽃가루가 암술대 위에 달린 암술머리(꽃가루 포획 장치)에 내려앉으면, 꽃가루 속 효소의 작용으로 꽃가루가 암술머리를 뚫고 암술대 속으로 들어가게 되고, 거기서 화분관이 아래로 자라나 암술대 속을 통과해서 씨방 안으로 들어가는 상호 작용이 진행된다. 그 다음에 꽃가루의 정핵이 씨방 속의 난세포와 융합돼 수정이 일어난다. 식물 종마다 꽃가루의 모양과 크기가 다르고 각기 독특한 단백질 외피와 진동수를 가지고 있다. 따라서 다른 식물 종의 꽃가루가 암술머리에 내려앉으면 아무런 상호 작용도 일어나지 않는다. 동일한 단백질이 관여하고 진동수가 일치할 때(동일한 주파수로 진동할 때)에만 수정 과정이 시작된다.

꽃은 꽃가루 매개자들을 끌어들이는 정교한 방법들을 개발해 왔다. 밝은 빛깔이나 강한 향기를 가진 꽃이 있는가 하면, 온도를 높이는 꽃도 있다. 모든 꽃은 영양분 많은 꽃가루와 가장 큰 보물이라 할 꿀을 가지고 있다. 꽃은 독창적인 설계를 통해 꿀을 안쪽 깊숙한 곳에 보관하는데, 이는 벌이나 곤충, 새가 이 소중한 꿀을 가져가려면 꽃에 아주 가깝고 친밀하게 접촉하도록 만들기 위해서이다. 많은 식물이 오직 한 가지 꽃가루 매개자만을 가지고 있으며, 따라서 이 둘 간의 공생 관계가 그들의 생존을 보장해 준다. 생물학자 데이빗 아텐보로David Attenborough는 그런 관계를 이렇게 묘사한다.

"남아프리카에서 자라는 분홍 용담pink gentian은 예쁘고 털이 많은 어리호박벌에 의해 수정된다. 용담의 꽃은 꽃잎을 넓게 벌려서 곡선 모양의 하얀 암술대와 세 개의 커다란 수술을 모두가 볼 수 있게 한다. 각 수술 끝에는 노란색 꽃가루로 덮여 있는 것처럼 보이는 길고 두꺼운 꽃밥이 달려 있어서 꽃가루를 먹고사는 근방의 곤충들을 유혹한다. 하지만 그것은 환상에 불과하다. 노란색 꽃밥은 비어 있고, 꽃가루는 그 안쪽에 보관되어 있다. 꽃가루는 꽃밥 꼭대기에 있는 조그만 구멍을 통해서만 밖으로 나올 수 있으며, 그것을 꺼내는 방법은 한 가지밖에 없다. 어리호박벌은 그 방법을 안다. 어리호박벌은 꽃에 도착하면 대부분의 벌들처럼 고음의 붕붕거리는 소리를 낸다. 꽃밥 위에 내려앉으면서 벌은 계속해서 날개를 젓긴 하지만, 진동수를 낮춰 붕붕거리는 소리의 음이 가온 '다' 음$_{middle C}$^{3} 정도로 뚝 떨어지게 한다. 이는 정확하게 필요한 진동수로 꽃밥을 진동시켜 꽃가루를 떨어뜨린 뒤 꽃밥의 노란색 샘 꼭대기의 구멍 밖으로 꽃가루가 분출되도록 만든다. 그러면 어리호박벌은 꽃가루를 열심히 모아 뒷다리의 꽃가루 통에 넣는다."

인간과 식물 사이의 연결성

식물과 공생 관계를 맺고 있는 것은 꽃가루 매개자들만이 아니다. 식물과 사람도 공생 관계에 있음을 부정할 수 없다. 우리는 살아가기 위해 식물의 광합성 과정에서 생기는 부산물인 산소를 필요로 하고, 식물은 우리가 호흡하는 과정에서 생기는 부산물인 이산화탄소를 필요로 한다. 우리가 없어도 식물은 살아가는 데 충분한 정도의 이산화

---

3 높은 음자리보표의 아래 첫째 줄 '도'에 해당하는 음.—옮긴이.

탄소를 대기 중에서 확보할 수 있지만, 식물이 제공하는 산소가 없다면 우리는 생존이 불가능하다. 우리가 식물과 맺고 있는 관계는 우리가 동물과 맺고 있는 관계보다도 훨씬 더 중요하다. 어떤 사람들은 우리가 단백질 공급원으로서 다른 동물들에 의존하고 있다고 주장할 것이다. 하지만 인간이 식물만 먹고도 생존할 수 있음이(비록 그 장기적인 영향에 대한 기록은 없지만) 채식 운동가들에 의해 밝혀지고 있다.

엽록소와 헤모글로빈은 모두 포르핀 고리를 중심으로 구성되어 있으며, 따라서 포르핀 고리가 이 두 분자들의 구성 요소라고 할 수 있다. 차이점은 헤모글로빈의 중앙에는 철이 있는 반면, 엽록소의 중앙에는 마그네슘이 있다는 것이다.[4] 각자 독특한 기능을 가지고 있기는 하지만, 이 둘은 '생명을 주는 것'의 운반체라는 점에서 무척이나 비슷하다. 엽록소는 광합성에 필수적이며, 헤모글로빈은 인체의 모든 세포로 산소를 운반하는 적혈구의 기능에 필수적이다. 헤모글로빈은 우리의 호흡과 관련된 철분 함유 단백질로 우리가 들이쉰 산소를 가져가서 몸 전체에 분배하는 일을 한다. 이 산소는 광합성에 의해 생산된 것으로, 광합성 작용에는 엽록소가 핵심 역할을 한다. 다른 말로 하자면, 식물은 지구상에서 산소의 유일한 원천이며, 산소의 생산에는 엽록소가 필요하기 때문에, 헤모글로빈이 제 역할을 수행하기 위해서는 엽록소가 반드시 있어야 한다는 것이다.

우리가 먹는 모든 음식이 식물로부터 혹은 식물을 먹은 동물로

4_엽록소와 헤모글로빈 사이의 구조적 유사성에 주목하여, 인간이 엽록소를 섭취한 후 체내에서 이를 헤모글로빈으로 바꾼다고 주장하는 대체 의학자들도 있다.—옮긴이.

부터 오며, 이렇게 먹은 음식으로부터 우리의 뼈, 장기, 살을 이루는 모든 조직이 만들어진다. 식물은 햇빛과 물로부터 자신의 조직을 직접 만들어낼 수 있지만, 우리는 조직을 형성하기 위해 식물에 의존해야만 한다.

호흡과 관련해서, 인간의 세포나 식물의 세포 모두 미토콘드리아를 포함하고 있음을 유념할 필요가 있다. 미토콘드리아는 지방, 단백질, 효소들로 이루어진 세포 내 소기관으로, 세포의 호흡에 결정적인 역할을 한다.

식물의 소통 능력

최근 식물신경생물학Plant Neurobiology이라 불리는 새로운 과학 분야가 출현했다. 그 첫 번째 심포지엄이 2005년 5월 이탈리아 피렌체에서 열렸는데, 이 자리에는 식물의 지능과 소통 능력을 연구하는 전 세계 정상급 과학자들이 모였다. 그중 한 명이 스코틀랜드 에든버러 대학 생물학 교수인 앤소니 트레와바스Anthony Trewavas이다. 그는 다음과 같이 역설한다.

"여러 세기 동안 식물은 수동적인 생물로 여겨져 왔다. 식물의 발달 과정은 미리 결정되어 있으며, 이 과정은 스트레스에 대한 반응으로 오직 일시적으로만 중단된다고 간주되어 왔다. 식물은 눈에 명확히 띌 만한 움직임을 보이지 않기 때문에 행동과 지능이 결여되어 있는 것처럼 보인다. 하지만 식물은 자연의 모든 경관을 지배하고 있으며, 지구 생물량의 99퍼센트를 차지한다. 식물이 거둔 이러한 성공은 통상적인 견해와 상충되는 것이다. 이제야 식물 행동의 놀라운 복잡성이 밝혀지기 시작하고 있다. 혁명적인 연구들을 통해 수동성이라는 폐물이 쓸려나가고 있으며, 흥미진진한 역동성이 그 자리를 채워가고 있다. 식물 지능에 대한 연구는 진지한 과학 연구 대상이 되고 있다."

이 심포지엄의 성과 중 하나로 새로운 학술지인 《식물의 신호와 행동 *Plant Signalling and Behavior*》이 창간되었는데, 이 학술지의 강령에는 이런 내용이 포함되어 있다. "식물을 보는 우리의 관점은, 식물이 환경의 지배를 받기만 하는 수동적인 존재요 광합성의 산물을 축적할 목적으로만 설계된 유기체라는 관점에서 극적으로 변화하고 있다. 즉 식물이 역동적이고 엄청나게 민감한 유기체로서 지상과 지하 어디서나 제한된 자원을 확보하기 위해 적극적·경쟁적으로 움직이며, 주변 환경을 정확하게 계산해서 정교한 손익 분석을 한 후 환경의 다양한 교란을 완화하고 통제하기 위해 명확한 행동을 취하는 존재라고 보기 시작한 것이다. 더 나아가 식물도 자아와 비非자아에 대한 정교한 인식을 할 수 있으며, 자신의 영역을 보호하려는 행동을 취한다. 이 새로운 견해는 식물을 하나의 정보 처리 유기체로 보며, 식물 개체를 구성하는 여러 조직들 간에 복잡한 소통이 이루어지고 있다고 생각한다. 식물은 행동면에서 동물만큼 정교하지만, 식물이 동물보다 수백 수천 배 느린 속도로 기능하기 때문에 그 잠재력이 무시되어 왔다."

다른 이들, 예컨대 노벨상 수상자인 유전학자 바바라 맥클린톡 Barbara McClintock은 식물 세포들이 '사려 깊다thoughtful'고 말하고,[5] 다윈은 식물들의 '뿌리 끝 뇌'에 대해서 언급했다. 유타 대학교 생물학자 레슬리 시어버스Leslie Sieberth는 "만약 지능이 지식을 습득하고 활용하는 능력이라면, 단연코 식물은 지능적이다"라고 말한다.

점점 더 분명해지는 점은 식물이 빛, 물, 중력, 진동, 화학 물질, 온도, 소리, 포식자 같은 자신이 처한 환경의 복잡한 측면들을 계산하고 결정할 수 있는 엄청난 능력을 가지고 있다는 것이다. 식물은 위험이 닥쳤을 때 이웃들에게 경고를 보낼 수 있는 복잡한 시스템을 가지고 있다. 식물은 먹이를 찾고 경쟁할 수 있을 뿐만 아니라, 다른 식물들로부터 신호를 받고 기억한 후 이를 활용해 다음에 어떻게 할지 지능적인 선택을 할 수 있다. 식물의 커다란 단백질 분자들은 막대한 양의 정보를 처리할 수 있고, 그 덕분에 식물은 복잡한 소통과 기억이 가능한 엄청난 능력을 갖게 된다. 이런 정보들을 검색하여 후속 행동을 바꿔 나감으로써 지식이 쌓이게 된다. 제레미 나비가 이야기하듯이, "식물이 동물이나 사람과 마찬가지로 주변 세상에 대해 배울 수 있고 우리가 의지하는 것과 비슷한 세포 메커니즘을 사용할 수 있음이 이제 과학을 통해 드러나고 있다. 식물은 뇌 없이도 배우고 기억하고 결정한다."

상당히 과학적인 이야기를 이렇게까지 설명한 이유는, 마침내 과학이 토착민들을 포함해 많은 이들이 이미 알고 있던 사실을 어떻게 뒤좇아 가고 있는지 보여주기 위해서이다. 웨스턴 쇼쇼니 족Western Shoshone의 연장자이자 영적 지도자인 코빈 하니Corbin Harney는 다음과 같이 이야기한다.

"모든 것에 영이 있다. 그것이 무엇이든 상관없다. 물은 우리에게

5_맥클린톡은 세포들의 항상성 회복 메커니즘에 주목하여 세포들이 "사려 깊은 방식"으로 기능한다고 말했다. 그녀가 옥수수를 대상으로 연구를 한 까닭에 이를 식물 세포에 대한 이야기로 생각할 수 있지만, 실제로는 세포 일반에 대한 언급인 것처럼 보인다. 맥클린톡에 관해서는 《생명의 느낌》(양문, 2001)을 참조하라.—옮긴이.

이야기하기를 좋아한다. 당신이 해야 할 일은 어딘가 개울가로 가서 그 곁에 앉아 있는 것이 전부이다. 그러면 물이 당신에게 노래를 부르기 시작할 것이다. 주의 깊게 듣는다면 그 속에서 어떤 목소리가 들릴 것이다. 밖으로 나가서 나무들에게 말을 거는 것도 중요하다. 숲에서 북을 치기 시작하면 이내 나무들이 북의 리듬에 맞춰 움직이는 것을 보게 될 것이다. 바로 그것이 나무의 영이다. 나무는 특별한 힘을 가지고 있다. 나무 아래에 앉거나 누워서 백일몽에 빠져들면 그 나무가 당신에게 에너지를 줄 것이다. 나무 아래에서 기도하면 그 나무가 당신의 기도에 에너지를 실어줄 것이다."

샤먼 전통을 보면 샤먼들은 다양한 방식으로 식물의 영과 소통한다. 하지만 샤먼들이 가진 치유력의 중심에는 식물 영으로부터 직접 받은 선물이 있다. 하버드 대학교의 랄프 메츠너Ralph Metzner 박사는 이렇게 이야기한다. "샤먼들은 자신들이 신성한 식물들로부터 직접 숨겨진 지식을 받았다고 이야기한다. 이런 식물들은 신神이나 '식물 스승'으로 일컬어진다. 식물들과 연결되어 있는 영적 지성이 존재하며, 그 영이 그들과 소통하는 것이다."

나는 오래 전 숲속을 걷다가 방금 피어난 하얀색 꽃과 마주쳤다. 정말 아름다운 꽃이었다. 조그만 새싹들이 낙엽 사이로 돋아나기 시작하는 이른 봄의 숲에서 그 꽃은 놀라움 자체였다. 너무도 놀란 나머지 나는 즉각 무릎을 꿇고 꽃을 자세히 들여다보았다. 잎들은 한 번도 본 적이 없는 특이한 모습을 하고 있었으며, 꽃을 에워싸고 말려 있는 모습이 마치 꽃을 보호하려는 것처럼 보였다. 자라고 있는 땅을 세심히 살펴보니, 이 식물이 약간 그늘지고 습하지만 물 빠짐이 좋으며(이 식물은 경사지에서 자라고 있었다) 땅이 비옥하고 나무가 울창한 곳을 좋아한다는 걸 알게 되었다. 사람이 다니는 길에서 약간 떨어져 있는 이 조그만 곳에는 몇 가지 식물들만 살고 있었다. 이 식물들은 조용하게 혼자 지내는 것을 좋아하는 것처럼 보였다.

나무들 사이로 비치는 봄 햇살의 따스함 속으로 빠져들어 가자 고요함과 평화로움이 느껴졌다. 마음의 눈을 통해 부처가 연꽃 속에서 깊은 명상에 잠겨 있는 모습이 보였다. 물론 이 꽃은 연꽃과는 전혀 다른 모습이었지만, 나는 이 꽃이 연꽃과 같은 에너지를 가지고 있다고 생각했다. 이 '북동부 연꽃'의 섬세한 생김새는 마치 곱게 빚은 도자기나 부드럽게 짜놓은 비단 같았으며, 그 부드러움과 순수한 빛깔 덕분에 아름다움이 더욱 두드러졌다. 그 순간 나는 이 숲속 보물과 사랑에 빠지고 말았다.

이 우연한 만남 뒤로 나는 다음번 포옹을 열망하는 것 말고는 아무것도 할 수 없는, 마치 새로운 사랑에 빠진 연인 같았다. 그 식물이 혈근초血根草[6]임을 알게 되면서 나는 그 꽃에 대한 자료를 모두 구해 읽었다. 혈근초와의 관계가 긴밀해짐에 따라 나는 더욱 깊은 연결을 갈망하게 되었으며, 결국 혈근초의 영에게로 여행을 떠나게 되었다.(변형된 의식 상태에 들어가서 식물 영이 사는 차원으로 이동했다는 뜻이다.) 이윽고 나는 눈이 멀 정도로 밝은 빛들로 가득한 깊은 숲속의 빈터에 와 있었다. 바로 혈근초의 영이 사는 곳이었다.

6_ 북미 원산의 양귀비과 식물이다. 잎이 연잎과 비슷하며 양귀비 비슷한 꽃이 피지만, 꽃잎이 여러 겹으로 포개져서 연꽃 비슷한 꽃이 피는 종류도 있다.(겹캐나다양귀비) 한국에서는 연잎양귀비로 보통 불리며, 자르면 피 같은 액체가 나온다는 뜻에서 혈수초血水草라 불리기도 한다.—옮긴이.

영은 가물거리는 은색 가운을 입은, 아주 친절한 할머니의 모습으로 내 앞에 나타났다. 그녀는《오즈의 마법사》에 나오는 친절한 남쪽 마녀 글린다와 비슷해 보였다. 그녀는 마법 지팡이처럼 보이는 것을 가지고 있었는데, 어쩌면 그냥 지팡이일 수도 있었다. 사람들에게 어떤 선물을 주느냐고 묻자, 그녀는 주로 순수함을 선물로 준다고 했다. 그것으로 피와 감정, 영을 정화시킨다는 것이다. 그러더니 그녀는 자신이 내 속으로 들어오는 것을 원하느냐고 물었다. 물론 나는 "네"라고 대답했다. 그녀가 나에게 지팡이를 갖다 대자 나는 이루 형언할 수 없는 평화와 명확함의 상태로 빠져들었다. 영의 순수함을 경험한 것이다.

그때 이후로 혈근초의 영은 내 안에 살고 있으며, 나는 그녀의 치유 선물을 자주 사용하고 있다. 개인적으로도 혈근초를 넣어 만든 입세정액을 매일 쓰고 있고,[7] 클라이언트들에게도 유독한 생각이나 감정으로 인해 손상될 만한 곳을 정화하는 데 혈근초의 영을 사용하고 있다. 처음부터 나를 부른 것은 혈근초였다. 나는 자신의 친구가 되고 자신은 나의 식물 협력자가 되리란 걸 알았던 것이다. 이제는 그녀가 내 안에 살고 있기 때문에, 나는 언제든 그녀의 빛의 정수light essence와 진동 속으로 걸어 들어가 도움을 청할 수 있다.

식물, 빛의 전달자
오랫동안 식물은 사람의 영을 고양시키는 특별한 능력을 가지고

7_혈근초는 항균 및 플라크 제거 효능이 있어, FDA 승인 하에 치약과 구강 세정제에 사용되고 있다.—옮긴이.

있다고 여겨졌다. 누군가 아플 때나 구애를 할 때, 불화를 해결하고 싶을 때도 사람들은 꽃을 준다. 꽃이 내뿜는 산소가 우리 세포에 생기를 주기 때문일 수도 있고 꽃의 진동 때문일 수도 있다.

러시아 인 알렉산더 구르비치Alexander Gurwitsch 교수는 식물이 다른 식물에 영향을 미칠 수 있는 자외선 빛을 지녔다는 사실을 발견해 생물물리학biophysics에 중요한 돌파구를 마련했다. 그의 최초 실험 대상은 양파였다. 그는 양파 하나를 뿌리 끝이 서로 닿지 않도록 놓인 다른 양파의 뿌리를 향해 놓아두었는데, 그러고 나서 세 시간도 안 돼 다른 양파 뿌리에서 세포 분열이 일어나는 것을 발견했다. 그가 두 양파 사이에 유리를 놓자 세포 분열은 멈췄다. 하지만 석영을 놓자 다시 세포 분열이 시작되었다.[8] 유리는 자외선을 투과시키지 않는 반면, 석영은 투과시키기 때문이었다.

그는 이 광선을 '미토겐 선mitogenetic radiation'이라고 불렀다. 그 선이 유사 분열mitosis(체세포 분열)을 발생시키기 때문이었다. 그는 미토겐 선만으로 양파의 성장 패턴을 변화시킬 수 있음을 입증했다. 하지만 불행하게도 이 실험들이 1920년대에 행해진 탓에 그 내용을 수용할 만한 환경이 조성되어 있지 않았다.

많은 시간이 지난 뒤에야 비로소 사람들이 그의 연구를 마무리해,

---

8 그의 실험은 한 양파의 뿌리 끝이 다른 양파 뿌리의 옆면을 향하도록 두 뿌리를 90도 각도로 놓아 둔 것이었다. 두 양파가 서로 닿지 않았음에도 다른 양파 뿌리의 한쪽 면에서 다른 쪽 면에 비해 세포 분열이 현저히 증가(20~25퍼센트)하는 현상이 관찰되었다. 이 현상은 그가 일반 유리를 두 양파 사이에 놓자 사라졌지만 석영 유리를 놓았을 때는 다시 진행되었다. 세포 분열이 활발한 양파의 뿌리 끝에서 자외선 파장대의 광선이 나오며, 이 광선이 다른 세포의 세포 분열을 활성화시킴을 증명한 것이다.—옮긴이.

세포에서 자외선이 나온다는 그의 가설이 사실로 밝혀졌다. 식물, 동물, 인간 등 모든 살아있는 세포가 '생체 광자biophotons'라는 빛을 내뿜는다는 사실이 발견된 것이다. 독일의 생물물리학자로 구르비치의 주장을 옹호하는 대표적인 학자인 프리츠 포프Fritz Popp는 "생물 시스템에서 나오는 약한 광자의 흐름은 생물의 생화학 작용과 생명 활동 전체를 충분히 조정할 수 있다. 이제 우리는 이 빛이 최소한 자외선에서 적외선에 이르는 파장대 전역에 걸쳐 있음을 알고 있으며, 이를 '생체 광자'라 부른다"라고 보고하고 있다.

식물과 사람은 그 존재의 중심에, 즉 자신의 DNA 속에 일관성을 유지할 수 있는 빛의 입자를 가지고 있다. 일관성coherence[9]이란 빛이 여러 개의 점들로 흩어지지 않고 그 방사되는 빛줄기를 유지함으로써 그 빛이 접촉하는 대상에 영향을 미칠 수 있는 능력을 말한다. 바로 이 빛이 정보intelligence를 전달하며, 식물과 사람이 서로 '빛의 속도로' 소통할 수 있는 능력의 기반이 된다고 프리츠 포프는 이야기한다.

캘리포니아에 있는 내 친구 지넌을 찾아갔을 때 플라워 에센스에 대한 이야기를 나눈 적이 있다. '플라워 에센스flower essence'란 꽃을 물에 담근 채 햇볕을 쐬어 꽃의 파장이 물에 담기도록 한 것을 말한다. 그녀는 나에게 난초orchid와 관련된 자신의 최근 경험을 들려주었다. 한 난초의 플라워 에센스가 그녀의 목과 어깨에 생긴 신체적 트라우마를 치유하는 데 도움이 되었다는 얘기였는데, 다만 그녀가 그 트라우마 이

---

9 물리학에서는 '간섭성' 혹은 '가간섭성'이라고 주로 번역되며, 파동이 서로 간섭할 수 있는 성질을 가리킨다.—옮긴이.

면의 감정적 요인을 인식하고 작업을 시작해서야 비로소 치유가 되더라는 것이었다. 결국 그녀는 많은 수준에서 커다란 변형을 경험할 수 있었다. 나도 오랫동안 플라워 에센스로 작업을 해오기는 했지만, 그녀의 이야기에는 무언가 나를 매혹시키는 것이 있었다.

버몬트의 집에 돌아왔을 때는 봄이었고, 나는 수업 준비를 시작했다. 매번 수업을 하기 전 나는 숲과 들판으로 나가서 어떤 식물이 자신의 존재로 우리를 아름답게 빛내줄 것인지 살펴보곤 했다. 이날 나는 집에서 그리 멀지 않은 곳에서 개울을 따라 걷고 있었는데, 공기 속에서 무언가 은은한 빛이 가물거리는 것이 보였다. 몇 년 전 내가 야외 제단을 설치했던 곳에서 빛이 나오고 있었다.

빛이 나오는 쪽으로 가보니 몹시 아름다운 작은 난초 몇 무리가 눈에 들어왔다. 그들의 존재에 나는 깜짝 놀랐다. 전에는 여기서 그 난초들을 본 적이 없었다. 그곳에는 온통 안개 속을 뚫고 나오는 빛살 같다고나 할까, 이른 아침 물에 반사된 햇살 같다고나 할까 그런 느낌의 빛이 감돌고 있었다.

나는 그 조그만 난초들 곁에 조용히 앉아서 그 빛이 내 주위의 공기를 가득 채우도록 했다. 은은한 빛으로 목욕을 하고 있는 것 같았다. 잠시 후 지닌이 해준 이야기가 생각났다. 실제로 우리 집 현관 바로 앞이나 다름없는 곳에서 난초들이 자라고 있는 것이었다. 이 얼마나 엄청난 선물인가! 마치 내가 자신들을 필요로 한다는 걸 알고 지금 이 순간에 모습을 드러내 그 가물거리는 빛으로 나를 부른 것처럼 보였다. 나중에 나는 상급반 학생들을 데려와 이 난초들과 함께 시간을 보내게 했다. 나중에 린다가 한 말이다.

"이 난초들을 다시 만나게 되니 정말 놀라웠어요. 전에 이곳 스위트워터 생츄어리에 있을 때 이 난초들을 본 적이 있어요. 그런데 같은 주말에 다시 한 번 보러 갔을 때는 보지 못했거든요. 마치 내가 트랜스 상태에 있고, 난초들은 두 세계 가운데 있는 것 같았죠. 이들과 함께 있을 때 저는 뭔가 크게 변형된 느낌이었어요. 이들을 다시 보려면 제가 특정 파장대에 있어야만 하는 것 같았지요. 이들을 다시 찾아갔을 때 저는 꼭 무슨 소비자 같은 심정이었어요. 무언가 얻기 위해 이들을 찾은 거였으니까요. 하지만 결과적으로 이들은 그걸 받아들이지 않았죠. 그랬는데 팸이 우리를 이들에게 데려다주니 정말 기뻤어요. 고향에 와서 옛 친구를 만나는 기분이었죠.

전 그저 흐느끼기만 했어요! 이 일은 저에게 세계들이 여러 층으로 겹쳐 있다는 걸 다시 한 번 확인시켜 주었어요. 이 식물은 차원들 사이를 이동하고, 우리도 그렇게 할 수 있도록 도와줘요. 팸이 우리에게 그 난초로 만든 플라워 에센스를 주었죠. 그 플라워 에센스를 먹으면, 우리가 향하고 있는 다음 세계, 우리의 참된 영적 본성이 꽃피는 세계로 이동하는 것이 느껴져요."

린다와 나 둘 다 이 난초의 높은 진동수를 경험한 것이다. 나는 빛의 형태로, 린다는 진동 공명vibratory resonance을 통해서 같은 경험을 했다. 이 멋진 꽃의 라틴어 이름은 'Orchis spectabilis'이다.[10] 그렇다, 이 난초들은 정말 스펙터클하다!(사진 1을 보라)

10_ 일반적으로 통용되는 이름은 Showy Orchis이다. 북미의 야생화로 한국에는 없다.—옮긴이.

식물 노래

빛과 마찬가지로, 소리도 소통이 이루어질 수 있는 진동의 한 형태이다. 물리적으로 존재하는 모든 것은 진동하는 분자 구조를 가지고 있으며, 이 진동은 소리로 들을 수 있다. 마찬가지로 일관성을 띤 빛 입자들은 일정한 주파수를 가진 빛줄기를 형성하게 되며, 그 소리 역시 들을 수 있다. 고수가 북을 두드릴 때나 두 펄스 파가 서로 마주칠 때처럼, 두 물체 혹은 두 에너지 파동이 서로 접촉하면 소리가 난다. 진동들이 만나서 같은 파장을 탈 때 그 소리는 조화로워져서 음악이 된다. 음계音階의 아버지 피타고라스는 "음악을 하르모니아harmonia의 표현, 즉 혼란과 무질서에 질서를 가져오는 신성한 힘의 표현"으로 인식했다.

프리츠 포프는 연구를 통해 생체 광자가 방사되는 소리를 녹음할 수 있다는 것과, 그것을 개별적으로 녹음했을 때는 불협화음이 나타난다는 것을 발견했다. 하지만 그가 두 세포의 생체 광자가 서로 소통하도록 허용하자, 소통의 결과로 생성된 일관성 때문에 조화로운 소리가 났다. 이 화음으로부터 생체 광자의 노래가 출현한다.

리처드 앨런 밀러Richard Alan Miller는 "세포들 속에 있는, 서로 유형은 다르지만 각기 일관된 파장들이 중첩된 후 상호 작용을 통해 처음에는 음파(소리) 영역에서, 그 다음에는 전자기電磁氣(빛) 영역에서 회절回折[11] 패턴들이 만들어진다"고 말한다. 그리고 이 패턴들은 "양자 홀로그램quantum hologram, 즉 소리 홀로그램과 빛 홀로그램 간의 변환을

11_회절이란, 파동이 장애물이나 좁은 틈을 통과할 때 입자로서는 도저히 갈 수 없는 그 뒤편까지 휘어져 도달하는 현상을 말한다.—옮긴이.

초래한다." 이는 세포의 DNA 속에서 발견되며, 이러한 음자音子, phonon 와 광자光子, photon가 살아있는 세포들 전체에 걸쳐 있는 복잡한 통신 네트워크를 책임지고 있는 것으로 생각되고 있다.

전통적으로 많은 문화에서 소리는 소통과 치유를 위해 사용되어 왔다. 제레미 나비는 "전 세계 샤먼들에 따르면, 사람은 음악을 통해 영들과 소통할 수 있다. 안젤리카 게브하트세이어Angelika GebhartSayer는 영들이 샤먼들의 눈앞에 비춰주는 '시각적인 음악'에 대해 이야기한다. 그것은 하나로 합쳐지면 소리가 되는 3차원 이미지들로 이루어져 있으며, 샤먼들은 그에 해당하는 멜로디를 내뱉어서 비슷한 소리를 낸다"고 이야기한다. 시베리아 울치Ulchi 족 샤먼들은 치유 시술 내내 노래를 하는데, 치유의 각 여정마다 독특한 노래가 있어서 그 노래가 샤먼들이 영계로 이동할 때 타고 가는 바람 역할을 한다. 북미의 모든 토착 원주민들에게도 식물 노래는 치유 과정의 핵심 부분이다. 식물로부터 치유의 선물을 받았다고 확신할 수 있는 때는 바로 식물이 자신의 노래를 주었을 때였다.

스티븐 뷰너는 신성한 약초에 관한 연구에서 다음과 같이 이야기한다. "많은 문화에서 모든 식물이 자신만의 노래를 가지고 있다고 믿고 있음을 발견했다. 영Spirit, 식물, 치유의 힘은 노래를 통해 경험되고 표현되었다. 각 식물에게 배워야 할 노래가 있으며, 그 노래를 받는 것으로 치유의 힘이 주어진다고 여겼다." 서던 체로키Southern Cherokee 족 전통의 계승자인 데이비드 윈스턴David Winston도 이렇게 이야기한다.

"우리는 각 식물 종(각 식물 개체가 아니다)이 노래를 하나씩 가지고 있다고 믿는다. 그 노래를 알면, 해당 식물이 당신에게 자신이 아는 모든 것을 이야기해 줄 것이다. 노래는 마법 식물(마음을 변형시키는 식물)들과 안전하게 소통할 수 있는 방법이다. 노래가 없다면 이 식물들은 우리에게 무척 위험하며, 이 식물들이 그 이용자나 남용자를 소유해 버리는 경우도 허다하다. 노래는 반드시 해당 식물에게 직접 배워야 한다. 다른 사람에게 배울 경우 전혀 효과가 없다.[12] 한편 내가 덩굴옻나무의 노래를 배우고 당신도 그것을 배웠다면, 우리는 함께 노래할 수 있고 두 노래가 같을 거라고 장담할 수 있다. 이 노래들은 꽤 단순하며, 내 경험에 따르면 인간의 노래와는 아주 다른 특이한 음조를 띠고 있다.”

수년 전 식물 영 의학plant spirit medicine 교육 과정에 참여했던 나탈리의 이야기다. 그녀가 졸업 시험을 치르던 때였다. 시험은 한 자원자를 대상으로 시술을 하는 것이었다. 시험 날 아침 시험을 치르러 교실로 가던 중 그녀는 숲에서 자라는 꽃 한 무리를 만났다. 꽃들이 그녀를 부르고 있음이 분명했음에도 그녀는 그냥 지나쳐 걸어갔다. 그녀가 멈추지 않자 마침내 그들은 고함을 지르기 시작했다. 그때서야 그녀는 발걸음을 멈추고 그 작은 꽃들에게로 되돌아갔다. 그러자 꽃들은 그녀에게 무척 아름다운 노래를 들려주었다.

교실에 들어간 그녀는 그 노래 이야기를 하기 위해 곧장 스승에

12_스티븐 뷰너의 《신성한 약초Sacred Plant Medicine》에 따르면, 인디언 치유사의 제자들이 스승으로부터 식물 노래들을 배우는 경우도 많았고, 심지어는 한 치유사가 다른 치유사에게 큰 대가를 지불하고 식물 노래를 사는 경우도 가끔 있었다고 한다. 실제로 미국 인디언 사회에서 식물 노래는 힘의 원천 중 하나로 여겨졌다. 또한 인디언 치유사들이 동물 영 가이드로부터 치유 때 사용할 노래를 받는 경우도 많았다. 식물 노래에 관해서는 《신성한 약초》의 4장을 참조하라.―옮긴이.

게 갔다. 그녀는 그 노래가 클라이언트의 치유에 꼭 포함되어야 한다고 확신했다. 하지만 스승은 그녀에게 자신이 가르친 대로만 하고 노래는 부르지 말라고 했다. 시술의 성공 여부를 측정하는 방식 중 하나가 혈색이나 맥박의 변화를 살펴보는 것이다. 나탈리가 건강과 치유에 필요한 것들을 모두 시행했지만 클라이언트에게서는 아무 일도 일어나지 않았다. 스승과 상의하자 그는 다른 절차들을 제안했다. 하지만 이번에도 아무 일도 일어나지 않았다. 그러자 그녀는 간절한 눈빛으로 스승을 바라보며 부디 식물 노래를 부르게 해달라고 간청했다. 스승이 퉁명스럽게 머리를 끄덕이자 그녀는 노래를 불렀다. 즉시 클라이언트의 안색이 돌아왔다. 맥박을 확인해 보자 맥박 또한 조화로운 상태로 바뀌어 있었다.

또 다른 이야기다. 산파인 헬레나는 출산이 교착 상태에 빠져 어려움을 겪은 적이 두 번 있었다. 두 번 모두 헬레나는 밖으로 걸어나갔고, 그때마다 커다란 단풍나무 앞에 서 있는 자신을 발견했다. 그녀는 나무를 올려다보며 출산을 도와달라고 부탁했다. 그러자 두 번 모두 그 즉시 출산이 순조롭게 진행되었다. 처음에 그녀는 그저 우연의 일치로 치부했지만, 두 번째로 도움을 청할 때에는 단풍나무에게 공동 창조자로서 함께 일을 하자고 제안했다.

이 사건은 그녀가 단풍나무와 친밀한 관계를 시작할 수 있도록 문을 열어주었으며, 이제 그녀는 자신이 단풍나무와 함께 작곡한 〈엄마 단풍나무 노래mama maple song〉까지 받아서, 아이를 받을 때마다 이 노래를 사용하고 있다. 단풍나무는 그녀에게 치유의 선물을 주었고, 이들이 함께 작곡한 출산 노래는 여성들이 아이를 순조롭게 낳도록 도움

을 주고 있다.(사진 2를 보라)

식물, 가장 접근하기 쉬운 치유의 통로

나와 여타 사람들이 식물과 하고 있는 경험은 수년 전 피터 톰킨스Peter Tomkins가《식물의 정신 세계The Secret Life of Plants》[13]에서 쓴 것과 같은 것이다. 이 책에서 그는 화학자 마르셀 보겔Marcel Vogel이 한 다음과 같은 말을 인용하고 있다.

"사람은 식물과 소통할 수 있으며, 실제로 그렇게 한다. 식물은 사람에게 이로운 에너지를 방사한다. 우리는 이런 에너지를 느낄 수 있다! 이를 통해 우리의 역장力場으로 에너지가 공급되며, 우리의 역장 역시 식물에게 에너지를 되돌려준다." 나아가 보겔은 다음과 같은 내용까지 언급하고 있다. "식물과 인간이 서로 친밀한 상태에 있을 때 에너지의 교류가 일어나며, 심지어는 에너지가 뒤섞이거나 융합되는 일까지 벌어진다."

식물이 우리가 활용하기에 가장 쉬운 치유의 통로(유일한 통로는 아니지만 접근하기가 가장 쉬운 통로)임을 인식하는 것이 중요하며, 아울러 식물을 신체적·감정적·영적 측면에서 동시에 활용할 때 치유가 완전해짐을 인식하는 것 역시 중요하다. 식물이 가진 차원 높은 진동수의 빛과 소리 때문에, 식물의 소통과 치유 능력은 인간을 포함한 다른 어떤 생명체보다도 뛰어나다. 새로운 과학적 증거, 옛날의 치유 전통, 그리고 실증적인 지식을 통해서 이것이 확증되고 있다. 식물 영 치유는

13_ 한글판《식물의 정신 세계》(정신세계사, 1993).—옮긴이.

식물에 관심이 있거나, 식물에 끌리거나, 식물에 관한 지식을 가진 사람들만이 아니라 모두를 위한 것이다. 내적으로나 외적으로 균형과 조화를 유지시키는 식물 영의 능력은 누구나 할 것 없이 혜택을 누릴 수 있는 선물이다.

3. 삼중 나선, 우리가 따라야 할 지도

무스moose[1] 발자국을 따라 산을 내려가면서 발자국 하나라도 놓칠 새라 잔뜩 주의를 기울이며 발을 옮겼다. 서로 마주보는 듯한 모습으로 땅 속 깊이 박혀 있는 반달들은, 결코 서두르는 법 없이 천천히 큰 걸음으로 걸어가는 무스들의 발굽이 찍힌 모습이다. 일 년 중 이맘때 무스 발자국을 따라가는 건 드문 일이다. 너무 추워서 발자국이 생기지 않거나, 깊은 눈 속으로 발자국이 파묻혀버리기 일쑤이기 때문이다. 올해는 2월에 영상 10도까지 오르고 눈도 없으니 얼마나 이상한 일인가? 하지만 지구 온난화로 지구 전체의 기상 패턴이 변하고 있음을 생각하면 별로 놀랄 일도 아니다. 발자국 속에 손을 갖다 대고 두 손으로 동그랗게 달 모양을 만들어본다. 내 손이 발굽으로 패인 자리에 아주 잘 들어맞는다. 큰 숫놈이 남긴 발자국일 수도 있고 암놈의 발자국일 수도 있다. 이 방랑길이 어디로 이어질까? 무스나무moosewood라고도 불리는 줄무늬단풍나무에게로 갈 듯싶다. 일 년 중 이 시기에만 맛볼 수 있는 진미 말이다. 줄무늬단풍나무 앞에 멈춰 서서 잔가지 하나를 조금 씹어본다. 무척 떫다. 하지만 혀의 뒤편에서는 달착지근한 맛이 느껴진다. 어떤 기억의 흐름이 익숙한

1_북미산 큰 사슴.—옮긴이.

길을 따라 흐르기 시작한다. 내면의 지도, 내 발이 알고 있는 지도가 내 몸이 알고 있는 장소로 나를 데려간다. 계속해서 산을 내려간다. 무스 발자국을 따라 오른쪽으로 방향을 틀자 콸콸대는 물소리가 귓속으로 들어온다. 물, 여기 물이 있다! 물론, 우리는 물로 갈 것이다. 샘물을 마시러.

—2006년 2월 일기에서

나선형은 인간의 영적 상징 중 가장 오래된 것이라고 한다. 자연은 나선형의 움직임을 통해서 자신을 드러낸다. 나선형으로 움직이면서 매년 새로운 생명의 형태로 되돌아오는 것이다. 최초의 인간들에게 이것은 기적처럼 보였음에 틀림없다. 그리고 버몬트의 길고긴 겨울 뒤에 처음 나타난 개똥지빠귀들의 울음소리 역시 정말로 하나의 기적이다.

알려진 최초의 나선형은 2만 4,000년 전에 만들어진 맘모스 상아 부적에서 발견된다. 혹자는 크로마뇽 인 사냥꾼들이 상아에 새긴 이중 나선이, 생명을 준다고 알려진 장소로 언제고 되돌아가는 사람들의 움직임(계절에 따라 혹은 더 큰 사이클 속에서 이곳저곳으로 이동하는 것)을 암시한다고 주장한다. 또 어떤 이들은 그것이 하늘을 통과하는 태양의 움직임을 나타내고, 연결된 두 개의 나선은 동지에서 춘분으로 나아가는 태양의 움직임을 가리킨다고 이야기한다. 이처럼 나선형이 움직임을 나타낸다는 것은 분명하다. 어쩌면 그것은 탄생에서 죽음으로 그리고 다시 새로운 탄생으로 이어지는 연속적인 움직임을 나타내는 것일 수도 있다.

《상징: 서양 기호와 표의문자 백과사전Symbols: Encyclopedia of Western

Signs and Ideograms》에서 칼 룽만Carl Liungmann은 나선형이 물의 상징으로
사용되었을 수도 있다고 이야기한다. 나선형 상징은 '잠재된 에너지'
나 '생명의 씨앗'을 나타낼 수도 있고, 혹은 모니카 스주Monica Sjoo가 이
야기하는 것처럼 "불멸이나 영원한 과정의 상징적인 관문"일 수도 있
다.《신비의 나선The Mystic Spiral》의 저자인 질 퍼스Jill Purse는 이렇게 이
야기한다. "나선형은 성장의 자연스런 형태를 가리키는 우주적 상징이
다. 그것은 영원한 생명을 향해 나아가는 영혼의 진보를 가리키기 위
해 문화와 시대를 막론하고 모든 인간이 사용하는 상징이 되었다. 안
쪽으로 감아 들어가는 나선형 미로에서 나선형은 생명의 비밀이 발견
되는 고요한 중심을 향한 영웅의 여정을 구성한다. 중심을 뚫고 내려
가는 원형 소용돌이vortex에서 나선형은 안쪽 방향으로의 움직임과 바
깥쪽 방향으로의 움직임을 결합시킨다."

　　지구를 통과해서 흐르는 자기磁氣의 흐름도 있는데, 이는 '레이 선
ley lines'[2] 혹은 '지구력earthforce'이라 불린다. 모니카 스주에 따르면 이
지구력이 "파동의 움직임과 형태를 나선형이 되도록 만든다. 이 나선
형 힘은 지구의 표면 전체에 에너지 네트워크를 형성해서, 나무나 풀,
동물의 발생과 성장에 영향을 미친다."

　　우리의 존재 가장 중심에 있는 나선형 힘은 우리 DNA의 이중 나
선 구조로, 이는 여러 쌍의 뉴클레오티드들을 층계로 하는 나선형 계
단처럼 보이는데, 뉴클레오티드들은 계단의 난간 역할을 하는 두 가닥

2_지기地氣가 특별한 지역들을 연결하는 가상의 선을 가리키는 말로, 이런 지역에 고대의 유적, 거석, 사
원 등이 보통 건설되어 있다고 주장된다. 자세한 설명이 바로 뒤 '삼위일체' 부분에 나온다.—옮긴이.

의 당인산 뼈대에 붙어 있다. 사다리, 밧줄 혹은 계단은 전 세계 샤먼들에게 지식이 샘솟는 장소를 가리키는 이미지이다.

지저地底 세계로 처음 여행을 갔던 때 생각이 난다. 가는 방법에 대한 어떤 언급도 없이 나는 그냥 가라는 지시만을 받았다. 눈을 감고서 북소리가 내 뇌파를 바꿔 다차원 상태에 들어가도록 허용하자, 내 앞에 땅 속으로 내려가는 황금색 나선형 계단이 보였다. 여러 해 뒤 나는 이것이 식물이 가진 치유의 특성을 배우기 위해 식물의 중심부로 들어가는 길을 묘사할 때 샤먼들이 통상적으로 사용하는 이미지라는 것을 알게 되었다.

이와 비슷하게 뱀 두 마리가 나선형으로 서로를 감싸고 있는 이미지는 샤먼 미술뿐만 아니라 현대 의학의 커듀시어스Caduceus 상징에서도 발견된다. 커듀시어스는 두 마리의 뱀이 지팡이를 이중 나선 형태로 휘감아 올라가는 모습이며, 이때 지팡이는 신들의 사자인 머큐리(헤르메스)와 의술의 신 아스클레피오스가 가지고 다니던 지팡이다.

차크라chakra(신체의 에너지 보텍스들) 주위의 에너지 움직임 역시 아래쪽으로의 이중 나선(영이 물질이 되는 에너지의 역逆 진화적인 움직임)과 위쪽으로의 이중 나선(물질이 영이 되는 에너지의 진화적인 움직임)을 창조한다. 팽창의 힘과 수축의 힘이 서로 번갈아 작용하면서 천상과 지상 간에 나선형 움직임이 발생하는 것이다.

나선형은 조개껍질, 나뭇잎 무늬, 꽃봉오리, 솔방울에서는 물론이고, 먹이를 잡으러 급강하하는 매의 움직임에서도 뚜렷이 눈에 띈다. 하지만 배수구로 빠져나가는 물의 움직임, 태풍 속 바람의 움직임, 우주 속 은하의 회전이 만들어내는 힘을 보면 나선형이 훨씬 더 강하게 느껴질 것이다. 나선형은 자연의 구조에서 근본적인 것처럼 보이며, 실제로 황금률 파이(1.618)는 나선형을 만들어낸다. 해바라기 꽃봉오리의 각 씨앗은 바로 다음 씨앗으로부터 정확히 파이에 해당하는 위치에 놓여 있으며, 씨앗들로 이루어진 한 원과 그 다음번 원 사이의 비율 역시 파이이다.[3] 솔방울, 조개, 나뭇잎 무늬에서도 같은 비율이 관찰되고, 자연계 전체는 물론이고 우주 전체에도 이런 비율이 존재하고 있는 것처럼 보인다.(사진 3을 보라)

삼위일체

트리스켈리온triskelion이라 불리기도 하는 삼중 나선은 기원전 3200년 경 아일랜드 미스 카운티County Meath에 있는 뉴그랑지Newgrange에서 처음 나타났다. 그것은 풍요의 상징으로 추정되는데, 그 이유는 태양이 3개월마다 한 번씩 나선형으로 움직이고,[4] '3'이 세 번 움직이는 것은 인간의 임신 기간(9개월)과 같기 때문이다. 켈트 족 우주론에서 '삼중triple'의 측면은 그들이 물질적·영적으로 존재하기 위한 기반이었다. 땅, 물, 하늘의 삼위일체와 그것들 간의 상호 관계는 인간의 육체적 삶을 지배하고, 생명, 죽음, 재탄생은 그들의 영적 삶을 지배했다. 뉴그랑지의 삼중 나선이 계절의 변화를 인식하는 것이라는 의견도 있

3_ 해바라기 등 식물의 꽃봉오리는 주어진 공간에 최대한 많은 수의 씨앗을 넣을 수 있도록 배열되어 있다. 그 규칙은 한 씨앗에서 파이만큼 회전한 위치에 다음 씨앗을 배치하는 것이다. 또한 그 결과로 해바라기 씨앗들은 나선형(오른쪽으로 휘는 나선형과 왼쪽으로 휘는 나선형)을 나타내는데, 이 나선형들의 숫자 역시 피보나치 수열을 따르게 돼 황금률과 밀접한 관련이 있다.─옮긴이.

4_ 지구에서 태양을 관측하면 태양은 석 달마다 분점(천구의 적도상에 위치한 점)에서 지점(태양 고도가 가장 낮거나 높은 점)으로 이동한다. 즉 춘분점→하지점→추분점→동지점→춘분점으로 이동한다. 그리고 각 석 달 동안 태양의 이동 경로를 관측하면 나선형과 비슷하다고 한다.─옮긴이.

는데, 그 이유는 동지 때 태양의 첫 햇살이 정확히 삼중 나선 위로 비치기 때문이다.

고대의 나선형과 그것에 함축된 '부족의 이동', 그리고 지구의 레이 선을 살펴보면, 레이 선이 실제로 지구를 통과하며 움직이는 나선형의 파동은 아닌지, 그리고 초기 인류가 그것으로부터 자기적磁氣的인 끌림을 느꼈던 것은 아닌지 하는 생각이 들기도 한다. 삼중 나선들이 실은 그들이 이동한 장소와 고향으로 다시 돌아오는 방법을 보여주는 이주移住의 지도이며, 이 같은 이동이 모두 지구의 에너지를 따라 이루어진 것일 수도 있다.

《과거의 패턴The Pattern of the Past》의 저자이자 수맥 탐사자인 가이 언더우드Guy Underwood는 동물들은 지하 수맥을 따라 이동하는데 이는 초기 인류도 마찬가지였다면서, 이런 길들은 치유를 가져오는 신성한 것으로 간주돼 단지 그 길들을 따라 걷기만 해도 건강이 유지되었다고 이야기한다. 이 길들은 우물이나 샘에서 합쳐지는데, 바로 이런 곳에 물이 가진 치유력을 찬양하는 사당이나 사원이 지어졌다. 땅, 물, 하늘이 이 초기 인류의 삶에 불가분의 관계로 녹아들어서, 대우주가 몸이라는 소우주 속에 반영되고 이 둘은 하나이자 같은 것으로 경험되었다.

불행히도 우리는 이 같은 땅과 하늘의 나선형 움직임과의 접촉을 잃어버렸다. 모니카 스주가 이야기하듯이, "현대 기술은 지구력earthforce의 선들을 자르는 경향이 있어서 자의적·무의식적으로 인간 활동을 지구의 에너지 복사로부터 분리시키며, 이에 따라 인간과 지구가 적대적인 진동의 역장力場 속에서 서로 대립하도록 만들고 있다. 옛날의 과학과 기술은 지구의 자연스런 힘의 흐름을 파악하고 그것을 활용하는 법을 발견했으며, 의식儀式을 통해 인간의 에너지와 지구의 에너지를 강력하고 조화로운 장 속에 통합시켰다."

삼위일체 혹은 삼중의 측면은 우리 삶의 거의 모든 영역에 존재한다. 예를 들어 성부·성자·성령이 있으며, 기독교 이전에는 처녀·어머니·할머니라는 삼중의 여신이 존재했다. 켈트 족의 경우에는 삼중의 여신인 브리짓Brigit이 치유사이자 대장장이이자 시인이었다. 자연계에는 태양·달·지구, 땅·물·하늘, 발생·성장·분해, 잉태·임신·출산 등이 서로 관련이 있는 것으로 한데 묶였다. 우리는 과거·현재·미래라는 시간 속에서 가슴·영혼soul·영spirit으로 존재한다. 심장외과 의사인 필립 바크Phillip Bhark 박사는 심장이 세 방향으로 압축·비틀기·회전을 한다는 점에서 그것이 3차원적이라고 지적한다. 심장을 통과하는 혈액의 흐름은 렘니스케이트lemniscate[5] 모양이다. 이는 혈액이 8자 모양 혹은 무한을 나타내는 상징 기호(∞) 모양으로 흘러서 나선형 소용돌이를 만든다는 뜻이다. 무한을 나타내는 상징 기호는 인간이 그린 최초의 나선형인 이중 소용돌이 나선을 늘인 것이다.

내 관찰에 따르면 무언가가 자신의 앞을 세 번 가로지르면 그것은 문을 두드리는 것으로서, 주의를 기울이라는 신호요, 선물이나 메시지, 교훈 또는 깊은 차원의 이해를 받으라는 초대이다. 나는 학생들에게 무언가가 세 번에 걸쳐 다가오면 주의를 기울이고, 특히 식물과 관련된 작업을 할 때는 더욱 주의하라고 당부한다. 강도 높은 약초 수업을 하면서 나는 학생들에게 수업이 진행되는 몇 달 동안 한 가지 식물 협

5_수학에서 8자 모양 혹은 무한대 상징 기호(∞) 모양의 곡선들을 통칭하는 용어.—옮긴이.

아일랜드 미스 카운티의 뉴그랑지 입구에 있는 삼중 나선 (사진 : Laurie Young)

력자와 함께 작업하게 한다. 학생들은 어떤 약초와 함께 작업할지 결정해야 하는데, 나는 학생들이 비선형적인 방식으로 식물을 선택하는 것을 더 좋아한다. 즉 꿈이라든지 다른 차원으로의 여행, 비전vision 등을 통해서 선택하는 것, 다시 말해 식물이 그들을 선택하도록 하는 쪽을 더 좋아한다는 말이다.

식물 협력자를 찾지 못해 애를 먹던 자넷이라는 학생이 기억난다. 수업을 들은 지 석 달이 지났지만 그녀는 어떤 식물과 작업해야 할지 모르고 있었다. 수업 기간 동안 자신의 식물 협력자와 함께 작업을 하도록 되어 있었기 때문에, 소중한 시간이 그렇게 덧없이 사라져버린 셈이었다. 자넷은 비선형적인 방식으로 식물 협력자에게 스스로를 여는 데 어려움을 겪고 있었다. 마침내 나는 그녀에게 "식물 협력자에게 모습을 보여달라고 그냥 부탁해 보세요"라고 말했다. 그 다음 주 그녀는 꽃밭에서 잡초를 뽑던 중 전에 한 번도 못 봤던 '잡초' 하나를 발견했다. 그녀는 그게 어떤 식물인지 알아보려고 잎 하나를 뜯었다. 하지만 대부분의 식물도감이 꽃을 기준으로 작성되어 있기 때문에 잎만으로는 그게 어떤 식물인지 알아내기 어려웠다.

같은 주, 생리가 시작된 그녀는 평소 생리불순과 생리통으로 고생할 때마다 도움을 받던 침술사를 찾아갔다. 침술사는 침을 놓고 집에서 복용할 약을 처방해 주었다. 다음날 집에서 책장을 청소하던 중 식물도감이 책장에서 떨어졌는데, 펼쳐진 페이지에는 그녀가 꽃밭에서 본 것과 아주 비슷한 잎을 가진 식물 사진이 나와 있었다. 그녀는 밖으로 달려나가 사진과 식물의 잎을 비교해 보았다. 아니나 다를까 같은 것이었다. 뭔가 그녀 내면에 불이 켜진 것 같았다. 그녀는 서둘러 침술사가 준 처방전을 살펴보았다. 처방약의 주요 성분 역시 바로 그 식물이었다! 그동안 줄곧 자신의 식물 협력자가 누구인지 '알아내려' 열심히 노력했지만 아무 성과도 없었는데, 마침내 그런 마음을 내려놓고 식물 협력자가 나타나면 받아들이기로 하자 그것이 나타난 것이다. 그녀는 익모초益母草와 계속해서 아주 가깝고 친밀한 관계를 이어갔으며, 이 협력자로부터 커다란 치유를 받았다.

'생명의 나선'이라 불리는 삼중 나선은 우리가 따라야 할 지도이다. 그것의 중요성을 이해하게 될 때, 우리는 그것이 가만히 있지 않고 비선형적인 방식으로 끊임없이 움직이면서 나선 위의 다른 곳으로 우리가 항상 되돌아가도록 만든다는 점을 깨닫게 된다. 태양이 매년 되돌아와 생명, 죽음, 재탄생의 나선 구조 안에서 끊임없이 재생되는 것과 마찬가지이다. 나선형의 움직임이 자기적磁氣的인 치유 속성을 지닌

지하 수맥을 따라가다가 마침내 우리를 샘이라는 형태를 한 신성함의 원천으로 이끈다는 것을 우리는 알고 있다. 식물 영 치유라는 물길을 항해할 때도 우리는 그 패턴의 인도를 받아 삼중 나선 경로를 따라간다. 우리를 신성the Holy(우리의 생명 그 자체를 주는 신성한 존재)으로 이끌어줄 고대의 길들로 되돌아가는 방법을 찾는 과정에서 가슴, 영혼, 영은 우리가 나선형으로 거쳐 지나갈 삼위일체이며, 이 여정에서 식물은 우리의 길잡이 역할을 한다.

4. 우리는 심장을 통해 세상과 연결된다

샛별이 동쪽 하늘에 걸려 있다. 이제 막 밝아오는 하루의 새로움 속으로 모험을 떠나는 이들을 위한 등대 같다. 아무런 미동도 없는 새벽의 침묵 속에서 공기조차 숨을 멈춰 소리라고는 침묵 그 자체뿐이다. 하늘의 색조가 바뀌면서 다른 별들은 모두 사라지고, 오직 사랑의 여신[1]만이 남아 오늘 하루치의 아름다움을 내 가슴속에 가져다준다. 수평선 위에 떠 있는 작은 구름 띠가 태양으로부터 직접 키스를 받기 위해 기다리고 있다. "매일 수고하는 저 위대한 늙은 할아버지, 불덩이를 나르기 위해 하늘 높이 기어 올라갔다가, 더위와 땀에 젖어 피로해진 무거운 몸을 이끌고 결국 다시 터벅터벅 아래로 내려오네. 그러곤 하늘 꼭대기까지의 하루 여정을 편안히 달래주는 어둠에 기분 좋게 항복하네."[2] 장밋빛 그림자가 점점 더 짙은 빛깔로 솜사탕 구름을 채우고, 피비, 박새, 동고비 들이 본격적으로 지저귀기 시작한다. 자신들의 노래만이 태양을 다시 데려와 이 땅에 하루 더 온기를 줄 수 있는 것처럼 운다. 이 얼마나 길고 느린 일출인가! 사랑하는 이의 부드럽고 오랜 키스처럼 여운이 오래간다. 어

1_ 사랑의 여신은 비너스, 즉 금성을 가리킨다.—옮긴이.
2_ 마틴 프렉텔의 〈태양의 딸의 불복종The Disobedience of the Daughter of the Sun〉에서 인용.

디선가 더 많은 구름들이 나타나 불과 몇 분 뒤에 있을 본 행사의 분위기를 고조시킨다. 침묵 속에서 이 새로운 날의 시작을 기다리고 있자, 키 큰 소나무 뒤 능선 너머로 가물거리는 빛이 그 도착을 알린다. 눈을 감고 있으니, 첫 숨(태양의 열기로 밀려나는 공기의 움직임)에 이어 따스한 볕이 내 몸 위로 서서히 밀려오는 것이 느껴진다. 이제 태양이 완전히 떠오르고, 태양의 첫 숨을 들이마시자 내 심장이 크게 열린다. 숨을 내쉬자 내 심장이 햇볕에 흠뻑 젖은 대지와 똑같은 리듬으로 뛰고 있음이 느껴진다.

—2006년 3월 일기에서

심장병은 미국에서 단일 사망 원인 1위로, 심장병으로 인한 사망자 수는 2위부터 5위까지의 사망자 수를 모두 합친 것보다도 많다. 전체 사망자의 58퍼센트가 심혈관계 질환과 직간접으로 관련되어 있으며, 매일 심장병으로 죽는 사람의 수는 2,500명으로 35초마다 한 명꼴이다. 미국심장협회American Heart Association의 2006년 통계에 따르면, 미국인의 심장병 관련 의료비 지출액은 연간 4,030억 달러이며, 세 명 중 한 명이 심혈관계 질환을 가지고 있다. 심장마비로 돌연사한 사람의 3분의 2는 사전 징후가 전혀 없었으며, 그중 95퍼센트에 해당하는 6,500만 명은 원인미상의 고혈압을 가지고 있었다.

이 충격적인 숫자들이 여러분의 주의를 끌었기 바란다. 이 놀라운 통계들은 우리의 심장이 곤경에 처해 있고 그 원인이 식단이나 생활양식보다 더 큰 데 있음을 나타내기 때문이다. 심장병 전문의 필립 바크Philip Bhark 박사에 따르면 심장마비의 절반만이 담배나 비만 같은 이미 알려져 있는 위험 요인들로 인해 발생한다. 그렇다면 이렇게 대규모로 심장병을 발생시키는 원인은 무엇일까? 찢어진 가슴broken heart[3] 때문에 우리가 죽어가고 있는 것이 그 원인은 아닐까? 만약 그렇다면, 가슴이 찢어지도록 만드는 원인은 무엇일까?

심장heart[4]은 100억 개의 세포로 이루어져 있으며, 이 세포들은 물결 같은 전기 패턴들에 의해 하나로 움직이고 있다. 바크 박사에 따르면 심장 관련 사망의 절반 이상이 심장이 갑자기 멎는 급성 심장사로 인한 것인데, 이는 심장의 전기적 패턴이 갑작스레 망가지는 것을 말한다. 높은 수준의 스트레스가 심장의 전기적 리듬에 장애를 초래하는 것으로 보인다. 그런데 스트레스는 단순한 투쟁-도피fight or flight 반응이 아니다. 언제든 존재하게 마련인 외부의 다양한 도전거리들을 처리하는 과정에서 생기는 긴장 역시 스트레스를 초래할 수 있으며, 이로 인해 자연 법칙과의 내적 연결이 훼손되고, 심하면 우리 몸의 자연적인 리듬까지 교란될 수 있다. 인공 전기장들의 간섭 역시 긴장을 유발할 수 있다.

자연에서 발견되는 물결 형태의 자연스런 패턴은 초당 한 사이클로 이루어지는데 이는 심장의 리듬 패턴과 동일하다. 현대 생활에서 기인한 자연 세계와의 연결 상실이야말로 근원적인 상처요, 이 근본적인 분리가 우리 심장이 찢어지도록 만드는 것은 아닐까?

3_'broken heart'는 보통 상심, 비탄, 심적 고통 등을 의미한다.—옮긴이.
4_'heart'는 문맥에 따라 '심장'과 '가슴'으로 번역하였다.—옮긴이.

심장, 제1의 인식 기관

닥 칠드레Doc Childre와 하워드 마틴Howard Martin의 새로운 연구(그 중 많은 내용이 《하트매스 솔루션HeartMath Solution》에 기술되어 있다)는, 심장이 피를 몸 전체로 순환시키는 단순한 펌프 기계가 아니라 주된 인식 기관임을 보여주고 있다. 태아의 경우 뇌가 완전히 형성되기 전에 이미 심장 박동이 시작된다. 따라서 심장이 가장 중요한 기관인 것이다. 그리고 뇌가 발달할 때도 아래에서부터 발달이 시작된다. 감정 중추들이 있는 원시 뇌primal brain[5] 부분부터 시작해서 위쪽으로 발달이 이루어지는 것이다.

칠드레의 이야기처럼, "생각하는 뇌는 감정을 담당하는 영역들로부터 자라난다." 박동하는 심장이 뇌보다 훨씬 먼저 생기며, 뇌에서 감정을 담당하는 부분이 합리적인 사고를 담당하는 부분보다 훨씬 빨리 형성되는 것이다. 데이터는 먼저 심장을 통해 들어온 후 뇌로 전달되고, 뇌는 이를 분류한 후 심장을 포함한 몸 전체로 보낸다. 따라서 심장과 뇌 사이에 쌍방향으로 끊임없는 소통이 일어나게 된다. 심장이 뇌와 소통하는 방식에는 네 가지가 있다. 신경적인 방식(신경 자극의 전달), 생화학적인 방식(호르몬과 신경 전달 물질), 생물물리적인 방식(압력파), 에너지적인 방식(전자기장 간의 상호 작용)이 그것이다.

심장은 4만 개의 신경 세포를 가지고 있을 뿐만 아니라 (감정 매개체로 알려진) 노르아드레날린[6], 도파민[7] 등의 신경 전달 물질을 합성하고 방출한다. "심장이 뛸 때마다 신경 활동이 분출되어 뇌로 전달

5_ '뇌간' 혹은 '파충류의 뇌'라고 불린다.—옮긴이.

된다"고 마틴은 설명한다. "심장은 호르몬, 심장 박동 수, 압력과 관련된 정보를 감지하고, 이를 신경 자극으로 변환시켜 이 정보를 처리한다. 심장이 뇌로 보내는 신경 신호는 뇌에서 심장, 혈관, 기타 내분비선과 기관들로 흘러가는 많은 자율 신경계 신호를 상당 부분 제어한다." 하지만 이 신호의 영향은 거기서 그치지 않는다. 감정 처리, 의사 결정, 추리 등에 영향을 미치는 뇌의 상위 중추들 역시 이로부터 영향을 받게 된다.

1983년 ANF[8]가 발견되자, 심장은 공식적으로 호르몬계의 일부로 재분류되었다. 이에 대해 칠드레는 이렇게 설명한다. "이 호르몬은 혈압, 체액 보유, 전해질 항상성electrolyte homeostasis을 제어한다. 그리고 혈관, 콩팥, 부신, 뇌의 수많은 제어 영역에 광범위한 영향을 미친다. 또한 연구 결과들은 ANF가 스트레스 호르몬의 방출을 억제하고, 생식 기관의 기능·성장을 촉진시키는 호르몬 전달 체계에도 영향을 미치며, 심지어 면역 체계와도 영향을 주고받을 수 있음을 시사하고 있다."

심장은 뛰면서 압력파pressure waves를 만들어내는데, 압력파가 전해지는 속도는 혈액이 흐르는 속도보다 더 빠르다. 이 때문에 시술자가 맥을 '짚을' 때 무언가가 느껴지는 것이다. "압력파는 혈액 세포[9]가 모세혈관을 통해 이동하도록 해주며 이를 통해 몸의 모든 세포에 산소와 영양분이 공급된다"고 마틴은 설명한다. "또한 압력파는 동맥에서

6_스트레스 호르몬의 하나로 아드레날린과 함께 투쟁-도피 반응을 만들어낸다.—옮긴이.

7_쾌감, 즐거움 등과 관련한 신호를 전달해 인간에게 행복감을 느끼게 한다.—옮긴이.

8_atrial naturetic factor(심방성心房性 나트륨 이뇨 인자). 혈액량의 이상 증가에 대응해서 심방에서 분비되는 펩티드 호르몬의 총칭이다.—옮긴이.

9_blood cell. 백혈구, 적혈구, 혈소판의 총칭.—옮긴이.

상대적으로 큰 전압이 발생되도록 해 동맥을 확장시킨다. 압력파는 또 세포에 리드미컬하게 압력을 가함으로써 세포에 포함된 일부 단백질들이 '압축'에 대한 반응으로 일정한 전류를 만들어내도록 한다. 몸의 모든 세포가 심장에서 생성된 압력파를 '느끼며', 한 가지 이상의 방식으로 그것에 의지하고 있다."

뇌와 심장 간의 에너지적 연결은 심장의 전자기장electromagnetic field에 의해 이루어지는데, 칠드레는 이를 다음과 같이 설명한다. "심장의 전자기장은 몸에서 생성되는 전자기장 중 가장 강력한 것으로, 그 강도는 뇌에서 생성되는 전자기장의 약 5천 배이다. 심장의 전자기장은 몸의 모든 세포에 퍼져나갈 뿐만 아니라 몸 밖까지 방사되어, 몸에서 2~3미터 떨어진 곳에서도 측정이 가능하다."

심장의 전반적인 건강 상태는 이제 더 이상 심장 박동 수가 안정적인가의 여부로 측정되지 않는다. 심박 변이도heart rate variability라 불리는 것이 그 자리를 대신한 것이다. 심박 변이도는 심장 리듬에서 생기는 변화를 말하는 것으로 심장의 박동과 박동 사이의 패턴을 통해 파악된다. 리듬이 하나의 통일된 패턴을 보이거나 어떤 중심점을 기준으로 정돈된 패턴을 보일 경우 그 리듬은 일관된coherent 것이고, 이와 반대로 무작위적이고 혼란스러우며 들쭉날쭉할 경우 그 리듬은 일관되지 않은incoherent 것이다. 칠드레의 연구에 따르면 심박 변이도가 일관될 경우 "자율 신경계가 더욱 질서정연해져서 면역력 증진, 호르몬 균형 개선 등 몸 전체에 유익한 영향이 발생하게 된다." 일관되지 않을 경우에는 "혈관이 수축되고, 혈압이 상승하며, 다량의 에너지 손실이 일어난다." 이것이 건강에 대해 가지는 함의는 비교적 명확하다. 심장 리듬의 부조화는 심장과 다른 기관들에 효율성 저하와 스트레스 증가를 유발하는 반면, 조화로운 리듬은 신체 체계들의 효율성을 증진시키고 스트레스를 줄인다.

심장의 강력한 리듬은 다른 신체 리듬들을 동조시키는 경향을 보인다. '동조시킨다entrain'는 것은 "자신과 함께 혹은 자기 뒤에 끌고 간다"는 의미로, 심장과 뇌의 동조 현상에 대해 논의할 때에는 좀 이상한 정의이다. 하지만 이런 현상이 처음 발견된 경위를 읽고 나자, 왜 이런 식으로 정의가 되었는지 충분히 이해가 되었다. 한 진자振子 시계 제조공이 모든 시계를 한 방에 놓아두었는데 시계들이 모두 조화를 이루며 똑딱거리기 시작했다. 그 이유는 가장 길고 강한 리듬을 가진 진자가 다른 것들을 동기화시켜서 모든 진자가 동일한 파장을 갖게 되었기 때문이다.

이런 동조 현상은 음악에서도 일어날 수 있는데, 많은 악기가 이런 상태에 있을 경우 아름다운 화음이 나타나지만, 그렇지 못할 경우에는 불협화음이 나타나게 된다. 사람들 사이에서도 동조 현상이 일어나면 연결과 진정한 소통이 이루어진다. 여러분이 "아, 알겠어요"라고 이야기할 때 바로 이 동조 현상이 일어나고 있는 것이다. 그리고 진정한 배움과 이해는 오직 이런 동조 현상을 통해서만 일어날 수 있다. 마틴에 따르면, 인체에서 가장 큰 진동자oscillator인 심장이 일관된 리듬을 내보낼 경우 뇌가 이에 동조되어 "우리가 잠재력을 최대로 발휘하게 된다"고 한다.

심장에 긍정적인 자극 주기

심장이 '가슴'이라는 감상感傷의 영역에서 벗어나 인체의 주된 기관으로서 제자리를 찾기 시작한 것은 얼마 되지 않은 일이다. 심장이 진정한 조종사임에도 불구하고, 대부분의 분야에서는 아직도 머리mind가 최고의 위치를 차지하고 있다. 글렌다 그린Glenda Green의 책《끝없는 사랑Love Without End》[10]을 보면 머리와 가슴에 대한 정교한 논의가 나오는데, 이는 신성한 가슴Sacred Heart의 관점에서 머리와 가슴의 관계를 이해하는 데 도움을 준다.

머리 그 자체의 능력은 상당히 제한적이다. 머리는 기능하기 위해서 두 개의 고정된 기준점을 필요로 한다는 점에서 본질적으로 선형적이다. 두 개의 기준점이 양극성을 창조해 내 이원론적인 행동을 유발하므로 머리는 결코 무한을 이해할 수 없다. 가슴 없는 머리는 추상화를 부르고 이는 실체와의 단절을 낳으며, 결국 혼란으로 귀결된다. 그와 달리 "가슴은 모든 실재essence와 잠재력으로부터 오는 축복들을 받아들인 후 그것들을 통합하여 삶 속으로 모아들이는 자기적 소용돌이magnetic vortex이다. 그러한 힘은 전자기 법칙들을 통해 에너지로 전환된다. 머리와 달리 가슴은 지성이 더없이 단순하고 동시적인 방식으로 기능하는 것이다. 가슴의 모체는 존재하는 모든 것과 하나임을 인식하는 통합적인 의식이다." 뇌를 폄하하려는 것이 아니다. 내가 말하고자 하는 것은 뇌의 독자적인 능력이 지나치게 강조되어 왔다는 것, 그리고 우리가 뇌를 사용하는 방식을 철저히 바꿀 필요가 있다는 것이다.

10_ 한글판《끝없는 사랑》(아름드리미디어, 2003).—옮긴이.

뇌와 심장이 조화롭게 기능할 때 창조성이 피어나고 소통이 이루어지며 치유가 일어난다.

흥미롭게도 나는 일관성과 조화라는 가슴의 진정한 본질이 현실에서 발현될 수 있도록 하려는 비전秘傳 문헌과 과학 연구들이 모두 비슷한 감정들을 이용한다는 사실을 발견했다. 감사, 사랑, 연민, 관심 같은 가슴의 긍정적인 느낌들이 "심혈관계가 효율적으로 작동하고 신경계가 균형 상태에 있음을 나타내는 지표, 즉 부드럽고 조화로운 심박변이도 리듬을 만들어낸다"는 사실을 닥 칠드레와 하워드 마틴의 연구는 보여주고 있다.

'핵심적인 가슴의 느낌들'은 많지만 접근하기 가장 간단하고 쉬운 것은 감사의 느낌이다. 감사를 표현할 때 우리 몸에서는 즉각적인 반응이 일어난다. 스트레스 반응이 감소하고, 뇌와의 동조가 이루어지며, 우리 몸 주변의 전자기장이 질서정연한 일관성을 띠게 되는 것이다. 감사의 상태에서는 일관성에 이르기가 훨씬 쉬운데, 그 이유는 우리가 표현하는 모든 감사에 심장이 즉각 반응하기 때문이다. 설령 감사의 대상이 현 상황에 관련되지 않더라도 말이다. 이는 신경계가 자연스럽게 균형을 이루도록 만들고 스트레스 부담을 덜어주며, 따라서 창조적인 곳에 에너지를 쏟을 수 있게 해준다. 감사는 자성磁性이 매우 큰 상태로서, 감사의 상태에 있는 사람에게 쉽게 되돌아가는 경향을 보인다. 많은 종교에서는 기도가 이런저런 요구를 하는 기도가 아니라 감사의 기도가 되어야 하며, 진심으로 감사하는 상태에 있으면 은총이 열 배로 온다는 이야기를 하고 있다.

매일 아침 새로운 날을 시작하면서 나는 밖으로 걸어 나가, 따스한 숨을 보내주는 태양에 감사하고, 나에게 먹을 것을 주는 대지에 감사하며, 산소를 제공해 주는 나무에 감사하고, 이 땅에 생명수를 주고 내 몸에 필요한 수분을 제공하는 하트스프링의 순수한 물에 감사한다. 나는 이것들 하나하나에서 신성the Holy, 즉 나에게 생기와 생명을 주는 영의 얼굴을 보며 감사함을 느낀다. 이런 식으로 하루를 시작함으로써 그날의 분위기가 만들어지고 감사로 가슴이 열리게 된다. 그리고 이렇게 감사가 쌓이면서 내면의 그릇이 감사로 가득 채워지고, 대처해야 할 과제들이 수월해지며, 공동 창조자로서 삶에 온전히 참여할 수 있는 에너지가 생겨난다.

심장을 긍정적으로 자극하는 또 다른 것은 순진무구한 인식이다. 이는 어린아이처럼 판단이 없는 상태를 말한다. 이런 관점을 갖게 되면 세상을 새롭고 신선하게 바라보게 되고 현재에 머무는 것이 가능해진다.

판단은 우리가 가진 기질의 일부인데, 그것은 인간이 진화 과정에서 예컨대 송곳니가 날카로운 호랑이를 피하려면 얼마나 빠르게 얼마나 멀리 뛰어야 할지 재빨리 판단할 필요가 있었기 때문이다. 판단은 우리가 가진 투쟁-도피 메커니즘의 한 부분으로 자신을 안전하게 지키는 데 도움을 준다. 하지만 지금 우리가 직면하고 있는 위험은 1만 년 전의 것과는 다르다. 끊임없는 판단은 스트레스 반응을 유발하므로 득보다는 해가 많다.

현재에 더 적합한 것은 분별이 우리의 심장을 통해 이루어지도록 함으로써 개인적인 집착보다는 전체적인 관점에서 결정을 하고 다른 사람의 의견도 포용할 수 있도록 하는 것이다. 이럴 때라야 다른 사람은 물론이고 자기 자신에게도 친절할 수 있다. 내가 민들레를 바라보며 민들레에 관해 알아야 할 것은 모두 알았다고 이야기한다면, 순진무구한 눈으로 민들레를 보고 있는 것이 아니다. 이는 민들레의 특성과 치유력을 경험하거나 이해할 수 있는 다른 가능성에 대해서는 문을 닫고 있는 것이다. 이럴 경우 나와 민들레의 관계가 계속 성장하기란 불가능해지며, 민들레가 주는 선물들의 미묘한 뉘앙스도 나를 비껴가고 만다. 판단에 사로잡혀 있을 때는 우리의 선택만이 아니라 삶에 대한 우리의 경험까지 제한받게 되는 것이다.

　용서는 앞의 두 가지 자극보다 도달하기 힘든 자질이긴 하지만 그 보상은 가장 크다. 용서의 어려움은 탐욕, 배신, 상실, 수치, 부정직에 대한 우리의 반응에 있다. 우리는 이런 행동들로 인해 너무나 심하게 상처를 입은 나머지, 다시는 상처를 입지 않기 위해 가슴을 닫아버리기에 이르렀다. 가슴을 옥죄는 이런 갑옷들은 우리 몸을 위축시키고 경직시키며 마치 상처에서 고름이 새어나가듯 힘이 줄줄 흘러나가게 만든다. 이로 인해 우리는 가장 어려운 도전거리들(우리를 꽁꽁 묶어서 생명력을 빨아먹는 것들)에 직면하기도 한다.

　용서는 반드시 자기 자신에 대한 용서에서 출발하여 다른 사람들에게로 확장되어야 한다. 우리가 자기 자신, 우리 부모, 우리 배우자, 우리 이웃, 우리 정부를 용서할 수 없다면, 테러리스트의 극단적인 행동을 용서할 가능성은 거의 없다. 하지만 이러한 용서를 통해 가슴에서 갑옷이 치워지고 치유가 일어난다. 이렇게 해서 가슴이 기력을 회복하면 그 다음에는 연민의 마음이 일게 된다. 계속해서 딱딱한 가슴으로 살 경우, 스스로 쌓은 원한의 에너지 때문에 단지 한 번만이 아니라 거듭해서 상처를 입게 된다. 하지만 용서는, 하워드 마틴이 정말 설득력 있게 이야기하는 바와 같이, "스스로가 죄수이자 간수인, 자신이 자신을 처벌한 감옥 형으로부터 여러분을 풀어준다."

식물 영 치유 수업에 참석하는 학생들에게 내주는 과제 중 하나가 심장에 긍정적인 자극을 주는 연습이다. 다음은 학생 중 한 명인 앤이 들려준 이야기이다.

"심장에 긍정적인 자극을 주는 연습을 하면서 처음 며칠 동안 제가 경험한 것은 제 의붓딸에게 가슴을 여는 과정이 시작된 거였어요. 믿기지 않는 서막이었죠. 지난 몇 달 동안 우리 둘 사이에 대한 부정적인 생각과 판단 그리고 두려움 때문에 몹시 힘들었거든요. 며칠 연습을 하자 그런 생각과 감정이 '마법처럼' 사라졌어요. 어찌된 영문인지 그 모든 무거움들이 떨어져나갔지요. 의붓딸을 찾아가는 데 두려움이 없어졌고, 실제로 방문하자 우리 사이에 '벽'이라곤 더 이상 없었어요. 함께 있는 시간이 훨씬 편해졌고요. 부정적인 생각들은 눈 녹듯 사라져버렸어요. 딸을 더 잘 이해하려 하고 더 자애롭게 대했지요. 부정적인 생각들에 사로잡혀 있던 시간이 정말 길었지만, 그래도 저는 자유로워졌어요. 가슴을 열고 정말 긍정적으로 다가갈 수 있었지요. 그래서 요즘에는 계속 편하게 지내요. 아직 즐겁다고까지 말할 수는 없지만, 맘고생이 사라진 건 확실해요. 정말 놀라워요!"

이 같은 긍정적인 자극 혹은 가슴의 핵심 느낌들은 우리의 심박변이도를 일관되게 만들어주며, 이는 동조화를 통해 뇌가 심장에 최대한 봉사하도록 함으로써 안팎으로 균형이 이루어지게 한다. 이는 또한 우리를 신성한 가슴, 즉 자신의 영혼과의 연결이 이루어지는 심장 안의 무한점infinity point으로 이끌고, 이를 통해 영에 접근하도록 만든다.

이 무한점은 찬도기야 우파니샤드Chandogya Upanishad의 한 시구 속에 다음과 같이 묘사되어 있다. "이 우주만큼 광대한 것이 당신의 심장 속 작은 공간에 있다. 하늘과 땅이 그 안에 있고, 불, 공기, 태양, 달, 번개, 별자리 그리고 여기 아래에서 당신에게 속한 모든 것과 속하지 않은 모든 것, 이 모두가 당신 심장 속 이 작은 공간 안에 모여 있다." 기독교에서는 신성한 가슴Holy Heart[11]이 예수를 통해서 접근할 수 있는, 여러분과 하나님 간의 성약聖約의 자리이다. 좀 더 세속적인 관점에서는 신성한 가슴을 대지에 속한 존재로, 즉 만물의 어머니이자 동등한 동반자인 여왕으로 본다. 필립 바크 박사는 심장의 꼭짓점[12]에 이 무한점이 실제로 존재할 가능성이 있다고 말하는데, 그 이유는 이곳에서 스트레스에 대한 반응이 처음으로 나타나기 때문이다.

나에게 신성한 가슴은 외부와의 연결이 일어나는 몸 안의 장소이다. 그것은 부분들의 총합보다 크지만, 각 부분 안에는 그 전체가 온전히 담겨져 있다. 내가 삶에서 의미를 끌어내는 것이 바로 이 성스러운 공간이며, 신성한 가슴을 섬김으로써 나는 모든 생명과 연결된다. 스티븐 뷰너는 이 영적인 가슴을 "세계가 우리에게 보내는 손길을 느끼는" 공간으로 이야기하며 이렇게 설명한다. "그 수많은 손길 하나하나에는 각기 다른 의미들이 담겨 있다. 이런 의미들은 이 세계의 가슴이, 우리와 함께 이 세상을 살아가는 존재들의 가슴이 우리에게 보내는 것

11_가톨릭에서는 '성심聖心'으로 보통 번역되며, 예수의 성심과 성모의 성심으로 구분하여 각각 관련 미사가 진행된다.—옮긴이.
12_심장의 가장 아래쪽에 뾰족하게 튀어나온 부분으로, 왼쪽 폐 및 늑막과 접하는 부분이다.—옮긴이.

이다. 이런 주고받음을 통해서 우리 삶의 질이 바뀌고 우리는 결코 혼자가 아님을 다시 한 번 기억해 내게 된다." 시인 마르타 벨렌Marta Belen이 이야기하듯이 "열린 가슴이라는 문을 통해서 우주가 알려지며," 바로 이곳이 식물 영 치유의 삼중 나선 경로가 시작되는 곳이다.

5. 가슴과 영 사이의 중개자, 영혼

남풍이 불어와 대지를 데우자 개똥지빠귀들이 돌아와 녹은 땅에서 벌레를 찾느라 분주하다. 여기저기 종종거리며 바쁘게 돌아다니는 개똥지빠귀들을 바라본다. 어떤 것들은 잔가지를 물어와 둥지를 짓기 시작한다. 알에 금이 가고 앙상한 몸에 긴 목을 가진 아기 새가 나타날 때까지 오랜 시간 끈기 있게 앉아 기다릴 준비를 하는 것이다. 그때가 되면 몸체만큼이나 큰 아기 새의 입, 그 쫙 벌린 동굴들을 채우기 위해 개똥지빠귀들은 또다시 종종거리며 돌아다니기 시작하겠지. 나는 하던 일을 계속한다. 봄 최고의 원기회복제인 단풍나무 수액을 마시기 위해 줄기에 홈을 낸다. 처음에는 양동이에 방울방울 떨어지더니 곧 하나의 물줄기가 되어 흐른다. 오늘은 수액을 제법 받겠군. 나무줄기의 홈에 혀를 갖다 대고, 위대한 어머니의 가슴에서 젖을 빨듯 수액을 마신다. 단풍나무의 달콤한 에센스가 몸속 혈관을 가득 채운다. 상쾌한 수액에 내 느릿느릿한 겨울 모드 세포들이 생기를 되찾는다. 이 축복받은 순간 나는 단풍나무와 완전하게 연결되어 있다. 그녀의 수액은 나에게 새로운 생명을, 계절의 사이클을 다시 시작할 수 있는 새 힘을 준다. 단풍나무가 나에게 주는 이 믿기 어려운 선물에 가슴이 벅차오르고 눈에서는 눈물이 흐른다. 수액이 내 가슴의 문을 열자 내 '토착 영혼indigenous soul'이 홍수처럼 흘러들어 와, 영靈이 곧 생명의 그물을 이루는 천이고 사랑이 그 전부를 하나로 엮는 실임을 기억나게 한다.

—2006년 3월 일기에서

　　영혼soul,[1] 영혼의 본질, 심지어 영혼의 존재에 대해서도 고대부터 지금까지 다양한 이해의 수준에서 논란이 있어왔다. 플라톤의 이데아적 세계관에서는 영혼이 "순수하고, 변함없고, 단순하고, 보이지 않고, 일관되며, 영원한" 것인 반면, 그의 제자 아리스토텔레스는 영혼을 훨씬 더 육체 속으로 끌어들여 "우리가 살고, 느끼거나 인식하고, 움직이고 이해할 수 있도록 하는 무언가"로 보았다. 피타고라스는 영혼을 보이지 않는 불멸의 것으로 보았으며, 자신의 불멸의 영혼이라는 렌즈를 통해 많은 전생들을 기억해 낼 수 있었다. 그는 이 전생들을 '필요의 주기circle of necessity'라고 불렀는데, 여러 시대 여러 몸으로 자신을 드러내는 것이 영혼의 참된 본성이라는 것이다.

　　대부분의 기독교인은 영혼을 성령聖靈, Holy Spirit을 담는 그릇으로 본다. 이는 각 인간의 불멸의 본질로서, 죽고 난 후 하나님으로부터 천국의 보상이나 지옥의 벌을 받는다. 천주교의 교리문답집에서는 영혼이 인간의 영적 본질을 나타낸다고 이야기한다. 불교에서는 보통 영혼의 존재를 믿지 않는다고 알려져 있지만, 몇몇 분파에서는 '본성original nature'을 이야기하는데 이는 영혼을 언급하는 또 다른 방식이다. 힌두

1_이 책에서는 'soul'을 '영혼'으로 번역하였다. 하지만 이 단어는 쓰는 사람에 따라 그 뜻이 다르므로, 이번 장에 실린 저자의 설명을 기준으로 이해하기 바란다.—옮긴이.

교의 바가바드 기타는 영혼을 영원, 지식, 지복至福을 그 속성으로 하는 신의 일부라고 이야기한다.

독일 천문학자 요하네스 케플러Johannes Kepler는 신비주의와 과학을 처음 접목시킨 사람으로, 그는 "연못에 돌을 떨어뜨리면 원형의 물결들이 사방으로 퍼져나가듯이 원형으로 방사되어 나가는 중심점"이 영혼이며, "그 후 영혼은 별빛이 퍼져나가는 것과 동일한 법칙에 따라 몸 밖으로 방사상으로 퍼져나간다.…… 그리고 영혼은 방사emanation를 통해 몸과 소통한다"고 말한다.

영혼은 살아있는 존재의 진정한 본질 혹은 정수를 지니고 있으며 지각sentience의 토대이다. 신성에 접근할 수 있고 영들의 숭고한 언어를 번역할 수 있는 것이 바로 이 영원히 현존하는 우리 상위 자아의 의식이다. 영혼은 가슴과 영 사이의 중개자로서, 우리를 이끌어 삶과 연결시키는 매개자이자 신성으로 통하는 관문이다. "나비의 두 날개"[2] 사이의 중간 지점에서 역할을 수행하기 때문에, 가슴과 영, 보이는 것과 보이지 않는 것, 드러난 것과 드러나지 않은 것 양쪽의 기능을 이해하는 것이 영혼에게 필수적이다.

우리의 드러나 있는 존재manifest being가 해방, 자유, 확장을 향해 나아가는 과정에서, 즉 영으로 진화해 가는 과정에서, 우리 영혼은 우리가 내리는 선택들이 지상에서 이행하기로 영혼 단계에서 한 서약에 부합하기를 늘 갈망하면서 삶을 경험하고자 애쓴다. 글렌다 그린은 이를 쉽게 풀어서 "영혼은 물질적 삶만이 줄 수 있는 현실 경험을 갈망하고,

---

2_마틴 프렉텔의 말이다.

몸은 영혼만이 줄 수 있는 불멸의 경험을 갈망한다"고 이야기한다. 물리학자 프레드 울프Fred Wolf 박사는 우리 자신과 영혼의 관계를 이야기하면서 "영혼의 근본 목표는 앎을 물질 형태 안에서 실현하는 것"이며 "영혼의 현현顯現하고자 하는 욕구로 인해 모든 것이 존재하게 되었다"고 이야기한다. 나아가 그는 "영혼은 자신의 경계를 수축시킴으로써 자아the self와 즉각적으로 소통한다. 이와 비슷하게 자아는 자신의 경계를 확장시킴으로써 영혼과 소통할 수 있다"고 이야기한다.

영혼의 상실

샤먼의 관점에서 영혼은 육체와 구분되는 독립적인 실체entity로서, 한 사람의 생명의 본질vital essence을 보유하면서 그 신체적·감정적·정신적 측면을 통제하는 존재로 여겨진다. 전통적인 샤먼의 주요 '임무' 중 하나가, 떠돌고 있거나 겁에 질려 도망쳤거나 도둑맞은 영혼이나 영혼의 부분들을 회수하는 것이다. 이 같은 영혼의 상실은 신체에 영향을 미치는 영적 질병으로 간주된다. 영혼이 영과 가슴(신체적 몸) 사이의 중개자이기 때문에, 영혼이 상실된 기간 동안 그 둘은 서로 떨어져 있게 된다. 내면의 불꽃을 타오르게 하는 데 필요한 생명력이 줄어들면, 심장이 일관된 상태로 작동할 수 있는 능력 또한 저하된다. 길을 인도해 줄 영혼이 제자리에 온전히 있지 않기 때문에 우리는 방향을 잃고 만다.

현대의 샤먼인 산드라 잉거만Sandra Ingerman은 영혼 상실에 대해서 "우리가 정신적 외상trauma을 경험할 때마다 그 경험에서 살아남기 위해 고통을 온전히 받아들이지 않으려 하는데, 그 결과 우리 생명의 본질 중 일부가 우리로부터 분리되는 일이 벌어지게 된다"고 말한다. 이런 맥락에서 영혼 상실은 영혼을 위한 안전 장치라고 할 수 있다. 영혼이 삶에서 겪는 정신적 외상으로부터 후퇴해 "(일상 세계와 나란히 존재하는) 비일상 세계들 속에서 존재"할 수 있도록 해주는 수단으로 생각할 수 있는 것이다.

영혼 되찾기soul retrieval는 식물 영 치유의 필수 과정 중 하나인데, 그 이유는 이 시술의 전체 요점이 개개인이 더 완전하게 자기 자신이 되도록 도움으로써 그 사람이 자신의 진정한 본성에 따라 살고, 그리하여 이번 생에서 자신이 걷고자 한 길을 걸어갈 수 있도록 하는 것이기 때문이다. 이런 일은 그들 영혼의 일부만 현존해서는 달성하기 어렵다. 나는 거의 모든 클라이언트에게 치유 과정의 어느 시점이 되면 영혼 되찾기를 시행하는데, 특히 그들의 상태가 더 이상 나아지지 않는다는 느낌이 들거나 다른 식으로는 설명되지 않는 행동을 보일 때는 반드시 영혼 되찾기를 한다.

실례를 하나 들어보자. 나는 로라가 다른 남성과 사귀다 남편과 거의 이혼할 지경에 이른 힘든 시기에 그녀와 오랫동안 작업을 함께 했다. 결혼한 사람은 다른 이성을 가까이해서는 안 된다는 믿음을 굳게 가진 사람이었기에, 이런 행동은 그녀에게 정말 어울리지 않는 것이었다. 함께 작업하는 내내 나는 그녀를 지지해 주었고, 그녀와 그녀의 남편은 이혼할 경우 잃는 것이 너무나 많다는 걸 깨닫고 결국 이혼하지 않았다. 하지만 로라가 느낀 수치심, 죄책감, 배신감, 슬픔의 그림자는 계속해서 남아 있었다. 자신이 어떻게 자신의 가치관과 상충되는 행동을 할 수 있었는지 이해할 수 없었기에 로라는 계속해서 심적 갈

등을 겪었다. 어떤 방법을 써봐도 그 느낌이 줄어들지 않는 것처럼 보였기 때문에 나는 영혼 되찾기를 해보기로 했다.

늦은 가을날 로라와 나는 영혼 되찾기를 하기 위해 만났다. 물론 그녀가 느끼는 수치심의 근원에 도달하기 위해서였다. 어렸을 때 로라는 자신의 몸을 부적절하게 만진 성인 남성들 때문에 수치심을 느낀 적이 있었다. 어쩌면 이때 그녀의 영혼 중 일부가 떠났을 가능성도 있었다. 나는 고요한 상태로 들어가 북소리에 실려 지저地底 세계로 갔다. 조력자들을 만나자 나는 돌아올 준비가 된 로라 영혼의 일부에게 데려가 달라고 요청했다. 지저 세계의 비일상적 현실 속을 이리저리 헤매며 통과하는 대신, 나는 재규어의 등에 실려 땅에서 멀리 떨어진 하늘로 올라갔다. 그러자 내 자신이 작은 입자들로 분해되어 모든 것의 일부가 되는 것이 느껴졌다. 무無이면서 모든 것의 일부로 존재하는, 무이면서 하나oneness인 상태가 기분 좋게 느껴졌다. 그때 재규어가 나를 끌어당겼고, 나는 다른 시간과 공간 속에서 원래 모습으로 돌아왔다. 그리스 델포이 신전이나 지중해 몰타 제도 고초 섬의 간티아Gantija 신전[3]과 흡사한 건물 속에 내가 있었다.

거기서 나는 무척 아름다운 예복을 입고 머리에 보석 장식을 한 여사제 로라를 발견했다. 머리를 높이 쳐들고 백조같이 우아하게 움직이는 모습이 위엄이 있었다. 다른 이들이 조언을 구하러 오자 그녀는 점을 쳐서 조언을 해주었다. 그리고 그녀는 아름다운 비단과 부드러운 베개, 털이 복슬복슬한 양가죽으로 덮인 안쪽의 침실로 들어갔다. 그

---

[3] 거대한 바위들로 만든 거석 신전으로, 스톤헨지나 이집트 피라미드보다도 오래되었다.—옮긴이.

곳에는 한 청년이 즐거움의 기예art of pleasure에 입문하기 위해 그녀를 기다리고 있었다. 젊은 남성들을 여신의 헌신자로 입문시키는 것이 여사제로서 그녀의 임무 중 하나였다.

청년이 떠나자, 커튼 뒤에서 부스럭 소리가 나더니 다른 청년 한 명이 조심스럽게 침실로 들어섰다. 로라는 서둘러 문을 잠그고, 뒤돌아서 청년의 품속으로 뛰어들었다. 둘은 귓속말로 서로에 대한 사랑을 속삭이고 다음에 언제 어떻게 만날지 이야기했다. 청년이 침실에서 달려 나가 다른 쪽으로 조용히 사라지자, 문 두드리는 소리와 고함소리가 크게 들렸다. 다음으로 나는 로라가 법정에 서 있는 것을 보았다. 서약을 깨고 입문자와 사랑에 빠짐으로써 고위 여사제로서 지위를 더럽힌 것에 대해 재판을 받고 있었다. 그녀는 죽음보다 더한 벌을 선고받았다. 지위를 박탈당하고 신전에서 추방된 것이다. 로라는 예복을 반납한 후 법정 밖으로 인도되어 나갔고, 거리에서 먹을 것을 구걸하며 정처 없이 떠돌았다.

그 장면에서 나는 그녀에게 다가가 그녀의 현재 자아에게로 돌아가고 싶은지 물었다. 그녀는 수치심과 죄책감으로 너무나 피폐해진 나머지 나를 제대로 쳐다보지도 못했다. 나는 그녀에게 현재의 로라가 이제 수치심을 내려놓고 그녀를 스스로의 삶 속에 통합시킬 준비가 되어 있으며, 자신의 여사제 자아를 기꺼이 껴안고자 한다고 말해주었다. 우리는 함께 돌아왔다. 나는 여사제 로라의 가슴과 정수리에 입김을 불어서 그녀가 집에 돌아온 것을 환영했다.

내가 신전에서 본 장면을 이야기해 주자 로라가 울기 시작했다. 자신의 여사제 자아가 돌아오기를 너무도 간절히 바란 나머지 현생에서도 '규칙 위반'임을 잘 알면서 다시 한 번 부정不貞을 저지르게 되었다는 걸 깨달은 것이다. 여사제 로라가 재통합되기 위해 필요한 것 중 하나가 그녀가 고위 여사제 신분을 되찾게끔 하는 입문 의식이었다.

로라와 나는 전통적으로 입문식이 열리는 날인 임볼크Imbolc 또는 브리짓Brigit의 날[4]에 사랑스런 입문식을 열기로 했다. 로라는 꿈에서 이 입문식을 그려보고, 꿈에 본 것과 똑같이 입문식을 치렀다. 의식이 끝난 뒤 그녀가 말했다. "이제 저는 제 자신의 힘으로 서고 제 자신의 진실을 이야기해요. 수치심, 배신감, 슬픔은 떠나보냈어요." 그리고 그녀는 자신과 남편이 "과거 어느 때보다도 잘 지낸다"고 했다.

방금 살펴본 영혼 되찾기가 다른 경우들과 다른 점은 전생에서 영혼의 일부를 되찾아왔다는 것이다. 영혼 상실이 너무나 극적이었기 때문에 그것이 현생까지 따라와서 현재의 로라에게 주의를 환기시키고자 상황을 재연했던 것이다. 이 사례에서는 상실된 영혼의 일부가 너무도 간절하게 재통합되기를 원했고, 급기야 로라의 주의를 끌기 위해 똑같은 시나리오를 창조해 내기까지 했다. 로라로 하여금 자신이 갈망하는 자신의 측면, 즉 그녀의 '여신 자아Goddess self'를 내면 깊숙한 곳에서 찾아보도록 경종을 울렸던 것이다.

우리 영혼의 또 다른 측면은 마틴 프렉텔이 '토착 영혼indigenous soul'이라 부르는 것이다. 이는 자연 속에서 자연의 모든 살아있는 존재

---

4 임볼크는 고대 켈트 종교의 축일로, 동지와 춘분 사이의 2월 1일이다. 이 날은 성스러운 불꽃의 첫 불씨를 가져온 여신 브리짓을 기리고, 봄에 암양에서 젖이 나기 시작하는 것을 축하한다. 기독교 전래 후에는 브리짓이 기독교의 성인으로 바뀌었으며, 임볼크는 성 브리짓의 날이 되었다. 요즈음에도 위카Wicca의 일부 분파에서는 이 날에 입문식을 연다. 한국 절기로는 입춘에 해당한다.─옮긴이.

들과 연결되어 있을 때 가장 편안하게 느끼는 우리의 진정한 본성의 일부이다. 마틴은 "현대인이든 토착민이든, 원시인이든 지나칠 정도로 문명화된 사람이든 간에, 현재 살아있는 모든 사람은 원래의 자연적인 영혼, 비록 그 모습은 다를지라도 본질적으로 토착적인 영혼을 가지고 있다. 그리고 현대인의 이 토착 영혼은, 오늘날의 모든 토착민들처럼, 저 멀리 꿈의 세계로 추방되었거나 현대적인 마음mind으로부터 직접적인 공격을 받고 있다"고 말한다. 그는 계속해서 "집을 잃어버린 영혼은 난민이 되었다"면서, "세상이 존속할 수 있으려면, 모든 토착 영혼이 자신의 노래를 부르고, 자신의 춤을 추고, 자신의 본성에 따라 움직이고 호흡하며, 자신의 이름을 말하고, 자신의 비밀스런 영적 표지標識, signature[5]를 모두 함께 드러내야 한다"고 이야기한다.

영혼의 계약

태어나기 전 우리는 이번 생에서 가장 가깝게 지낼 사람들이자 우리가 맺을 주된 관계들에서 가장 두드러진 역할을 할 사람들인 직계 가족과 계약을 맺는다. 이런 계약을 통해 우리는 영혼의 진화를 위해 이번 생에서 서로에게 배운다는 데 동의한다. 계약이 수행되는 방식은 개인이 자유 의지로 선택할 수 있지만, 배워야 할 교훈은 변하지 않는다. 진화의 보편적 흐름에 맞춰 생生마다 계속 성장해 나아가기 위해서는 우리가 맺은 계약을 존중하는 것이 중요하다. 계약을 존중하지 않을 경

5_신에 의해 부여받은 자신만의 고유한 특징을 말한다. 8장의 '시각' 절에 있는 형상 유비론 부분을 참조하라.—옮긴이.

우 통나무더미에 막힌 강물처럼 진화의 흐름이 막히고 더뎌지게 된다.

최근에 나는 포레스트 그린Forrest Green이라는 분으로부터 소울 소스Soul Source 세션을 받는 큰 행운을 누렸다. 그는 자신의 작업을 소울 소스 에너지학Soul Source energetics이라 부르며 다음과 같이 설명한다. "소울 소스 과정은 개인마다 고유한 진동과 주파수, 혹은 영혼의 '표지'를 가지고 있음을 인정한다. 이 소리는 우리와 신 사이의 연결이라는 원천에서 나오며 우리의 몸속 깊숙이 심어져 있다. 여러분이 여러분 영혼의 '곡조note'에 맞춰 조율되거나 그것과 공명할 때 모든 창조물을 하나로 묶어주는 전체적인 조화 속에서 공명하게 되고, 말 그대로 자기 자신은 물론 주변 모두와도 조화를 이루게 된다. 이런 의식적인 연결을 통해서 자신과 세상을 더 많이 이해하고 사랑하며, 지혜를 키워나가는 일이 훨씬 더 쉬워진다. 이 안에서는 평화와 힘이 느껴지며, 자기 영혼의 길에 맞는 것이 무엇이고 자기 영혼의 목적에 맞는 삶이 무엇인지 '듣고 알 수 있는', 즉 더 깊게 인식하고 감지할 수 있는 커다란 능력이 이곳에 존재한다. 소울 소스 과정은 각자가 자신의 고유한 영혼 주파수 표지에 맞춰 조율되는 것을 통해 더 자연스럽고 건강하고 충족감 넘치는 삶을 살아가도록 하는 데 큰 도움을 줄 수 있다."

나는 세션을 받는 동안 빛으로 가득한 치유의 방 속에 있는 듯한 느낌이 들었다. 나의 모든 조력자들과 가이드들뿐만 아니라 내가 모르는 존재들까지 나를 둘러싸고 있었다. 세션을 받는 목적 중 하나는 내 아버지와의 영혼 계약을 재협상하는 것이었다. 최근 의사소통에 몹시 불편한 일이 생기면서 나는 아버지와의 관계를 아예 단절하기 일보직전이었다.

포레스트는 아버지의 영혼을 데려온 뒤, 나에게 그 영혼에 다가가 보라고 지시했다. 정확히 무얼 해야 할지 확신하지 못하고 있는데, 홀리바질[6]의 영이 앞으로 나와서 나를 아버지의 영혼에게 데려갔다. 우리는 몸을 입은 상태에서는 한 번도 경험해 보지 못한 방식으로 대화를 나누었다. 가슴과 가슴으로 대화가 이루어진 것이다. 물론 실제로는 영혼과 영혼 사이의 대화였다. 내가 계약을 바꾸고 싶어 했던 것은 아니었다. 단지 아버지가 계약상의 당신 역할을 수행하는 방식이 바뀌기를 원했을 뿐이었다. 나는 아버지와 관계를 지속하기 위해서 내가 뭘 원하는지 설명했고, 아버지의 영혼은 동의했다. 아버지와 이런 수준에서 대화할 수 있다는 것이 나에게 엄청난 평온함을 안겨주었다. 홀리바질은 영혼 작업에도 도움을 줄 수 있었다. 내가 홀리바질을 다른 식으로 이용한 적은 있지만(이 책 뒷부분에서 설명될 것이다) 영혼 작업을 돕도록 해본 적은 없었다.

포레스트는 그 밖에도 여러 수준에서 내 영혼과의 작업을 계속했고, 세션이 끝나자 나는 한층 더 가벼워진 느낌에 큰 충족감까지 느꼈다. 그때 이후 나는 편안한 소통과 풍요가 삶으로 쏟아져 들어오는 것을 느끼면서 끊임없는 창조의 흐름 속에 머물러왔다. 재밌는 점은 세션을 마친 지 얼마 되지 않아 아버지가 전화를 걸어와서 편안하게 대화를 나눴다는 것이다. 우리 영혼 간의 대화가 아버지에게 영향을 미쳐 수화기를 들게 된 것이라고 나는 확신했다. 내 영혼의 길에서 벗어난 듯한 느낌이 들거나 내 영혼의 '곡조'를 들을 수 없을 때, 나는 홀리바질을 불

6_ '홀리바질holy basil'에 대해서는 이 책 13장에 자세한 설명이 나온다.—옮긴이.

러서 내 영혼의 울림과 일치된 상태에 머물도록 도와줄 것을 요청한다.

내 영혼이 나에게 마련해 준 길을 걷는 것과 관련해서 내가 배운 것은, 내가 이 길을 걸을 때 내 존재의 근원(자신의 진정한 본성)으로부터 추방된 상태에서 벗어나 집으로 돌아가게 된다는 것이다. 신성한 가슴, 즉 내가 영에 접근할 수 있는 곳에 머물 수 있는 것이다. 내 가슴 속의 이 집에서 나는 더 이상 사랑을 찾지 않는다. 내 자신이 사랑이기 때문이다. 사랑으로 존재하는 상태에서 나는 내 영혼이 부르는 노래의 곡조와 공명하며, 이때 영은 조화의 교향악이 울려 퍼지게 한다.

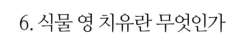

6. 식물 영 치유란 무엇인가

넓은 밭에 옥수수가 남아 있을 때에는 곰들이 긴 겨울잠을 자기 전 살을 찌우기 위해 매일 밤마다 산에서 내려오곤 했다. 이따금씩은 사슴 몇 마리가 밭 경계선을 따라 걸으며 수확하고 남은 옥수수를 뜯어먹거나, 칠면조 무리가 먹이를 찾아다니며 무언가 쪼아 먹는 모습도 보였다. 코요테들은 밭을 숲의 이 끝에서 저 끝으로 건너가는 지름길로만 사용했다. 이제 겨울이 되자, 하얀 배와 갈색 줄무늬 날개를 가진 흰맷새가 쩩쩩 소리를 내며 나타났다. 그러던 어느 날 갑자기 흰맷새들이 한데 모여들더니 밭 여기저기를 빠르게 오르내리며 곡예 연습을 했다. 한 순간 갈색 빛이 보였다가, 공중제비와 함께 눈처럼 흰 배가 보였다가, 또 한 번 공중제비를 하고 나서는 다시 갈색 빛이 나타났다. 이 작은 새들의 영은 흰맷새 전체의 영과 하나되어 움직인다. 개인적인 묘기는 없다. 오직 집단적인 노력만이 있을 뿐이다. 마치 완벽하게 조율된 하나의 마음 같다. 다음 순간 어떤 보이지 않는 신호라도 있는 양 새들은 모두 땅에 내려앉는다. 모든 새들이 정확히 언제 땅에 내려앉을지 알게 하는 건 새들 사이의 텔레파시일까, 아니면 그들 존재의 정수 속에 태곳적부터 각인되어 있는 무언가로부터 이 새 무리의 집단 의식이 나오는 것일까?

—2007년 2월 일기에서

영spirit[1]을 명확하게 설명하거나 정의하기는 어렵다. 영을 정의한다는 것 자체가 한계가 없는 것에 한계를 부여하는 일이기 때문이다. 여기서는 영을 "생명을 주거나 물질적 유기체들을 살아 움직이게 하는 활력活力, vital principle"이라고 한 웹스터 사전의 정의를 참조하기로 한다. '영spirit'이라는 말은 '숨breath'을 뜻하는 라틴 어 '스피리투스spiritus'에서 나왔다. 숨은 유기체를 살아 움직이게 하거나 생명을 주는 것으로, 살아있는 몸과 죽은 몸을 가르는 것이 바로 이 영의 숨이다. 이처럼 분명하게 영은 '생명이 있다'는 것과 동일시되며, 이때 영은 지능, 의식, 지각sentience을 내포한다.

토착 원주민들에 따르면, 모든 살아있는 것들 속에는 개별 영individual spirit뿐만 아니라 위대한 영Great Spirit 또한 존재한다. 이는 개별적인 영들만이 아니라 그보다 더 큰 통일체unity, 즉 전체 의식universal consciousness 또는 몇몇 과학자들이 통일장unified field이라 부르는 것 역시 존재한다는 의미이다.

인간의 지혜를 연구하는 학문, 인지학人智學에서는 "모든 영들이 연결되어 더 큰 통일체인 절대 영the Spirit을 이룬다. 절대 영은 그 구성 요소들과는 구별되는 정체성을 지닐 뿐만 아니라 그 구성 요소들보다 훨씬 큰 의식과 지성을 가진다. 그것은 모든 개별적인 의식 단위들을 결합한 혹은 초월한 궁극적·통일적·비이원론적인 의식 혹은 생명력이다"라는 말로 우리의 이해를 돕는다.

1_ 'spirit'을 '영'으로 번역하기는 했지만, 한글과 영어 간의 의미 차이가 크므로 이번 장에 실린 설명을 기준으로 이해하기 바란다.─옮긴이.

이 말은 식물, 바위, 동물을 비롯한 자연 세계 모든 구성원들 속에 위대한 영 혹은 전체 영universal spirit의 한 부분이 존재하며 생명을 주고 생기를 불어넣는 것이 바로 이 활력vital principle임을 의미한다. 따라서 영은 개별적인 수준과 그보다 큰 통일체 수준 모두에 편재해 있으며, 그 본질상 지적이고 일관성 있고 질서정연하며 홀로그램적이다. 글렌다 그린은 "영은 모든 것들 속에, 모든 것들 주위에, 모든 것들과 함께 있으며, 모든 것들을 포함하고 있다. 드러난 창조(물질 세계)와 별개로 순수한 영역에 따로 동떨어져 있는 영 같은 것은 존재하지 않는다"고 설명한다.

이러한 우리의 이해를 지구 자체와 지구상의 모든 생명에 확장해서 적용해 볼 수 있다. 지구가 생명을 지탱해 주는 살아있는 유기체임은 가이아 이론을 통해서 밝혀졌다. 지구와 지구가 제공해 주는 것 없이는 어떤 생명체나 생기vitality도 존재할 수 없기 때문에, 지구의 본질은 그 자체로 영적이다. 지구의 각 부분 속에 전체 영이 존재하며 각 부분에서 그것이 경험될 수 있다는 점에서, 지구는 영의 거대한 홀로그램이다. 따라서 영과의 연결은 지구 그리고 생명을 지탱해 주는 원소들elements과의 연결로부터 시작된다. 영이 대지에 내재해 있는 까닭에, 자연 세계 속에 있을 때 우리는 영과의 연결을 쉽게 발견하고 경험할 수 있다.

몇 년 전 어느 봄날이 기억난다. 나는 때 이른 따스한 날의 호사를 만끽하며 숲속을 걷고 있었다. 그날이 준 선물에 기뻐하며 햇볕을 쬐기 위해 볕이 잘 드는 곳에 멈춰 섰다. 평화로운 기운에 젖어들면서 잠시 마음이 고요해졌다. 발밑으로는 견고한 대지가 오직 중력만이 할 수 있는 껴안음으로 나를 굳게 붙들어주고 있음이 느껴졌다. 나는 눈을 감고 고요한 내면의 기분 좋은 느낌 속으로 빠져들며, 불과 얼마 전까지 인간의 소리들과 그로 인한 산란함이 가득하던 곳에 자연의 소리가 흘러들도록 했다.

그렇게 은혜로운 상태로 앉아 있자니 문득 새 한 마리가 지저귀는 것이 느껴졌다. 누가 나에게 지저귀는지 보려고 천천히 눈을 떴다. 마치 광각 렌즈라도 낀 것처럼 앞이 보였는데, 전체 풍경과 그 세세한 부분들이 동시에 보였다. 부드러운 곡선들, 깊은 바위틈, 불쑥 튀어나온 바위, 나뭇잎 융단으로 뒤덮인 숲의 부드러움과 함께, 딱따구리가 뚫어놓은 나무의 구멍들, 막 돋아나는 녹색 새싹들, 아침 이슬 한 방울, 그리고 그 모든 것을 가로지르며 춤을 추는 빛이 보였다.

가슴으로 계속 인지하고 있노라니 느린 진동이 시작되고 지구의 움직임이 느껴졌다. 이윽고 나는 새의 지저귐, 나무들 사이로 지나는 바람, 나뭇잎들의 바스락거림 등 모든 것이 그 느린 파동으로 움직이는 리듬에 공명하고 있다는 걸 깨달았다. 개별적인 현상처럼 보이던 모든 것이 잘 편성된 오케스트라로 모습을 바꾸고, 각각의 부분들은 전체 속의 제 자리에서 소리와 빛, 움직임으로 믿기 어려운 교향악을 지어내고 있었다.

모든 것이 하나로 엮여 완벽하게 돌아가는 이 믿기 어려운 광경을 계속해서 바라보자 내 관점이 변화하기 시작했다. 내가 더 이상 영화를 보는 것처럼 앉아 있는 것이 아니라 갑자기 그 장면 속의 한 등장인물이 된 것이다. 나 역시 이 창조의 걸작을 디자인하는 팀의 일부가 된 것이다. 마치 내가 어떤 다른 차원에 들어가서 생명이라는 곡을 함께 만들어내는 동시 녹음 작업에 참여하고 있는 것 같은 기분이었다. 그 순간 내가 응시하고 있는 전체의 각 측면마다 의식적인 지성이 존재하며, 이 역동적인 생기는 영이라고 하는 더 큰 통일장의 일부임을 내 존재의 중심으로부터 알게 되었다.

영적 영양실조

우리의 과제는 현대 문명과 그에 수반되는 모든 것이 우리를 주위 모든 곳에 존재하는 영으로부터 차단시키도록 내버려두지 않는 것이다. 우리는 감각과 전자기장을 통해서 주변의 환경을 경험하는데, 이때 그 주된 인식 기관은 심장이다. 우리의 전자기장은 핸드폰, 전자레인지, TV, 전선, 컴퓨터, 주택 내의 교류 전기 등 사방에서 쏟아지는 파장들의 끊임없는 폭격 때문에 뒤죽박죽 상태이다. 우리의 감각은 매연이나 잔디밭의 살충제 냄새, 끊임없이 들리는 자동차 소리나 식료품점의 음악 소리, 발밑의 콘크리트 촉감이나 피부에 와 닿는 합성 섬유의 촉감, 빌딩숲으로 이루어진 스카이라인이나 똑같은 모습으로 줄지어 선 집들의 풍경, 수돗물에서 나는 염소 맛이나 패스트푸드의 오래된 기름 맛 등에 의해 무뎌졌다. 우리의 심장은 인식 능력을 닫아버리고 있는데, 그 이유는 세계 전역에 드리워진 죽음과 파괴의 이미지들, 가슴보다 머리를 우선시하는 문화적 편견, 그리고 사랑과 섹스를 혼동하는 우리 사회의 잘못된 관념으로 인해 우리가 겪는 가슴 찢어지는 고통 때문이다.

이런 요인들에 오랫동안 노출될 경우 마틴 프렉텔이 '기억 상실 amnesia'이라 부르는 현상이 시작된다. 우리는 지구에 연결된 상태나, 모든 식물, 모든 나무, 모든 바위, 모든 시내, 모든 산, 모든 동물 속에 내재해 있는 영과 연결된 상태가 어떤 것인지 잊게 된다. 우리가 진정으로 생명력을 얻는 원천이 바로 영이기 때문에, 영과 단절될 경우 우리는 시들어가고 영적 영양실조가 시작된다. 우리의 생존 원천인 자연과의 상호 작용과 연결이 끊어짐으로써(이는 인간 중심적 관점 때문이기도 하다) 우리는 자연을 이용할 수 있는 하나의 상품으로 보게 되고, 그 결과 자연을 남용한다.

영적 영양실조는 서구에서 하나의 유행병이 되었으며, 생명을 죽이는 방식의 현대화와 세계화가 전 세계를 잠식해 감에 따라 서구 외의 지역도 그 뒤를 바짝 뒤좇고 있다. 자연의 상품화는 우리가 우리 자신의 참된 본성, 즉 우리가 지구를 통해서 영과 연결되어 있음을 아는 우리 자신의 본성으로부터 분리된 상태가 직접적으로 반영된 것이며, 지구와 지구가 생명을 지탱해 주는 방식들에 대한 이처럼 뻔뻔스러운 무시는 우리 내부에 커다란 병이 있음을 나타내는 것이다.

이 같은 영과의 분리는 우리 몸에 스트레스 반응을 초래하는데, 그 이유는 삶과 죽음을 가르는 것이 영이라는 걸 우리 몸이 알기 때문이다. 생화학자 브루스 립튼Bruce Lipton은 "환경이 안전하고 협조적인 것으로 인식되면 세포들이 몸의 성장과 유지에 열중한다. 스트레스를 받는 상황에서는 세포들이 정상적인 성장 작용을 멈추고 방어적인 보호 태세를 취한다. 지속적인 스트레스는 몸의 유지에 필수적인 작용들에 방해를 초래한다"고 설명한다.

우리 몸은 수백만 년 동안 자연 세계와 함께 진화해 왔다. 우리 세포가 자양분이 가장 풍부하다고 인식하는 것은 야생의 먹을거리이며,

신선한 물 역시 각 세포를 감싸고 자양분을 준다. 봄에 축축한 대지에서 풍겨 나오는 냄새는 주기가 변하는 시기가 왔으니 신진대사를 바꿔야 한다고 우리 세포에게 일러준다. 마찬가지로 가을에 남쪽으로 날아가는 기러기의 울음소리는 우리 세포에 겨울 모드로 전환할 때가 되었음을 알려준다. 자연 세계는 우리 몸이 안전하고 협조적이라고 인식하는 세계이며, 따라서 자연 속에 있을 때 세포는 유지와 복제를 해나간다. 그 반면 우리 몸은 가공 식품을 알아보지 못하기 때문에 이런 식품에서 소량의 영양분이라도 소화하고 흡수하려면 더 열심히 일할 수밖에 없다.

단순히 아드레날린의 분비를 초래하는 투쟁-도피 반응만이 스트레스를 주는 것은 아니다. 익숙지 않은 것들을 소화·여과·펌프질·제거·통합하는 힘든 과정 또한 몸에 스트레스를 준다. 스트레스로 가득 찬 생활 방식을 지속하는 것은 우리의 전체적인 건강에 극히 해로우며, 신체 기관들의 일관성 감소, 생체 신호 교란, 면역력 고갈, 생기 저하를 초래한다. 이 모든 것은 가장 중요한 양분을 우리한테서 앗아가는데, 바로 영이다.

영적 영양실조는 영 상실spirit loss의 시작이다. 영 상실은 일종의 울적함으로 나타나는데, 이는 우울증으로 발전될 수 있고, 경우에 따라서는 자살 충동을 불러일으킬 수도 있다. 우리 내면에 있는 영의 불꽃이 약한데 우리의 태도나 믿음, 환경, 생활 양식이 그것을 더욱 약하게 만들 때는, 불꽃이 줄어서 잿불만 남을 때까지 방치하지 말고 불꽃을 키우는 것이 중요하다. 이렇게 내면의 불꽃이 위험할 정도로 낮아지면 불치병이 생길 수도 있다.

영 상실에 시달리는 사람들에게 내가 제일 먼저 하는 일은, 바깥의 대지로 데리고 나가서 이들이 태양과 대지로부터 근원 에너지를 흡수할 수 있도록 하는 것이다. 야생에서 자란 먹을거리를 먹고, 땅에서 바로 솟아오르는 샘물을 마시며, 새들의 지저귐을 듣게 하는 것이다. 나는 또 내면에 있는 영의 불꽃을 키우기 위해 식물 영인 성요한초St. John's Wort[2]의 영과 함께 작업한다. 많은 경우 영 상실은 우리가 자신의 불꽃을 완전히 밝히고 살아갈 자격이나 능력이 없다고 말하는 제한적인 신념 체계 때문에 발생한다. 우리는 자신의 불꽃을 우리가 '정상'으로 인식하는 수준까지 낮춘다. 이런 증후군에 대해서는 넬슨 만델라가 1994년 대통령 취임 연설에서 매리언 윌리엄슨Marianne Williamson[3]의 말을 약간 바꿔서 이렇게 이야기한 바 있다.

"우리가 가진 가장 깊은 두려움은 자신이 불충분하다는 것이 아닙니다. 우리가 가진 가장 깊은 두려움은 자신이 헤아릴 수 없을 정도로 강하다는 사실입니다. 우리를 가장 두렵게 하는 것은 우리의 어두움이 아니라 바로 우리의 빛입니다. 우리는 자신에게 이토록 똑똑하고 매력적이고 재능 있고 아주 멋진 존재가 과연 누구냐고 묻습니다. 그런 존재가 아니라면 여러분은 과연 누구입니까? 여러분은 신의 자식입니다. 여러분이 작아지는 것이 세상에 도움이 되지는 않습니다. 다른 사람들이 여러분 주위에서 불안감을 느끼지 않도록 자신을 쪼그라뜨리는 것에서는 아무런 빛도 나오지 않습니다. 우리는 우리 안에 있는 신의 영

2_ 성요한초에 대해서는 사진 12와 13장의 내용을 참조하라.—옮긴이.
3_ 미국의 작가이자 시민 운동가로, 소외된 계층을 위해 많은 활동을 펼치고 있다.—옮긴이.

광을 드러내기 위해 태어났습니다. 그것은 우리 중의 몇몇 사람들에게만 있는 것이 아니라 모든 사람 안에 있습니다. 그리고 우리가 자신의 빛이 빛나도록 허용할 때 다른 사람들에게도 같은 일을 하도록 은연중에 허락하는 것입니다. 우리가 자신의 두려움에서 벗어날 때 우리의 존재가 자동으로 다른 사람들을 자유롭게 만듭니다."

영적 영양실조라는 이 돌림병은 인류가 직면한 여러 위기 중에서도 가장 파괴적인 것이다. 이 영적 위기가 환경 파괴, 건강 악화, 소비주의 만연, 사회 부정의, 전쟁 확산 등의 뿌리이다. 의식 진화를 통해 영적 이해의 수준을 높임으로써, 모든 생명 속에 영이 깃들어 있음을 인식하고 모든 생명과 서로 보살피고 기르는 관계를 맺는 것이 바로 이 시대 우리의 소명이다.

종교의 영향 걷어내기

많은 종교들이 영을 신 혹은 신의 한 측면으로 이야기하고 있기 때문에, '영spirit'이라는 단어를 들으면 많은 사람들이 즉각 종교적인 의미를 떠올리는 경우가 많다. 내가 종교에서 일반적으로 발견하는 것은 종교의 구조가 자신의 핵심인 영을 제한하는 경향이 있다는 것이다. 종교라는 집의 구조를 떠받치는 기초인 규칙, 규정 들과 천국에 가는 방법들이 그 집에 거주하는 영보다 훨씬 더 중요해져서, 어떤 경우에는 집이 빈 것처럼 보이기도 한다. 이와 관련해 글렌다 그린은 "구조가 물질적 존재에 필수이기는 하지만, 영적 영역에서 구조에 힘이 실리면 그 결과는 오직 고립과 좌절, 심판, 오만뿐이다. 이는 조직화된 종교에서 반복적으로 나타나는 문제로, 수많은 영적 제국들이 실패한 이유가 바로 머리mind와 인간적 권위의 구조에 기반을 두었기 때문이다"라고 해석한다.

기억해야 할 중요한 점은 영 때문에 종교가 생겨난 것이지 그 반대가 아니라는 사실이다. 믿음의 천들로 종교라는 외투를 만들었다 해도 그 외투를 입을 영이 없다면 그것은 쓸모없는 옷에 불과하다. 셜리 오스캄프Shirley Oskamp 목사는 "영성은 종교에 생명을 불어넣는 숨이며, 따라서 반드시 종교의 일부가 되어야 한다"면서, 매주 교회에 나가 "쉬운 답을 찾거나 이렇게 하면 나아질 거라 기대하며 기도해서는 안 된다"고 말한다. 그는 "영적인 삶을 사는 것은" 수많은 형태의 영과 늘 함께하면서 "책임을 지고 행동하는 것"이라고 이야기한다.

안팎으로 영과 함께 작업할 때는 종교가 부여한 어떤 제한도 두지 말아야 하며, 종교의 영향으로 형성된 영에 대한 뿌리 깊은 관점에서도 벗어나야 한다. 필요한 것은 새로운 패러다임, 영에 대한 새로운 이야기이다. 그리고 그것은 우리의 영혼을 통해 연결되고 우리의 가슴을 통해 드러나는 것이기에 종교에 의지하지 않고서도 찾을 수 있다.

식물 영 치유라고 말하는 이유

내 작업을 '식물 에너지 치유plant energy healing'가 아니라 '식물 영 치유plant spirit healing'라고 부르는 이유가 뭐냐는 질문을 많이 받아왔다. 침술 같은 전통적인 치유 양식이나 바바라 브레넌Barbara Brennan의 '빛의 손Hands of Light'[4] 같은 새로운 양식들을 통해서 에너지 치유가 대체의학계에서 꽤 보편적인 것이 되었기 때문에, 이름을 바꾸면 더 널리 수용될 가능성이 있다는 것은 나도 알고 있다. 나는 내 가슴에 이 질문에 대한 답을 묻는 것은 물론이고, 과학 이론들과 고대 철학들을 통해서도 영과 에너지 간의 유사성과 차이점이 무엇인지 알아보았다.

과학 용어로 에너지는 기계적인 일을 할 수 있는 물리 시스템의 능력을 가리키는 것으로, 활동 능력과 관련된 근본 개념이다. 오직 한 가지 종류의 에너지만 존재하며, 에너지는 창조되거나 파괴됨 없이 빛, 열, 운동, 소리라는 여러 형태로 나타난다. 이 다양한 발현 형태들은 전 자기장 안에서 나타나며, 따라서 측정이 가능하다. 그렇다면 "영이 전 자기장을 통해 움직이는 에너지와 동일한 것인가?"라는 질문이 제기 될 수 있다. 종교의 관점에서는 영을 신에 속한 것이라고 이야기할 것 이고, 이는 전자기장을 통해 움직이는 에너지 이상의 것이므로 아마도 이 때문에 사람들이 이 단어의 사용을 불편해하는 것 같다. 과학의 관 점에서는 최근에서야 에너지를 통일장unified field 속에 존재하는 힘으 로 논하기 시작했고, 비록 '영'이라는 단어가 과학자들이 쓰는 어휘에 추가되지는 않았지만 과학은 생명력life force과 관련해서 영이라는 단어 를 인식하기 직전에 와 있다.

과학자 제임스 오쉬먼James Oschman은 "유물론자들은 생명이 화학 법칙과 물리 법칙을 따르며 결국에는 이 법칙들에 의해 완전히 설명 될 것이라고 주장한다. 그에 반해 생기론자들vitalists은 생명이 보통의 물리학이나 화학으로는 절대 설명되지 않을 것이며, 알려진 자연 법칙 들과는 별개로 살아있는 것과 살아있지 않는 물질을 갈라놓는 어떤 신

4_바바라 브레넌에 대해서는《기적의 손 치유*Hands of Light*》(대원출판사, 2000)를 참조하기 바란다.—옮 긴이.

비로운 '생명력'이 존재한다는 믿음을 오랫동안 견지해 왔다. 이 개념은 오래되고 보편적인 것이며 많은 문화와 종교에서 여러 형태로 나타난다"고 이야기한다. 이와 비슷하게 기타 엘진Gita Elgin 박사는 "에너지 의학은 몸의 에너지들이 막혀 있는 곳을 풀고 조화와 균형을 이루고자 한다. 특정 신체 증상이나 상황을 바로잡거나 보정하는 것보다는 생명력의 자유로운 흐름을 회복하고 증진시키는 데 더 초점을 맞춘다"고 말한다.

전통적으로 기氣라고 알려진 이 생명력은 중국 문화의 근간을 이루는 것이다. 어원적으로 '기'라는 말은 '쌀을 찔 때 솟아오르는 증기'를 뜻한다. 이는 숨 혹은 공기를 가리키기도 하고, 생명력이나 영적 에너지(기에 대한 현대적 이해)를 뜻하는 것으로 확장시켜 생각할 수 있다. 주로 불교나 도교 신자들은 실제로 물질이 기에서 생겨난다고 믿는데, 이는 기가 영에 속한 것임을 은연중 암시하는 것이다. 이런 오래된 문화들은 영과 에너지를 생명력과 불가분의 관계에 있으면서 생명체를 살아 움직이게 하는 것으로 보는 경향이 있는데, 이는 영에 대한 원래의 정의 중 하나에 해당하는 것이다.

에너지는 영의 지각력sentience이 지휘하는 활동이다. '식물 에너지 치유'라는 표현 대신 '식물 영 치유'라는 말을 내가 선택한 데에는, 식물 의식 속에 존재하는 영의 활력이 그 움직임을 통해 에너지를 인도한다는 인식이 암묵적으로 깔려 있다.

몸속에 있는 영의 매개물

몸은 '영 분자spirit molecule'로 알려진 것을 만드는데, 우리 몸에서 빛을 관리하는 책임을 맡고 있는 내분비선인 송과선松果腺(솔방울과 모양이 비슷해서 붙여진 이름이다)에서 생산되는 것으로 추정되고 있다. DMT(Ndimethyltryptamine, 디메틸트립타민)는 환각 작용을 일으키는 것으로 밝혀진 유일한 내인성內因性(몸에서 생산되는) 화학 물질이다. 릭 스트라스먼Rick Strassman 박사에 따르면, "송과선은 우리 삶의 특별한 시기에 환각 작용을 일으킬 수 있는 분량의 DMT를 생산한다." 출생, 사망, 오르가즘을 느끼는 순간 등이 그 예이다. 또한 DMT는 스트레스가 많은 때에도 방출되는데, 내가 보기에 이것은 우리가 그것을 가장 필요로 할 때 신체적인 수준에서 영과 접촉할 수 있도록 우리 몸이 우리를 돕는 방식이 아닐까 싶다.

DMT 자체가 반드시 영에 속한 것은 아니더라도, 그것은 우리가 영에 접근할 수 있도록 해주는 매개물처럼 보인다. DMT가 일부 사람에게는 정신병 상태를 유발할 수 있다는 사실을 언급하는 것 역시 중요한데,[5] 나는 이를 몸이 다른 종류의 스트레스에 다르게 반응하는 것 때문이라고 해석한다. 오르가즘의 스트레스는 독소를 처리하거나 막중한 책임이 따르는 직장에서 살아남는 것에 수반되는 스트레스와는 다르다. 우리가 영적 세계에 도달하도록 돕는 내장 기제가 우리에게 주어져 있지만, 우리가 잘못된 길로 갈 경우 바로 그 매개물이 우리를 벼랑 아래로 내몰 수도 있는 것처럼 보인다.

5_DMT는 향정신성 약품(마약)으로 분류된다. 이 구절에서는 DMT를 환각 작용을 위해 복용했을 때 겪을 수 있는 부작용을 이야기하고 있다. 한편 아마존 원주민들이 영적 체험을 위해 사용하는 아이와스카의 주성분 역시 식물에 포함된 DMT이다.—옮긴이.

치유에 대한 생각

'의학medicine'이란 단어 대신 '치유healing'라는 단어를 사용한 이유는 이 단어에 재생regeneration과 복구repair를 통해 회복restoration으로 이끈다는 뜻이 함축되어 있기 때문이다. 의학은 질병을 치유하기 위해 치료법therapy과 물질(보통 화학 물질)을 사용하는 것이다. 의학은 웰빙보다는 주로 병적 증상과 관련이 깊다.

파라마한사 요가난다Paramahansa Yogananda는 "의학은 한계가 있지만, 생명력은 한계가 없다"고 말한다. 우리가 생명력을 지휘하기 위해 영과 협력할 때, 얻을 수 있는 생기의 수준은 무한하다. 식물 영 치유는 식물의 활력이나 영을 이용해 공간 가득 생명력을 채워 넣어서 균형, 웰빙, 생기를 회복시키는 것이다. 따라서 식물 영 치유는 우리가 진정한 자신에 더욱 가까워지도록, 우리 자신의 참된 본성대로 활기 넘치는 삶을 살 수 있도록 도와주는 것이다.

PART 2

식물 영으로 치유 작업하기

인간으로서 우리의 위대성은 세계를 새롭게 만들 수 있다는 데
있는 것이 아니라(이것은 원자 시대의 미신이다),
우리 자신을 새롭게 만들 수 있다는 데 있다.

—마하트마 간디 *Mahatma Gandhi*

7. 꿈을 통해 식물과 교류하기

부드럽고 따스한 공기와 풍부한 햇볕이라니, 11월 중순에 이 얼마나 호사스런 날인가! 마크와 나는 개울을 따라 오르며, 잘 가지 않던 동쪽을 향해 정처 없이 거닐었다. 우리가 도착한 곳은 굽이진 개울이 내려다보이는 곳이었다. 숨막힐 듯한 고요함이 우리 존재 전체에 스며들었다. 침묵 속에 앉아 있으면서, 우리는 그냥 거기 있는 것에 만족했다. 잠시 후 근처 언덕에서 검은 그림자들이 움직이면서 바닥을 헤집기 시작했다. 빛이 반사되자 거기에는 반짝거리는 깃털 갑옷을 걸친, 등 굽은 노인 같은 칠면조들이 모이를 쪼아 먹고 있었다. 다시 정적이 찾아오고, 부드러운 눈망울의 암사슴 한 마리가 매끄러운 갈색 몸을 이끌고 소리 없이 무언가를 우물거리며 산 아래로 내려가는 모습이 보였다. 암사슴을 따라가자 암사슴이 개울을 건너면서 남긴 발자국이 눈에 띄었다. 암사슴이 짙은 녹색, 밤색, 잿빛으로 어우러진 경관 속으로 미끄러지듯 들어가면서 우리는 그 모습을 놓쳐버렸다. 산 아래로 정처 없이 내려가다가 우리는 제물을 바치기 위해 폭포에서 멈췄다. 오늘 우리가 받은 축복에 감사하는 기도를 올렸다. 다시 숲을 가로질러 걸었다. 노루발풀 열매를 조금씩 따먹으며, 그리고 그 신선한 맛에 기뻐하면서. 우리는 개울 바로 위 비탈에 팔다리를 쭉 펴고 엎드린 후, 땅에서 콸콸 솟는 물에 입을 갖다 댔다. 야생의 자연과 그냥 함께 존재하는 그 지복 속으로 이렇게 달콤하게 빠져들다니, 이게 꿈일까 생시일까? 이 녹색의 대지, 이 달콤한 물, 이 숨 쉬는 나무들, 선홍색 노루발풀 열매에 대한 내 사랑 덕분에 이 백일몽이 현실로 바뀌는 것 아닐까 싶다. "사랑이란 꿈의 세계의 한 조각을 현실로 변화시키려는 시도"라는 소로의 말처럼.

—2006년 11월 일기에서

　　지난 40년 동안, 자연의 보이지 않는 힘들 그리고 '꿈의 시대dream-time'[1] 차원에 거주하는 영들과 깊은 관계를 맺고 있는 전통 문화들에 대한 사람들의 관심이 계속 커졌다. 샤머니즘이라 불리는 것에 사람들이 매료되는 현상이 서구 세계에서 일어나고 있는데, 이런 현상은 영양실조 상태에 있는 우리의 영이 더 큰 생명의 그물과의 연결을 또 그 연결이 주는 의미를 갈망하고 있기에 일어나는 듯하다. 영을 향한 이러한 움직임은 진화로 볼 수 있을 것이며, 어쩌면 그것을 우리가 타고난 권리로의 회귀라고 이야기하는 것도 가능할는지 모른다. 바로 우리 DNA에 우리 모두가 영 및 영의 개별적 현현顯現들과 가깝게 살았던 시기의 기억이 담겨 있다.

　　일상의 삶 속에서 누구나 영에 접할 수 있는 이런 형태의 샤머니즘은 《식물 영 의학Plant Spirit Medicine》의 저자인 엘리엇 코완이 '가정 샤머니즘household shamanism'이라 부르는 것이다. 이는 토착 문화의 관습

1_우리 세계와 나란히 존재하는 다른 차원의 세계, 즉 영들이 사는 세계를 말한다. 이 책에서는 '세계의 가슴' '꿈의 상태' '동시적 현실' '비일상적인 현실' 등으로도 표현된다. 몇 쪽 뒤에 자세한 설명이 나온다.—옮긴이.

이나 믿음을 차용한 것이 아니라, 영적 생태계 속에서 살아가기 위해 일어나는 인간 진화의 자연스런 산물이다. 이런 방식으로 작업하고 생활하는 사람들은 샤먼이 아니라, 샤먼적 방식으로 실천하는 사람들이다. '샤먼적shamanic'이라는 말을 이렇게 이해할 때 우리는 영을 '통일된 전체'로 인식하는 동시에 영들의 독특한 개별적 표현들 또한 인정하게 된다.

이런 방식으로 영과 함께 작업하는 것은 어떤 신념 체계나 종교가 아니라 영들과의 개인적 경험에 기반을 둔다. 심지어 흔히 샤머니즘의 발상지로 간주되는 시베리아 아무르 강 유역의 울치 족 샤먼들도 영들로부터 직접 지시를 받는다. 로버타 루이스Roberta Louis가《샤먼의 북 Shaman's Drum》이라는 잡지에 썼듯이, "일단 어떤 사람이 영들로부터 샤먼이 될 사람으로 선택되고 나면 영들 스스로가 많은 훈련을 시킨다. 샤먼들마다 각기 도움을 주는 영들이 있으며, 바로 이 영들이 각 샤먼에게 어떻게 북을 쳐야 할지, 어떤 노래를 불러야 할지, 어떻게 치유를 해야 할지 꿈이나 음성 메시지를 통해 가르쳐준다."

내 인턴 중 한 명이었던 웬디는 줄무늬단풍나무와 이런 경험을 했다. 줄무늬단풍나무의 잎으로 사람들의 에너지 상태를 점검하는 방법과 관련해 분명한 지시를 받았던 것이다. 그녀가 나뭇잎 하나를 사람들 몸 위에 올려놓으면, 잎맥이 인체 경락의 축소판처럼 작동해 에너지가 막힌 곳에서 붉은 점이 나타났다. 그 다음에 그녀가 줄무늬단풍나무에게 막힌 에너지를 풀어달라고 부탁하면, 막힌 에너지가 제거되어 나무의 껍질 속에 저장되었다. 흥미롭게도 처음에 그녀는 줄무늬단풍나무의 영으로부터 루비 반지를 하나 받았고, 이 반지를 응시하면서 줄무늬단풍나무의 영을 불렀다. 이는 나무의 영으로부터 직접 자신을 부르는 방법, 사람들의 에너지 상태를 점검하는 방법, 에너지 정체停滯를 제거하는 방법에 대해서 가르침을 얻은 사례로, 자신들을 돕는 영들로부터 지시를 받는 시베리아 샤먼들의 방식과 크게 다르지 않다.(사진 4를 보라.)

개인적인 치유에 관한 가르침을 받은 또 다른 학생의 경험담이다. "7월의 어느 아름답고 화창한 날, 저는 왕원추리의 플라워 에센스를 만들려고 의자, 일지, 펜, 돋보기, 투명 유리 그릇, 샘물, 의식용 딸랑이 medicine rattle[2] 등 필요한 것들을 모두 챙겼어요. 그리고 오후 시간을 왕원추리 꽃들과 함께하기 위해 자리를 잡았죠. 그간 배운 것들을 반추하면서, 왕원추리에 제 모든 감각을 집중하고 한 부분 한 부분 꼼꼼하게 살폈어요. 마침내 왕원추리의 영에게 치유의 선물을 부탁할 준비가 되었지요. 그러곤 제 가이드와 함께 여행을 떠나 커다란 왕원추리 무리 앞에 도착했어요. 그 한가운데 왕원추리의 영이 있었는데, 흰색과 오렌지색으로 빛나는 공 모습이었어요.

제가 공손하게 선물을 요청했지만 아무 대답도 없더군요. 가이드의 제안에 따라 근처 개울에서 가져온 물을 바쳤지만, 그래도 아무 대답이 없었어요. 도대체 뭘 어떻게 해야 할지 몰라서 가이드를 다시 쳐다보았죠. 가이드가 저더러 의자에서 내려와 왕원추리 바로 옆의 땅에 앉아보라고 하더군요. 저는 의식용 딸랑이로 소리 내던 것을 멈추고 가

2_흔들어서 소리를 내는 의식용 도구. 구글에서 'medicine rattle'을 검색하면 많은 이미지들을 볼 수 있다.—옮긴이.

이드가 시키는 대로 했어요. 그리고 한 번 더 그녀에게 선물을 요청했죠. 그러자 이번에는 그녀가 '아니오'라는 대답을 했어요. 뭐? 아니오? 여기까지 오느라 오후 시간을 다 썼는데, 식물이 나를 거절해?(여기에서 누가 더 중요한 존재라고 생각하는지 약간의 편견이 존재하는 것에 주목하기 바란다. 지금은 내가 그때보다 더 똑똑해졌다고 말할 수 있어 기쁘다.)

왕원추리는 제가 자신의 선물을 받을 준비가 되어 있지 않다고 했어요. 저는 계속 질문을 던지면서 제가 어떻게 해야 할지 알아내려고 했죠. 그녀는 제가 성性에서 기쁨과 희열을 찾는 문제에 자신이 관련되어 있다고 이야기했어요. 그녀는 제가 성과 관련한 용서의 문제를 가지고 작업할 필요가 있다고 했지요. 그녀는 저더러 몇몇 전생前生들로 가서 제가 어떤 성적 문제들을 이번 생으로 가져왔는지 알아보고 다시 자기를 보러 오라고 했어요. 지금은 자신과 함께 작업하는 것이 저에게 최선이 아니라면서요.

꿈 여행에서 현실로 돌아오는 길에 '현명한 존재Wise One[3]'가 있는 곳에 들렀어요. 거절당한 일과 관련해 "용서에 관한 거라면 이미 작업을 마쳤다고 생각했는데……"라며 징징거렸던 게 분명해요. 이 아름다운 '오래된 존재Old One'가 빙그레 웃더니, 전생 여행 때 제 가이드들 중 누구랑 작업하는 것이 가장 좋을지, 그리고 제가 어떤 종류의 질문을 해야 할지 몇 가지 제안을 해줬어요.

당시에는 그날의 목표를 완수하지 못했다는 점 때문에 섭섭한 마

3_ "자신의 내면에 거주하고 있어 항상 접근할 수 있는 자신의 상위 자아 혹은 내면의 가이드"를 말한다. 몇 쪽 뒤의 '꿈 여행' 부분을 참조하라.—옮긴이.

음이 꽤 컸지만, 돌이켜보면 그것은 지금까지 제가 한 여행 중에서 가장 강력하고 또 가장 좋아하는 여행 중 하나예요. 우선, 그건 분명 제 소망이 반영되어 나타난 저의 생각이 아니라 진짜 메시지였죠. 그날 일어난 일은 제 원래 계획과는 전혀 달랐으니까요. 둘째, 왕원추리의 영이 저에게 가장 좋은 방식으로 작업하기를 원한다는 사실을 알고 엄청난 안도감이 들었어요. 그 여행 덕분에 좋은 일들이 많이 일어났죠. 전생 여행도 몇 번 갔고, '현명한 존재'와의 작업도 한층 깊어졌고요."

이 학생은 왕원추리와의 만남을 통해 자신의 개인적인 치유에 필요한 구체적인 지시를 받았고 그녀의 가이드들 중 하나로부터도 도움을 받았다. 이 지시에는, 몇 가지 기초 작업이 이루어지기 전까지는 그녀가 바라는 수준으로 나아갈 수 없다는 점이 분명하게 드러나 있다.

식물의 샤먼적 본질

고도의 지성을 갖춘 존재로서 식물은 단지 그 화학 성분으로 신체에 영향을 미치는 정도에서 머물지 않는다. 거짓말 탐지기 전문가인 클리브 백스터Cleve Backster의 선구적인 작업이 보여준 바와 같이, 식물은 인간의 감정, 생각, 의도, 기도에도 응답한다. 식물을 거짓말 탐지기에 연결하고 난 뒤 그 식물을 향해 해를 입히겠다는 생각이나 사랑을 보낸다는 생각을 하자, 거짓말 탐지기의 바늘이 움직일 정도로 강한 반응이 나타났다. 아무런 행동도 필요치 않았다. 생각만으로 충분했다. 또한 한 식물이 한 무리의 사람들 중에서 다른 식물에 해를 끼친 사람을 지목하는 일도 가능했다. 거리나 전자기장 차단 장벽 등은 방해물이 되지 못했다.

식물은 시간과 공간을 뛰어넘어 느낄 수 있다. 이런 수준의 지각은 더 큰 현실, 즉 물질 차원을 뛰어넘는 차원으로 통하는 문을 열어준다는 점에서 본질적으로 지극히 샤먼적이다. 실제로 식물은 동시적 현실simultaneous reality 속에 존재할 수 있는 능력이 인간보다 뛰어난데, 그 이유는 인간이 많은 활동으로 인한 주의력 부족과 그로 인한 근원과의 단절 때문에 지장을 받는 반면 식물은 그렇지 않기 때문이다.

영의 차원으로 들어갈 때는 변형된 의식 상태가 요구된다. 많은 사람이 식물과 샤먼적인 방식으로 작업하기 위해서는 해당 식물이 향정신성(정신을 변화시키는) 특성을 가지고 있어야 한다고 믿고 있다. 물론 이것이 식물의 영적 차원으로 들어가는 한 가지 방법이기는 하지만, 그것이 유일한 방법은 아니다. 실제로 그것은 예외에 더 가깝다. 비일상적인 현실(우리가 경험하는 일상적인 현실과 동시에 존재하는 현실) 속으로 들어가는 것은 샤먼적 의식의 뚜렷한 특징 중 하나이다. 종종 이 차원은 '꿈의 시대'라 불리는데, 밤에 자면서 꾸는 꿈이나 낮에 빠져드는 백일몽 혹은 꿈 여행을 통해서 경험할 수 있다.

다음은 린다가 '꿈의 시대'에 들어간 이야기이다.

"팸의 책에 쓸 사진들을 촬영하는 동안 저는 단풍나무 한 그루와 연결되었어요. 단풍나무를 찍을 때 그 사진이 중요하다는 것, 내가 뭔가 강력한 것을 기록했다는 것을 알았어요. 하지만 당시에는 사진들을 계속 모으면서 나중에 겨울에 편집할 생각으로 저장만 해두고 있었지요. 이 특별한 사진은 끈기 있게도 제가 자신을 재발견해 줄 때까지 기다렸어요.

그해 여름 수업을 받는 내내 우리가 받아들이는 엄청난 양의 자료들, 팸의 안내로 이루어지는 수많은 만남과 경험 들로 인해 정신을 거의 못 차릴 지경이었죠. 또한 팸의 정원은 너무나 풍요로웠고, 저에게는 막중한 임무(거기에 거주하는 식물 영들의 정수를 포착하는 일)도 주어져 있었지요. 결국 지금 이 순간에 머무르도록 스스로 허용하고, 주목할 대상을 정하려고 노력할 필요 없이 자연스럽게 인도되도록 허락하는 것이 중요하다는 걸 깨달았어요.

9월에 저는 일부 이미지들의 편집 작업을 시작했어요. 뉴욕 주 로젠데일에 있는 라이프브리지 재단Lifebridge Foundation 수련원에서 열릴 전시회에 포함시킬 만한 새로운 이미지들을 찾고 있었지요. 그 단풍나무 사진이 계속 저를 불렀기에 먼저 그것부터 작업을 시작했죠. 그 이미지는 마치 자체적인 생명을 지닌 것처럼 보였어요. 그 이미지를 드러내는 일은 길고도 심층적인 과정이었습니다. 그리고 그 결과물로 최고로 위풍당당한 이미지가 흘러나왔죠.

그 이미지에서는 사나우면서도 우아한 힘이 느껴졌어요. 그래서 전시에 포함시키는 것이 꺼려졌죠. 그 사나움이 거의 무서울 정도였으니까요. 완성된 이미지를 인쇄해서 친구들에게 보여주자 강한 반응들을 보였어요. 다들 감탄사를 내뱉으면서 뒤로 펄쩍 물러났거든요. 어떤 인상을 받았는지 묻자, 친구들은 이 존재가 가진 힘, 위풍당당한 존재감, 그리고 근본적인 에너지를 이야기했어요. 제가 느낀 것과 비슷했죠. 팸이 돌보는 땅의 강력한 에너지와 연결되었던 겁니다.

'나무껍질 존재Bark Being'와 조우한 지 얼마 되지 않아 저는 마지막 주 수업에 참석하기 위해 버몬트로 돌아왔어요. 이때 우리는 비전 탐구vision quest를 했습니다. 이런 성격의 경험은 처음이었죠. 우리는 자신의 자리를 찾으라는 지시를 받았어요. 자신과 공명하는 자리를 찾아 자연 속에서 하루 동안 홀로 지낼 준비를 하라는 지시였죠. 저는 산에서 흘러내려 가는 급류 옆의, 아주 오래되고 옹이 많은 나무 아래를 택했어요. 그리고 그날 내내 자는 상태와 깨어 있는 상태 사이를 왔다 갔다 했지요.

많은 경험들이 지나갔어요. 산을 급하게 흘러내려 가는 물과 함께 있다가, 대지에 뿌리박고 있다가, 태양의 열기를 느끼다가, 제 숨과 폐를 통해 대기와 연결되었다가 했죠. 그리고 대지에 뿌리박고 존재한다는 것이 무슨 의미인지 마침내 이해하게 되었어요. 마치 제 자신이 등을 기대고 있던 나무가 된 것처럼 느껴졌어요. 의식적으로 폐 속으로 산소를 들이마시면서 그것이 이 나무 존재가 내뱉는 숨이라는 것과, 그 나무 존재는 반대로 내가 내뱉는 이산화탄소를 들이마시고 있다는 걸 알았죠. 우리는 연결이 되었어요. 차분하게 이완이 되면서 다른 에너지 사이클 속으로 들어가는 것이 느껴졌어요. 그러곤 시공간을 다른 식으로 인지하는 경험을 한 다음 바깥쪽으로 확장되어 나아갔지요.

그날 오후 내내 공동 창조의 예술가로서 제 작업의 근간이 될 만한 아이디어들이 계속해서 흘러들어 왔어요. 일상 경험 밖에 존재하는 시간의 흐름을 경험했죠. 그곳은 원할 경우 언제라도 다시 돌아갈 수 있는 곳이에요. 그 나무와 함께 저는 다른 영역 속으로 걸어 들어갔어요.(제 자신의 제한된 시각 밖으로 걸어 나갔다고 이야기할 수도 있겠지요.) 우리의 일상 현실과 동시에 존재하는 현실, 샤먼들이 '꿈의 시대'라 부르는 현실 속으로 들어간 겁니다. 저에게 이런 선물을 준 그 나무도 알고 보니 단풍나무더군요. '나무껍질 존재' 이미지를 저에게 준 것과 동일한 연속체가 그 나무의 에너지로도 나타난 거지요."(사진 5를 보라.)

꿈의 시대로 들어가기

밤의 꿈

꿈의 상태를 통해 통찰과 정보를 얻는 일은 오래 전부터 여러 문화에서 행해졌다. 기원전 1600년에서 기원전 400년까지 지중해 전역에 걸쳐 아스클레피오스 신전에서 꿈을 이용한 치유가 진행되었다.[4] 스키타이 족의 예언자이자 점쟁이인 에나리enaree[5]들은 영의 여행을 통해 꿈의 상태로 들어가는 것으로 유명했으며, 아나리아케Anariake라는 꿈의 신전에서 그들을 볼 수 있었다. 호주 아보리진Aborigine[6]들은 꿈의 시대를 중심으로 하나의 문화를 만들었다.

토니 크리스프Tony Crisp는 《신판 꿈 사전New Dream Dictionary》에서 이렇게 기술한다. "꿈의 시대에 대한 경험은 의식儀式을 통해서든 아니면 꿈을 통해서든 간에 실용적인 방식으로 삶에 흘러들어 왔다. 꿈의 시대에 들어가는 사람은 자신과 조상이 서로 분리되어 있지 않음을 느낀다. 시간이 존재하지 않는 곳의 힘과 자원이 현재 삶에서 필요한 곳으로 들어온다. 과거와 미래를 끊어짐 없이 연결하는 연속선상에 자신의

4_아스클레피오스Asclepius는 그리스 신화에 나오는 의술의 신으로, 그를 기리는 신전은 아스클레피온Asclepion이라 불린다. 환자들이 신전에서 하룻밤을 잔 후 꾼 꿈을 다음날 사제에게 말하면 사제가 그들에게 필요한 처방을 내렸다. 히포크라테스 역시 이 신전 중 하나에서 의학 교육을 받았다고 한다.—옮긴이.

5_에나리는 '남자답지 못한 자'란 뜻으로, 여자 옷을 입고 여자 목소리를 내는 남자 샤먼이다.—옮긴이.

6_'Australian Origin'의 줄임말로 호주 원주민을 가리킨다.—옮긴이.

삶이 있는 것으로 느끼기 때문에 미래에 대한 불확실성이 줄어든다. 꿈의 시대를 통해 시공간의 한계가 극복되는 것이다." 샤먼적 관점에서 볼 때 꿈의 시대 차원은 다른 사람의 치유, 자기 삶의 방향에 대한 이해, 지구와의 균형 회복 등 많은 정보를 얻을 수 있는 곳이다.

오래전 밤에 자면서 형부가 나오는 꿈을 꾼 적이 있다. 생시의 삶에서 그는 라임병을 앓고 있었다. 꿈에서 그의 오라(인체를 둘러싸고 있는 에너지 장) 전체에 걸쳐 검은 에너지 반점들이 보였고, 그것이 병의 원인임을 알 수 있었다. 나는 속이 빈 대롱을 하나 꺼내, 그의 오라에서 이 검은 에너지를 빨아내기 시작했다. 그것을 조금이라도 삼키지 않도록 주의해야 한다는 기억이 났다. 그 다음에 나는 땅에 구덩이를 파고 대롱을 불어서 그 안의 내용물을 전부 구덩이에 집어넣었다.

이 꿈의 의미는 몇 년 뒤에야 드러났다. 당시 나는 한 무리의 사람들과 함께 힐러이자 교사인 로시오 알라르콘Rocio Alarcon의 주도로 에콰도르 열대우림으로 여행을 갔다. 그날 저녁 차치Chachi 마을 사람들은 샤먼 세 사람을 불러 우리에게 치유 시범을 보이도록 했다. 그리고 주된 치유 시범 대상자 중 한 명으로 내 딸이 선택되었다. 그 샤먼은 염소 뿔을 꺼내 딸 뒷머리 두개골 아래쪽에서 무언가를 빨아냈다. 그는 염소 뿔에서 시꺼멓고 끈적끈적한 물질을 꺼낸 후 태웠다. 불현듯 내가 꿈에서 똑같은 일을 했다는 깨달음이 왔다. 형부를 치유했던 것이다. 이것은 인체에서 질병이 생기기 전에 그것을 발현시키는 에너지를 제거하는 샤먼적 기법이었으며, 심지어 이미 발현된 질병까지 치유할 수 있는 듯했다.

자각몽lucid dreaming은 자신이 꿈꾸고 있다는 사실을 인식하고 그 방향을 조정할 수 있는 상태의 꿈을 말한다. 이것은 샤먼적 꿈꾸기의 한 형태일 수 있다. 그것을 통해 여러분은 특정 식물의 영을 방문해 치유에 그 식물을 이용하는 방법을 가르쳐달라고 부탁할 수도 있고, 어떤 사람의 질병 속으로 들어가서 치유를 위해 무엇이 필요한지 알아볼 수도 있다. 자각몽은 생시보다 색깔들이 더 생생하며, 심지어 더 현실적인 듯한 느낌까지 든다. 그것은 더 환상적이고 더 기억하기 쉬우며, 일종의 영적 경험이라고도 말할 수 있다. 이 모두는 본질적으로 샤먼적이다. 과학계에서도 자각몽이 입증 가능한 현상임을 인정하고 계속해서 탐구하고 있다.

백일몽

백일몽daydreams은 식물의 영에 접근하는 또 다른 방법이요 다른 차원들로 통하는 가장 자연스런 통로이지만, 보통 가장 적게 활용된다. 불행히도 서양 문화에서 백일몽은 악마 취급을 받고 있다. 백일몽을 꾸는 사람은 게으른 사람으로 간주되고, 생산성을 무엇보다 중시하는 현대 사회에서 백일몽은 최악의 행동으로 간주된다.[7]

WebMD의 크리스티나 프랭크Christina Frank는 다음과 같이 이야기한다. "하지만 백일몽은 많은 측면에서 유익할 수 있고, 아이러니하게도 실제로는 생산성을 증대시킬 수 있다. 게다가 거의 모든 사람이 자연스럽게 백일몽을 꾼다. 백일몽을 한 번 꾸는 시간은 불과 몇 분에 불과하지만, 심리학자들은 우리가 깨어 있는 시간 중 3분의 1에서 2분의

7_ 백일몽은 보통 몽상이나 공상을 뜻하며, 부정적인 뉘앙스로 쓰이는 경우가 대부분이다.—옮긴이.

1에 걸쳐 백일몽을 꾼다고 추정한다."

백일몽이 환각 식물이 제공하는 경험처럼 극적이지 않은데다 사회에서도 부당한 비난을 받아온 까닭에, 샤먼적 관행의 일부로 여기지 않는 경우가 많다. 하지만 백일몽을 꿀 때면 고요한 명상 상태처럼 뇌파가 알파파로 떨어지며, 이런 점에서 백일몽을 의식이 변형된 상태의 하나로 간주할 수 있다. 꿈을 꾸는 사람이 자신의 외부 환경을 의식하지 못한 채 공상적인 현실에 빠져 있다는 것이 백일몽에 대한 일반적인 생각이지만, 샤먼적 백일몽은 그보다 훨씬 확장적이다. 즉 꿈을 꾸는 사람이 주위에서 일어나는 일들을 모두 인식하면서, 동시에 영들이 사는 다른 차원 속에 자신이 들어가 있다는 사실도 인식하는 것이다. 물질적 현실과 영적 현실이 만나는 이 중간계에서, 우리는 두 개의 동떨어진 현실이 존재하는 것이 아니라 그것들이 하나의 홀로그램 우주 속에 있는 동일한 통일장의 부분들임을 깨닫게 된다.

어느 날 나는 개울 옆에 앉아서 재정적으로 심각한 상황에서 내 느낌이 어떤지를 가만히 들여다보고 있었다. 그러면서 나를 도와줄 수 있는 식물이 있으면 나타나달라고 부탁했다. 백일몽 속으로 빠져드는 기분이 들었고, 나는 재정이 안정되면 어떤 느낌일지 상상해 보았다. 내 시선이 이리저리 헤매다가 개울을 따라 많이 자라고 있던 물봉선[8]에 가 닿았다. 바람도 없는데 물봉선 한 줄기가 나를 향해 힘차게 몸을 흔들어 대고 있었던 것이다. 나는 잎 하나를 따서 물속에 넣고 그것이 은빛으

8_물가에 핀 봉선화라는 뜻의 물봉선은 영어 이름 'Jewelweed'처럼 보석같이 아름다운 꽃이 핀다.—옮긴이.

로 반짝이는 모습을 지켜보았다. 물속의 잎과 함께 놀면서 그 움직임에 마음을 모으자 나는 이내 물봉선에 관한 백일몽 속으로 빠져들어 갔다.

갑자기 나는 은색 자작나무와 다른 은색 식물들 사이를 지나 은색 성이 있는 땅으로 걸어가고 있었다. 거기에는 아름다운 정원들로 이루어진 천국이 펼쳐져 있었다. 보석이 박혀 있는 바위들, 폭포들, 커다란 연못도 하나 있었는데, 연못에는 은색 물고기 한 마리가 헤엄치고 있었다. 물고기가 연못에서 걸어 나오더니, 은색의 여왕으로 변했다. 그녀가 내게 말했다. "나는 물에 몸을 맡길 때만 은색일 수 있어요. 그러니 당신도 흐름에 자신을 내맡길 수 있어야 해요." 그녀가 내 손을 잡고 물속으로 이끌자 나는 마치 물고기가 된 것처럼 은색 물속을 헤엄쳤다. 물 밖으로 걸어 나오니 그녀가 은색 물을 내 머리에 부으며 다시금 내 삶의 풍요로움을 일깨워주었다. 그녀는 나에게 풍요로움을 잊지 않기 위해서 스스로 몸에 은색 물을 부을 것을 권했다.

물속의 잎이 다시 시야에 들어왔다. 내 자신이 그 잎처럼 흐름을 타고 있다는 느낌이 들었고, 내가 돈에 대해 얼마나 부정적인 생각 패턴에 빠져 있었는지 그리고 그것 때문에 내 에너지가 얼마나 경직되었는지 깨닫게 되었다. 며칠 뒤 나는 물봉선의 도움으로 예상치 못한 수표 한 장을 우편으로 받았다. 이제 나는 흐름 속에 자연스럽게 머물고 삶의 풍요로움에 감사하는 것을 잊지 않기 위해 늘 물봉선을 지니고 다닌다.

이번에는 캘리포니아에서 로즈마리와 함께 있을 때의 일이다. 로즈마리에 대해 어느 정도 알고는 있었지만, 꽃이 필 때 곁에 있을 기회는 한 번도 없었다. 내 백일몽은 의식의 흐름을 따라 이렇게 진행되었다.

"파란색과 연보라색 꽃받침에 남색 줄이 안테나처럼 나 있는 꽃, 암술은 완전한 남색으로, 바쁘게 움직이는 벌들로 가득하다. 북쪽 비탈진 곳으로 개 한 마리가 돌아다니고, 새들은 노래하며, 어디서 방부제 냄새가 난다. 나는 옛날 그리스 인처럼 흰색 로브robe에 샌들 차림으로 흙길을 걸어가고 있다. 목소리들이 들린다. 한 여인이 개를 부르며 달리고 있다. 짙은 박하 맛이 나고, 혀가 마비된다. 침이 많이 생기는데 몹시 부드러우면서도 끈적끈적하다. 머릿속, 눈 뒤쪽에서 무언가가 느껴진다. 제3의 눈이 열리며 기억 상실에서 빠져나온다. 새로운 관점으로 기억들을 바라보기 시작한다. 새 한 마리가 급강하하며 큰소리로 운다. 맞다는 신호다. 바람이 언덕을 타고 내려오고, 많은 공기가 소용돌이친다. 오, 너무나도 바타Vata[9]스럽구나. 금속 풍경 소리가 울려 퍼진다. 많은 공기, 자극적인, 금속성, 금속 원소? 고운 날개로 공중을 떠다니는 천사 같은 고귀한 존재. 또다시 그 개가 큰소리로 짖고 있다. 나를 저 개한테서 보호해야 하나? 두려움이 일자, 바람이 불어와 로즈마리가 내 다리에 스친다. 맞아, 로즈마리였지. 로즈마리의 가슴은 보호하고, 로즈마리의 영혼은 기억하며, 로즈마리의 영은 상위 자아와 연결시키지."

이 백일몽은 여러 차원에 걸친 로즈마리와의 만남이 하나로 엮여서 진행된 사례이다. 나는 내 감각들을 통해서 로즈마리를 인식했다. 눈으로는 파란색, 남색, 연보라색 등의 색깔을 보고(모두 상위 차크라에

9_바타 도샤Vata dosha를 말한다. 바타 도샤는 인도 전통 의학 아유르베다에서 말하는 사람의 체질을 결정짓는 세 가지 기질 중 하나로, 허공, 공기와 관련이 있다. 바타 기질이 강하면 외부 자극에 민감하다고 한다.—옮긴이.

해당하는 색깔들이다), 입으로는 내 혀를 마비시키는 맛을 느끼며(항균성이 있음을 나타낸다), 코로는 방부제 냄새를 맡았던 것이다. 이 모든 것이 로즈마리가 면역 체계에 도움이 될 것임을 짐작하게 했다. 그 끈적끈적한 느낌 때문에 로즈마리에 방향유芳香油가 많음을 알았다. 약리 작용이 강한 식물이 가진 속성 중 하나이다. 그리고 에너지적으로는 내 머릿속에서, 더 구체적으로 제3의 눈 차크라에서 무언가가 느껴졌다.

외부 세계와 내 주위에서 진행되는 모든 것이 로즈마리의 기본 성질에 관해 많은 것을 암시해 주었다. 그 개는 북쪽 방향에서 왔다. 북쪽은 지혜 전승자, 연장자, 꿈의 시대를 나타내는 방향이다. 공기가 소용돌이쳤고 모든 것이 너무나도 자극적이었다는 것은 바타 도샤를 나타낸다. 그 다음에 금속의 풍경이 큰소리로 울렸고, 무척 고귀한 천사 같은 존재가 느껴졌다는 것은 금속 원소의 영적 성질과 무척 유사하다. 그리스 시대처럼 보이는 광경이 스친 것은 로즈마리가 가진 기억의 측면에 해당되는 것일까? 그 개는 로즈마리에 관한 백일몽에서 참으로 흥미로운 부분이었다. 개는 침입자처럼 보였고, 나에게 어느 정도 두려움을 주었지만, 결국 길 잃은 개로 밝혀졌다. 우리가 기억 상실 속에서 길을 잃거나 보호를 필요로 할 때, 로즈마리가 우리를 돕기 위해 여기 있는 것이다.

아마도 여러분은 바람은 그렇게 부는 때가 많고 길 잃은 개는 우연히 등장한 것이라고 이야기할 수도 있고, 내가 전날 밤 잠을 제대로 못 자서 내 머릿속에서 무언가가 느껴졌던 거라고 이야기할 수도 있을 것이다. 그렇다면 왜 하필 그 시간에 개가 나타났으며, 하필 그날 바람이 그렇게 불었고, 하필 그날 내가 로즈마리 곁에 앉기로 했을까? 내가 로즈마리에 관한 백일몽 속으로 걸어 들어갔을 때, 내가 대면한 것은 단순히 로즈마리만이 아니었다. 모든 풍경이 하나로 연결되어 로즈마리 백일몽에 기여하고 있었으며, 나는 그 전체를 만났던 것이다. 각 부분이 모두 중요했고, 그것들 모두가 전체 경험 속에서 나름의 의미를 가지고 있었다.

스티븐 뷰너는 《식물의 비밀스러운 가르침Secret Teachings of Plants》에서 환경 속에서 어떤 의미 있는 일을 경험했다면 그것은 자연을 직접 지각한 것이라고 말한다. 그의 말이다. "직접 지각의 능력이 깊어감에 따라, 우리는 모든 사물이 인식 능력이 있으며, 모두가 우리를 보고 있고, 모두가 우리와 소통하고 있다는 걸 깨닫게 된다. 이러한 의미의 소통은 무척 심층적이다. 그것들은 말 그대로 살아있는 존재들이 보내는 소통의 손길들로서, 말 속에 인코딩되어 있는 단순한 정보 비트들을 훨씬 뛰어넘는다."

심리학자 윌리엄 브라우드William Braud의 작업은 우리의 자연스런 존재 상태가 다른 사람들하고만이 아니라 우리를 둘러싸고 있는 환경과도 관계있다는 것을 보여주고 있다. 또한 우리를 구성하고 있는 아원자 입자들이 우리를 둘러싼 공간이나 입자들로부터 분리될 수 없다는 점 역시 과학을 통해 분명하게 입증되었다. 홀로그램 우주론의 핵심 주창자인 물리학자 데이비드 봄David Bhom은 심층의 현실인 숨겨진 질서(우리가 꿈의 시대라 부르는 것)가, 드러나 있는 현실인 물리적 현실을 낳는 주된 현실이며, 이 두 현실 혹은 질서는 끊임없이 흐르고 섞이면서 서로 영향을 주고받는다고 본다. 비록 드러난 질서의 수준에서는 분리되어 있는 것처럼 보일지라도, "우주 속 모든 것이 단일한 연속체의 부분들로, 모든 것이 이음매 없이 연결되어 있다"고 봄은 주장한다.

모든 것이 상호 관계 속에 존재하고 동시 차원들 속에서 기능하는 우주 속에 우리는 살고 있다. 하나는 다른 것의 반영인 것이다. 우리가 생명이라 부르는, 서로 연결된 광대한 그물은 우연이 아니라 관계와 의미로 채워져 있다. 우리는 만나는 모든 것과 관계를 맺고 있다. 환경 속에서 적절한 의도를 가질 때 우리는 주위 모든 것과 일관성 있는 방식으로 상호 작용하게 된다. 우리의 가슴과 머리를 통해 주위 환경의 리듬들이 하나로 통합되면서 파장들이 서로 어우러져 조화로운 화음이 울려 퍼지게 되는 것이다.

꿈 여행

꿈의 시대로의 여행은 식물 영이 사는 차원에 접근하기 위해 변형된 의식 상태로 들어가는 또 다른 방법이다. 보통은 악기, 챈팅chanting[10], 노래를 이용하여 이런 상태에 도달한다.《샤먼의 길The Way of the Shaman》의 저자 마이클 하너Michael Harner는 분당 220비트로 치는 북소리가 변형된 뇌파 상태를 만들어낸다고 주장하면서, 이것이 샤먼들이 꿈의 시대로 들어가는 데 사용하는 주된 방법이라고 이야기한다.《샤먼The Shaman》[11]의 저자인 피어스 비텝스키Piers Vitebsky는 "샤머니즘에서 영의 세계에 대한 경험은 음악과 긴밀하게 연결되어 있다. 특히 트랜스trance 상태와 타악기의 규칙적이고 리드미컬한 연주 사이에는 강한 연결성

10_ 주문, 진언, 경전 등의 낭송을 의미한다.—옮긴이.
11_ 한글판《샤먼》(창해, 2005).—옮긴이.

이 존재한다. 샤머니즘이 발견되는 거의 모든 지역에서 북은 최고의 도구이다"라고 이야기한다.

이런 식으로 꿈의 시대에 들어가기 위해서는 반복적인 북소리(옆에서 다른 사람이 직접 연주해 주는 것이 바람직하다)를 들으면서 호흡을 느리고 깊고 리드미컬하게 해 이완이 되도록 해야 한다. 그리고 여행에 대한 의도를 매우 분명하게 해야 한다. 예를 들어 식물 영이 살고 있는 곳으로 자신을 데려가 줄 가이드를 만나기 위해 지저 세계(혹은 천상 세계)를 방문하겠다는 것이 의도가 될 수 있다. 꿈의 시대로 처음 여행을 시도할 때는 상상력을 활용하는 것이 도움이 된다. 나는 다음과 같은 시각화를 통해 학생들을 인도한다.

혼자서 카누를 타고 호수를 건넌다고 상상한다. 호수를 다 건너면 카누에서 내려 호숫가로 올라간다. 그리고 호숫가를 벗어나 숲길을 따라 걷는다. 우뚝 솟은 큰 바위 하나가 보일 것이다. 그곳에 동굴이 하나 있고, 동굴 속에는 땅 속 깊은 곳으로 내려가는 나선형 황금 계단이 있다. 이제 계단을 따라 내려가면 지저 세계에 이르게 된다. 나선형으로 내려가면 꿈의 시대로 더 쉽게 진입할 수 있는 것 같다. 샤먼 미술에서는 우리 DNA의 나선형과 비슷한 모양으로 꼬인 덩굴이나 뱀의 이미지가 자주 발견된다. 나선형으로 움직일 때 우리는 자신의 내면 깊숙한 곳으로 들어간다. 그리고 마침내, 기억이 저장되고 시공간이 존재하지 않는, 우리의 빛의 정수 한가운데에 이르게 된다.

일단 여러분이 커다란 동굴에 들어서면, 수정들이 동굴 벽을 뒤덮고 있는 것이 보일 것이다. 이 수정들은 여러분을 여러분 DNA 중심부의 생체 광자와 연결시키는 빛을 내뿜고 있다. 여기서 여러분은 '현명한 존재Wise One', 즉 자신의 내면에 거주하고 있어 언제라도 접근할 수 있는 자신의 상위 자아higher self 혹은 내면의 가이드를 만나게 된다. 이 내면의 '현명한 존재'와 연결되는 것은 중요하다. 그 이유는 이 존재가 여러분의 가장 중요한 조력자요 가이드 중 하나이기 때문이다. 여러분이 이 다른 차원에서 살고 있지 않기 때문에, 이곳에서 길을 찾는 데 도움을 줄 가이드를 확보하는 것이 좋다. 가이드가 없다면 그건 마치 지도나 길안내 없이 디트로이트에 가는 것과 같다. 십중팔구 여러분은 길을 잃을 것이다. 많은 사람들이 자신을 도와주는 동물 영 가이드를 가지고 있다. 하지만 여러분이 식물 협력자들과의 관계에 능숙해지면, 꿈의 시대 여행에서 도움을 줄 식물 협력자를 하나나 둘 정도 발견하게 될 것이다. 일단 여러분이 지저 세계에 도착해 자신의 '현명한 존재'를 만나고 길잡이 역할을 할 가이드까지 불렀다면, 자신이 함께 작업하고 싶은 특정 식물 영이 살고 있는 곳으로 데려가 달라고 부탁한다.

이 시점에서는 아무런 기대 없이 순진무구한 인식 속에서 꿈의 시대 여행을 계속하는 것이 중요하다. 꿈의 시대 여행은 얼마든지 다른 형태로 올 수 있으며, 따라서 그것이 어떤 식으로 전개될지 열린 태도를 갖는 것이 필수적이다. 수많은 사람들이 서라운드 음향의 총천연색 와이드 스크린이 나타날 것을 기대한다. 이것도 한 가지 방식임은 맞지만, 늘 이런 방식으로 전개되는 것은 아니다. 무언가가 느껴지거나 인지될 수도 있고, 색깔과 형태만 보일 수도 있으며, 머릿속에서 어떤 단어들이 들릴 수도 있다. 다른 세상처럼 보이는 장소에 가 있을 수도 있고, 꽤 익숙한 곳에 가 있을 수도 있다. 그 순간에는 전체 경험이 이해되지 않겠지만, 시간이 지나면서 점점 더 명확해지고 이해도 가능해질 것이다. 그 경험이 펼쳐지도록 허용함으로써 여러분은 통찰력을 얻고, 나아가 식물 영의 치유 선물까지 받게 된다. 여행이 끝나면 (북은 보통 12분 동안 친다), 지저 세계로 갈 때와 같은 방식으로 일상의 현실로 돌아오면 된다.

켈트 풍의 여사제 모습을 한 아이브라이트의 영이나 장난기 많은 요정 모습을 한 데이지의 영처럼 식물 영이 사람 모습으로 나타나는 경우도 많고, 분홍색과 보라색이 뒤섞인 커다란 나비 모습을 한 레드 클로버의 영처럼 동물 모습의 생명체로 나타나는 경우도 있다. 또 밝게 빛나는 별 모양으로 나타나는 보리지Borage의 영이나 노란빛이 도는 흰색의 커다란 타원형 에너지 장으로 나타나는 성요한초St. John's Wort의 영처럼 에너지의 정수가 드러날 수도 있으며, 측백나무처럼 에너지 패턴이 나타나는 경우도 있다. 내게 보이는 모습과 여러분에게 보이는 모습이 다를 수도 있다. 하지만 그 각각에는 어떤 시각적 이미지와 느낌이 담겨 있으며, 이런 점들은 여러분이 해당 식물 영을 부를 때 무척이나 중요하다. 여기서의 핵심은 해당 식물 영을 어떤 식으로든 분명하게 알아보는 것이다.

어느 해 여름 몬태나 주에서 브룩 메디신 이글Brook Medicine Eagle과 함께 작업할 때의 일이다. 나는 그때 분홍바늘꽃과 만나는 큰 행운을 누렸다. 분홍바늘꽃 곁에 충분히 긴 시간 동안 앉아 있었다 싶었을 때, 브룩이 꿈 여행을 할 수 있도록 북을 쳐주었다. 나는 나선형 계단을 걸어 내려가서 나의 '현명한 존재'인 렐라Lela를 만났다. 렐라는 나에게 분홍바늘꽃의 영을 만나려면 부드러움 속으로 가야 한다고 했다. 어떻게 해야 할지 몰라 렐라에게 도움을 요청했더니 그녀는 나를 두 팔로 꼭 껴안아주었다. 다음 순간 나는 비단 같은 부드러움 속을 떠다니고 있었다. 그와 동시에 내 척추 아래쪽에서부터 뜨거운 열정passion이 솟구치는 것이 느껴졌다. 나를 부르는 목소리에 고개를 돌리자, 부드럽고 화사한 비단 드레스를 입고 붉은 머리를 한 아름다운 아일랜드 여성이 눈에 들어왔다.

그녀는 자신을 분홍바늘꽃의 영, 피오나Fiona라고 소개했다. 그녀의 부드러움과 친절함에는 열정적이고 강한 에너지가 놀라울 정도로 완벽하게 결합되어 있었다. 이 두 에너지가 서로를 보완하면서 완벽한 균형을 이루고 있었다. 그녀는 열정에 이르려면 먼저 연민compassion을 경험해야 한다고 설명했다. 피오나는 나에게 모난 부분들을 부드럽게 하면 내 가슴이 성숙해져 열정에 이르게 될 것이라고 말했다. 그녀는 자기 안으로 걸어 들어오라고 나를 초대했다. 그녀 안으로 들어가자 내 가슴속에서 뜨거움이 느껴지고 장벽들이 녹아내렸다.

이 여행은 내가 개인적인 도움을 받은 경우였다. 시간이 흐르고 피오나와의 관계가 깊어감에 따라, 나는 가슴에 문제가 있는 사람들을 치유할 때 분홍바늘꽃[12]을 활용하기 시작했다. 피오나는 내 가장 가까운 협력자 중 하나가 되었다. 그녀에게 그렇게 쉽게 접근할 수 있었던 것은 내가 그녀의 존재를 아주 분명하게 느끼고 보았기 때문이며, 그 덕분에 그녀를 방문할 때마다 우리의 연결이 더욱더 강해졌다고 나는 믿고 있다.

꿈의 시대와 관련된 이 세 가지 측면은 모두 영이라는 통일장에

12_ 영어 이름 'Fireweed'는 불탄 자리에서 자라는 풀이라는 뜻이다.—옮긴이.

접근하는 방식들이다. 이 통일장 안에서 우리는 각 식물의 개별적인 본성에 접근할 수 있다. 이 비일상적 현실에서 우리는 영의 언어인 파장 간섭wave interferences을 우리에게 통역해 줄 수 있는 식물 영혼의 능력을 활용할 수 있다. 과학적으로 말해서 파장 간섭이란 모든 생명이 소통하는 방식이다. 파장 간섭은 비국소적nonlocal인 방식으로 일어날 수 있는데, 이는 파장 간섭이 어떤 힘이나 에너지의 방출 없이 거리를 훌쩍 뛰어넘어 일어날 수 있다는 뜻이다. 다시 말하자면 우리는 식물이 곁에 없더라도 그들과 소통할 수 있다. 특히 우리가 수용적인 의식 상태에 들어가 식물의 파장과 동조되도록 허용할 때는 더욱 그렇다.

8. 식물과의 관계 발전시키기

눈부신 햇살이 마블마운틴에서 흘러내리는 빠른 물살 위에서 춤춘다. 물 소용돌이들이 내는 소리가 돌 위로 울려 퍼진다. 각기 다른 소리들이 한데 어울려 조화로운 화음을 만들어낸다. 빛의 춤꾼들이 빠른 물살을 가로지르며 콸콸 대는 물소리와 물거품을 향해 움직이고, 빛과 소리의 이 장엄한 합주를 들으며 나는 경외감에 젖는다. 내 눈은 초점을 잃고, 물소리는 장난스럽게 마구 날뛰며 빛 주위를 빙빙 돈다. 순간 눈부신 햇살 수백만 개가 내 눈 속으로 홍수처럼 밀려든다. 내 심장의 촉수가 물 위로 퍼지는 빛과 소리의 파동들을 부드럽게 어루만지면서 나는 일종의 백일몽 속으로 빠져든다. 그 손길에 내 심장의 인식 능력이 깨어나고, 소리와 빛이 내 자신은 물론 자연만물의 생존에 없어서는 안 된다는 깨달음이 섬광처럼 스친다. 생명의 그물이 보인다. 그물을 잇는 가닥들이 빛과 소리이다. 바로 그것들이 그물을 하나로 묶어주고 있다. 이 비전vision이 심장을 가득 채우자, 앎의 흐름 하나가 나를 훑고 지나간다. 굴절된 빛이 만들어내는 개울 바닥의 격자형 패턴들로 눈의 초점이 맞춰지면서, 비전 (음악으로 장식된 빛의 그물, 물 위 빛과 소리의 교향악)은 점점 사라진다.

—2006년 11월 일기에서

식물과의 관계를 발전시키기 위한 기초는 이미 존재한다. 서로 산소와 이산화탄소를 교환하고 있다는 단순한 사실이 바로 그것이다. 이는 식물과의 융합interweaving을 위해 기본적이지만 매우 중요한 요소이다. 왜냐하면 그것은 자동으로 형성된 결속으로, 누구도 부정할 수 없고 누구도 예외일 수 없는 것이기 때문이다. 우리 숨 속에 들어 있는 생명력은 너무도 근본적인 것이어서, 그것 없이는 불과 몇 분 만에 생명을 잃고 만다. 숨이 생명을 준다는 건 누구나 알고 있지만, 생명을 주는 숨이 어디에서 오는지에 대한 인식은 우리 코끝에서 멈춘다. 우리의 숨과 녹색 존재들을 연결 지을 수 있을 때 그들을 대하는 우리의 태도가 변화되고 그들에게 깊이 감사하고 존경하는 마음이 생겨난다. 이 같은 마음이야말로 깊고 의미 있고 친밀한 관계를 만드는 핵심 요소이다.

개인적인 경험과 수많은 과학 탐구를 통해 우리는 생명이 상호 연결된 관계에 기반을 두고 있음을 알고 있다. 그것은 층층이 쌓아올린 벽돌 구조물 같은 것이 아니라, 우리가 느낄 수 있는 빛과 소리, 감각의 진동들을 하나로 짜서 만든 광대한 그물 같은 것이다. 린 맥타가트Lynne McTaggart는 《필드The Field》[1]라는 책에서 양자물리학이 확실하게 입증해 낸 다음과 같은 사실을 언급한다. "아원자(원자보다 작은 입자)들은 개별적으로는 아무 의미가 없다. 그것들은 오직 관계 속에서만 이해될 수 있다. 가장 기본적인 수준에서 세계는 상호 의존적인 관계들로 이루어진 복잡한 그물로 존재하며, 이를 나누는 것은 영원히 불가능하다." 이러한 관계 속에서 우리는 식물 영 치유의 기초를 발견한다.

1_ 한글판 《필드》(무우수, 2004).—옮긴이.

식물 영과 함께 작업할 수 있는 능력은 이러한 관계와, 그리고 그 관계가 얼마나 친밀해질 수 있느냐와 직결되어 있다. 우리는 식물과 깊고 친밀한 관계를 맺을 수 있으며, 심지어 성 에너지를 움직이는 수준까지 나아갈 수도 있다.

내 학생 한 명은 트릴리움과의 경험담을 이렇게 이야기한다. "트릴리움과 저는 푹신한 소파 위에서 서로 마주보고 누워 있었어요. 팔로 서로를 감싸안고 있었지요. 트릴리움에게서 빛 한 줄기가 나와서 제 뿌리 차크라로 들어왔어요. 따뜻하고 확장되는 에너지가 서서히 위로 차올랐지요. 우리는 함께 나선형으로 움직이기 시작했어요. 뿌리 차크라에서 시작해서 천천히 위로 올라갔지요. 에너지가 계속 쌓이면서 제 심장이 아주 크게 열렸어요. 우리가 하나로 결합한다는 느낌이 아주 생생하게 들었죠. 계속해서 우리는 에너지를 끌어올렸고, 마침내 완전히 진동하게 되었지요. 다음 순간 우리는 피부 밖으로 터져나갔어요. 형체가 녹아내리고, 신성한 사랑이라 느껴지는 어떤 것으로 바뀌었지요. 사랑에 관해 우리가 교환한 비언어적인 에너지 전달이 있었는데, 그것은 에로틱한 것이기도 했어요. 우리는 '사랑 속에 있는' 것이 아니라 '사랑으로 존재하는' 상태에 있었고, 여기에는 창조적인 열정도 포함되어 있었지요."

식물에 대한 감각적 인식

우리는 감각적 존재로 진화해 왔다. 우리의 감각은, 다양한 모습으로 자신을 표현하고 있는 세상을 우리가 인식하는 주된 방식 중 하나이다. 그러나 불행하게도 우리의 감각은 오늘날 우리 삶의 방식 때문에 무뎌졌다. 포장된 길 위를 걷고, 매연 냄새를 맡고, 자동차가 달리는 소리를 듣고, 죽은 음식을 먹고, 빌딩숲으로 된 스카이라인을 보는 것 등등 말이다. 이 같은 감각의 무뎌짐은 우리의 본성과의 연결을 약하게 만들고 그것을 잊게 만드는 요인 중 하나이다. 하지만 자연 속에 있으면서 맨발로 걷고, 꽃의 향기를 맡고, 물 흐르는 소리를 듣고, 야생 식물의 살아있는 맛과 향을 느끼고, 산의 윤곽선을 바라볼 때, 우리는 진정한 자신으로 돌아오게 된다. 세포가 깨어나며, 우리 역시 자연의 일부로서 지구 및 지구의 모든 존재들을 감각을 통해 깊이 느낄 수 있다는 인식과 기억이 우리 세포를 가득 채우게 된다. 감각을 사용해서 식물로부터 배우는 법을 내게 가르쳐준 수전 위드Susun Weed에게 감사드리고 싶다.

식물과의 관계를 발전시키기 위한 여정을 시작했다면, 그 과정 내내 식물에게서 받는 감각 느낌feeling sensation에 계속해서 주의를 기울일 필요가 있다. 이런 감각 느낌은 여러분 내부에서 감정적 반응을 유발한다. 식물과 함께 작업하는 과정에서 여러분은 계속해서 여러 감정들을 느끼게 될 것이며, 따라서 이런 느낌들을 식별하는 능력을 연마하는 것이 중요하다. 우리는 끊임없이 어떤 감정 상태 속에 있다. 이는 행위의 상태가 아니라 존재의 상태이다. 이 부정할 수 없는 경험의 자리에서 의미가 떠오르기 시작한다.

깊은 관계를 맺고자 할 때 우리가 먼저 할 일은 상대를 존중하는 것이다. 새로운 연인과 관계를 시작할 때처럼, 우리는 부드럽게 걷고, 유혹하려 애쓰기보다는 구애의 표시로 손을 내민다. 우리는 우정이 더욱 친밀한 관계로 성장하기를 바란다. 식물이 먼저 우정의 손길을 내

밀거나 예상치 못한 방식으로 우정이 시작되는 경우도 많다. 어떤 식물이 여러분이 가는 길을 세 번씩이나 가로지르면 주의를 기울이기 바란다. 그 식물이 여러분의 주의를 끌려고 애쓰는 것이기 때문이다.

관계를 발전시키는 과정은 식물과 우리가 서로 숨을 교환하고 있음을 인식하고, 이 숨이 단순히 산소만이 아니라 풀과 나무에서 나온 생명력을 담고 있다는 사실을 깨닫는 것으로부터 시작된다. 우리는 우리의 모든 감각을 사용해서 식물과 관계를 발전시키기 시작한다. 관찰이 그 시작이다.

시각

함께 작업할 식물을 선택할 때는 어떤 끌림이 내면에서 차오른다. 우리를 잡아끄는 그것은 꽃의 색깔일 수도 있고, 그것이 자라는 방식일 수도 있고, 바라볼 때의 느낌일 수도 있다. 우리는 존중하는 마음으로 식물에 접근한 다음 이렇게 만날 기회가 주어진 것에 감사하고, 치유의 선물을 받을 정도로까지 관계가 발전되었으면 하는 마음에서 의도적으로 구애를 시작한다는 점을 분명히 밝힌다. 우리는 터키옥 구슬 같은 공물이나 선물을 가져오기도 한다. 물론 우리가 손으로 직접 만든 것이 그보다 훨씬 낫다. 이런 식으로 전체적인 분위기를 만들어 어느 정도 친밀한 관계가 형성되면, 식물은 여러분의 의도가 우호적임을 알게 된다.

우선 식물의 주변 환경을 위에서 관찰하는 것부터 시작한다. 이 식물이 어떤 곳에서 자라며, 주변에는 어떤 식물들이 자라는가? 한 식물의 동료들을 알면, 다른 장소에서 같은 종류의 무리를 보게 될 때 거기서 어떤 식물들이 자라날지 감을 잡을 수 있다. 그 식물이 양지에서 자라는 것을 좋아할 수도 있다. 태양 에너지는 활동적이고 따뜻하고 자극을 주며 건조시키는 성격이 있으며, 외부로의 움직임을 나타내는 남성 에너지를 띠고 있다. 반대로 그 식물이 음지에서 자라는 것을 좋아할 수도 있다. 음지의 에너지는 서늘하고 축축하며 차분하게 만든다. 대지 에너지는 본질상 훨씬 수용적이며 여성적이다. 혹은 그 식물이 둘이 약간씩 섞인 곳, 즉 반양지나 반음지에서 자라는 것을 좋아할 수도 있다. 이런 곳에는 태양과 대지의 측면이 모두 담겨 있다.

넓은 시야에서 관찰하는 일을 마쳤다면 좀 더 가까이서 그 식물을 보고 싶을 것이다. 여기에는 10배의 배율을 가진 확대경이 필요할 것이다.(이는 모든 식물인植物人에게 필요한 도구이다.) 식물을 가깝게 보는 일은 완전히 새로운 세계를 열어준다. 맨눈으로는 볼 수 없는 식물의 복잡한 세부 모습들을 관찰할 수 있다. 식물의 생식 기관들을 분명히 볼 수 있고, 암술, 수술, 꽃가루를 훨씬 세밀하게 관찰할 수 있다. 빛을 반사하는 입자들 때문에 꽃가루가 미세하게 반짝거릴 수도 있고, 끈적거려서 여러분 코에 달라붙을 수도 있다. 식물의 재생산 방식을 관찰함으로써 그 식물의 본성에 관한 소중한 정보를 얻을 수 있다. 많은 꽃이 한 꽃 안에 남성에 해당하는 부분과 여성에 해당하는 부분을 함께 가지고 있지만, 한 포기 안에 암꽃과 수꽃이 따로 있는 경우도 있고, 암식물과 숫식물이 따로 있는 경우도 있다. 또 벌과 나비 등을 꽃 깊숙한 곳에 있는 꿀로 인도하는, 꽃잎 위에 화려한 색깔로 점점이 새겨진 무늬를 보게 될 수도 있다. 줄기나 잎맥에 나 있는 아주 작은 털들을 볼 수도 있는데, 이 역시 확대경 없이는 볼 수 없는 것이다.

식물의 환경을 관찰할 때 얼마나 많은 수의 식물이 자라는지, 사람들이 사는 곳에서 얼마나 가까운지에도 주의를 기울이기 바란다. 여러분의 현관문 바로 앞에서 민들레가 다량으로 자랄 수도 있고, 숲속 깊은 곳에서 털사철난을 몇 포기만 발견할 수도 있다. 일반적으로 말해서, 근처에서 다량으로 자라는 식물이 여러분이 영양을 위해 먹거나 활력을 북돋아주는 약재로 사용할 수 있는 것들이다. 또한 여러분이 사는 곳 근처에서 자라거나 여러분을 따라다니는 식물(여러분이 새로운 곳에 이사한 이듬해에 나타난 식물), 갑자기 나타난 식물이 어떤 것인지 알아보기 바란다. 신체적·감정적·영적 치유를 위해 여러분이 필요로 하는 식물은 여러분을 향해 다가온다.

약초 치료사 친구 중 한 명은 버몬트에 있는 자기 집 마당에 미국자리공pokeweed이 자라난 것을 보았다. 미국자리공은 버몬트에서는 보통 자라지 않는데 느닷없이 마당에 나타난 것이다! 그녀는 왜 그 식물이 나타났는지 모르다가 나중에서야 그 이유를 알게 되었다. 1년 후 남편이 면역 체계를 강화할 필요가 생겼고, 2년 후에는 그녀의 젖가슴이 림프 순환 마사지Lymphatic Drainage를 필요로 하게 되었던 것이다. 미국자리공은 예전에는 사람들 주변에서 거의 자라지 않았지만(미국 북서부에서는 그렇다) 이제 좀 더 가까이 다가오기 시작한 식물의 좋은 예이다. 혹시 지금 사람들의 면역 체계가 전체적으로 더 많은 지원을 필요로 하기 때문은 아닐까?

관찰에 일정한 기간이 필요한 경우도 있는데, 예를 들어 식물의 성장 사이클을 보는 경우가 그렇다. 어떤 식물이 1년생인지, 2년생인지, 아니면 다년생인지 파악하려면 시간이 필요한 것이다. 1년생 식물은 1년 안에 전체 사이클을 모두 거친다. 이 사이클은 씨앗의 형성으로 완결되며, 그 뒤 그 식물은 죽는다. 1년생 식물은 대개 씨앗을 많이 생산하는데, 그 이유는 그것이 그들의 재생산 방식이기 때문이다. 같은 장소에서 다음해에 같은 식물을 발견할 수도 있는데, 그것은 그 식물이 떨어뜨린 씨앗으로부터 새로운 성장 사이클이 시작되었기 때문이다. 하지만 늘 그렇지는 않으며, 특히 해당 식물이 추위에 아주 민감하면 씨앗을 맺지 못해 다음해에는 같은 자리에서 그 식물을 보지 못할 수도 있다.

2년생 식물은 2년에 걸쳐 삶의 주기를 완성한다. 첫해에는 잎을 생산하고 둘째 해에는 꽃과 씨앗을 생산해서 성장 사이클을 완결 짓는다. 우엉 같은 2년생 식물의 뿌리를 수확할 경우 둘째 해 가을에는 수확하지 말아야 한다. 식물이 성장의 마지막 단계에 도달하면, 마치 바람 든 무처럼 뿌리가 늙고 심이 생기는 등 더 이상 생명력이 담겨 있지 않기 때문이다. 따라서 이런 식물은 첫해 가을이나 둘째 해 봄에 수확해야 한다.

다년생 식물은 잎, 꽃, 씨앗을 1년 안에 생산하지만, 다음해에도 다시 살아나는 식물이다. 다년생 식물은 뿌리가 넓게 퍼져 있는 경우가 많은데, 이는 겨울 동안 살아남기 위해서이다. 어떤 식물이 다년생인 걸 안다면 다음해에도 같은 자리에서 그 식물을 다시 보리라 기대할 수 있다.

색깔은 중요한 관찰 부분이다. 색깔은 우리가 제일 먼저 알아차리는 부분일 때가 많고, 많은 경우 식물이 우리를 끌어당기는 측면이기도 하다. 색깔은 우리가 삶을 경험하는 데 기초가 되는 측면이기도 한

데, 그것은 우리가 늘 색깔에 둘러싸여 있고, 색깔을 입고 있으며, 또 색깔로부터 영향을 받기 때문이다. 색깔은 우리가 볼 수 있는 빛으로, 전자기 스펙트럼 중 빨간색에서 보라색에 이르는 좁은 범위에 걸쳐 있다. 그중 빨간색이 가장 파장이 길고 진동수는 가장 적은 반면, 보라색은 파장이 가장 짧고 진동수는 가장 크다.

각 색깔에는 진동수에 의해 결정되는 특정 속성이 존재한다. 인도 출신 의사인 딘샤 가디알리Dinshah Ghadiali는 스펙트로크롬SpectroChrome 이라는 일종의 컬러 테라피color therapy를 개발했다. 각 색깔들의 진동 수가 인체 생리에 어떤 영향을 미치는지 알아낸 것이다. 색깔 있는 빛을 인체에 직접 비춤으로써 그는 모든 유형의 신체적 부상과 질병에 영향을 줄 수 있었다.

또 다른 예로, 독일의 자연 요법사이자 침술사인 피터 만델Peter Mandel은 신체의 경락들이 빛을 전달하며, 침술 점은 빛이 발산되는 지점들로 신체 내 빛의 흐름으로 통하는 관문 역할을 한다는 사실을 발견했다. 이런 지점들에 특정 색깔을 쪼임으로써, 그는 교란된 생명력을 균형 상태로 되돌릴 수 있었다. 일반적으로 말해서 빨강, 주황, 노랑 같은 따뜻한 색깔들은 에너지를 더해주거나 움직임을 자극하는 반면, 초록, 파랑, 보라 같은 차가운 색깔들은 과열된 상태 또는 에너지 과잉 상태를 진정시키거나 차분하게 만들었다.

그렇다면 색깔이 치유 특성을 지녔다는 사실을 식물에 어떻게 적용할 수 있을까? 이 책의 앞부분에서 모든 살아있는 세포의 DNA 중심에는 생체 광자가 있으며, 이것이 세포들이 서로 소통하는 방식이라는 이야기를 한 바 있다. 생체 광자는 자외선부터 적외선에 이르기까지 주파수 대역 전체에 걸쳐 존재하며, 따라서 무지개로 대변되는 빨강부터 보라까지의 가시광선 영역 역시 포함한다. 어떤 식물이 빨간색 꽃을 보여준다면, 그 생체 광자가 빨간색 주파수 대역에서 공명하기 때문이다. 만델의 실험은 색깔 있는 빛이 생명력을 균형 상태로 돌려주며, 따라서 생체 광자의 일관성에 직접적인 영향을 미칠 수 있다는 점을 보여주었다. 우리가 어떤 식물 곁에서 그 존재감에 흠뻑 빠져들 때, 그 식물에서 나오는 색깔이 우리 세포의 빛에 직접 영향을 미칠 수 있다는 말이다.

아주 분명한 예로, 많은 식물의 색깔인 초록색은 성장, 풍요, 활력의 진동을 담고 있다. 초록색은 색깔 스펙트럼 가운데에 있는 균형점에 위치한다. 초록색은 가슴 차크라의 색깔이기도 하다. 가슴 차크라는 사랑과 연민의 차크라로, 몸 전체를 순환하는 피와 산소의 흐름을 느낄 수 있는 곳이다. 녹색의 살아있는 풀과 나무들로 둘러싸인 자연 속에 있을 때, 우리는 자양분을 공급받는다는 느낌, 지지받고 있다는 느낌, 생생하게 살아있다는 느낌을 갖게 된다. 녹색 생체 광자의 진동수를 우리 세포가 받아들이면서 그에 따른 치유가 일어나는 것이다.

또한 식물의 색깔은 그러한 색깔을 포함하고 있는 자연계의 여러 시스템들과 자신 간의 관련성을 우리에게 알려준다. 차크라는 우리 몸의 에너지 센터들로, 각 차크라 별로 그것에 연관된 색깔, 신체 부위, 특성이 존재한다. 식물의 색깔을 살펴봄으로써 우리는 그 식물과 특정 차크라의 여러 측면 간의 연관성을 관찰할 수 있다.(각 문화별로 차크라들에 대한 견해는 다르다.) 차크라 시스템에 대해서는 11장에서 자세히 살펴볼 것이다. 물론 색깔이 갖는 이 같은 연관성은 일종의 가이드라인이지 고정불변의 법칙은 아니다. 중국의 오행五行이나 메디신 휠

Medicine Wheel[2] 같은 다른 시스템을 사용해서 색깔과의 연결성을 살펴볼 수도 있을 것이다.

뿌리 차크라는 척추의 가장 아래쪽에 있으며 색깔은 빨간색이다. 이 차크라는 혈액계, 근육계, 골격계, 대장, 생식기, 생식계에 상응한다. 생존 및 생식과 관련이 있으며, 관련된 내분비선은 생식선이다. 부신을 이 차크라와 연결시키는 사람들도 있는데, 그 이유는 투쟁-도피 메커니즘이 생존과 관련되기 때문이다.

단전 차크라는 배꼽 바로 아래에 있으며, 색깔은 주황색이다. 이 차크라는 면역계, 림프계, 콩팥, 요로, 자궁, 성적 능력이나 욕구와 상응한다. 성性, 돈, 통제와 관련된 문제가 이 차크라에 해당하며, 상응하는 내분비선은 부신이다. 이 차크라를 재생산과 연결시키는 경우도 많지만, 실제로는 개인이 성적 존재로서 관계하는 방식과 더 관련이 깊다.

세 번째 차크라는 태양신경총으로 윗배 한가운데 있으며, 색깔은 노란색이다. 이 차크라는 소화계, 간, 비장, 쓸개에 상응하며, 에너지의 저장 및 방출과 관련이 있다. 이곳은 의지의 중심으로, 힘과 관련된 문제가 여기에서 등장할 수 있다. 관련된 내분비선은 췌장이다.

네 번째 차크라는 심장으로 두 젖가슴 사이에 위치하며, 색깔은 초록색이다. 이곳은 위쪽 차크라들과 아래쪽 차크라들 간의 균형점이다. 이 차크라는 순환계, 심장, 젖가슴, 폐, 전체적인 영양에 상응한다. 가슴 차크라는 적응 및 연민과 관련이 있다. 관련된 내분비선은 흉선이다.

다섯 번째 차크라는 목 차크라로, 색깔은 파란색이다. 이 차크라

2_메디신 휠에 대해서는 11장에서 자세히 설명된다.—옮긴이.

는 목 아래쪽의 움푹 들어간 곳에 위치하고 있으며, 입, 목, 목구멍, 부비강[3], 귀, 신진대사 기능에 상응한다. 소통과 창조성이 이 차크라와 관련된다. 연관된 내분비선은 갑상선이다.

여섯 번째 차크라는 제3의 눈으로 양 눈썹 사이에 위치하며, 색깔은 남색이다. 이 차크라는 호르몬계, 분비계[4], 고통의 완화, 시력에 상응한다. 직관과 지각이 이 차크라에 위치한다. 관련 내분비선은 송과선이다. 뇌하수체를 여기에 놓는 사람들도 있지만, 이 차크라가 빛과 관련 있고 송과선이 신체 내에서 빛을 조절하는 역할을 하기 때문에, 나는 이것이 맞는 위치라고 생각한다.

일곱 번째 차크라는 정수리로 머리 꼭대기에 있으며, 색깔은 보라색이다. 이 차크라는 신경계 및 뇌 기능에 상응하며, 진실성과 지혜가 주된 특성이다. 관련 내분비선은 뇌하수체이다.

각 색깔과 그것에 상응하는 차크라를 소개하는 이유는, 여러분이 이 지식을 각 식물의 본성을 좀 더 완전하게 이해하는 방식의 하나로 활용하기를 바라기 때문이다. 물론 각 차크라에 대해 이보다 더 자세히 아는 것도 좋은데, 이러한 상응 관계가 물리적인 것이 아닌 경우가 많기 때문이다. 각 색깔은 우리에게 신체적·감정적·정신적·영적으로 영향을 미치는 속성들을 가지고 있으며, 우리는 그것들을 하나 혹은 여러 수준에서 경험할 수 있다.

식물과 함께 작업하는 과정에서 우리는 꽃, 잎맥, 줄기, 즙, 뿌리의

---

3 두개골 속 작은 공간들로 코와 가는 관으로 연결되어 있다. 잠수 등을 할 때 외부와의 압력 균형이 유지되도록 하는 역할을 한다.—옮긴이.
4 내분비계와 외분비계의 통칭.—옮긴이.

색깔을 경험하게 된다. 따라서 색깔에 대한 탐구를 꽃에만 한정짓지 말기 바란다. 어떤 식물에서 나오는 빨간색 즙을 통해 그 식물과 색깔 간의 관련성을 아주 분명하게 이해할 수도 있다는 걸 알게 될 것이다. 또 독당근의 줄기에 나타나는 보라색 점들처럼 뭔가 이상하게 보이는 색깔들에도 주의를 기울여라. 어떤 색깔이 통상적인 것에서 벗어나거나 유별나게 보일 경우 조심하라는 뜻일 수 있다.

관찰을 계속하다 보면, 이른바 형상 유비론doctrine of signatures을 받아들이고 싶어질 것이다. 이 이론은 야곱 뵈메Jakob Böhme에게서 비롯한 것으로, 뵈메는 신비적인 비전vision을 통해 알게 된 내용을 바탕으로 신이 모든 사물에 표지를 남겨놓았고 우리가 그 의미를 이해할 수 있다고 말했다. 17세기에는 파라켈수스Paracelsus가 이와 비슷한 사고를 이어갔는데, 그는 특정 신체 부위나 기관, 또는 신체의 측면과 식물 사이에 유사성이 존재하며, 그런 곳에 그 식물이 영향을 미친다고 주장했다. 나중에 니콜라스 컬퍼퍼Nicholas Culperper는 이 이론에 점성학을 덧붙여, 특정 행성이 특정 식물을 다스리며, 따라서 식물을 통해 천체가 인체에 영향을 미친다고 주장했다.

현대에는 동종 요법homeopathy과 플라워 에센스flower essence 테라피가 형상 유비론을 사용하고 있는데, 이들은 기능은 형태를 따르며, 따라서 비슷한 형태를 가진 것이 비슷한 것을 치료한다고 믿는다. 대표적인 예가 출산 때 사용되는 파트리지베리partridgeberry[5]로, 두 개의 꽃

---

5 Gaultheria procumbens. 가울테리아, 윈터 그린이라는 이름으로도 불리며, 파스 비슷한 냄새 때문에 속칭 파스나무라고도 불린다.―옮긴이.

이 하나의 열매를 만든다는 것이 그 표지이다. 또 다른 예는 갑상선 기능 항진증에 사용되는 블래더랙bladderwrack이라는 해초이다. 두 개의 공기 주머니가 V자 모양으로 달려 있는데 이는 갑상선을 확대한 모습과 거의 비슷하다.

촉각

식물에 대해 여러분이 관찰한 것들의 상당수는 그것을 만져봄으로써 확증될 수 있다. 어떤 식물에서 털을 보았더라도, 만져봐야 그것이 매끄럽고 부드러운지 아니면 거친지 알 수 있다. 털이 여러분 팔의 털처럼 부드러울 수도 있고, 불편하게 느껴질 정도로 거칠 수도 있다. 혹은 여러분 폐 속의 섬모 비슷하게 물결치듯 움직일 수도 있다. 털을 만지는 것이 기운을 북돋거나 깨끗하게 씻어주는 느낌을 줄 수도 있지만, 쏘거나 따끔거리는 느낌을 줄 수도 있는데 이는 방어적인 성질 때문에 그럴 수도 있고 여러분이 바로 주의를 기울이도록 하기 위한 것일 수도 있다.

계속 더 만져보다 보면 그 식물이 물기가 별로 없이 건조하다는 점을 발견하고, 이를 통해 이 식물이 수렴 작용이 있어서 불필요한 잉여 체액을 건조시키는 역할을 하겠구나 짐작할 수도 있다. 반면 식물이 즙이 풍부하게 느껴지니까 체액의 생산이나 관절의 윤활 작용을 증진시킬 거라고 짐작할 수도 있다. 또는 점액이 많아 끈적거리는 걸 보니까 이 식물이 점막을 진정시키는 작용을 하겠구나 짐작할 수도 있다.

식물을 얼굴과 목에 문질러보고 부드러운 촉감을 느끼며 감미로운 휴식 상태에 잠시 빠져들 수도 있고, 간지러운 느낌 때문에 일어나

춤을 추게 될 수도 있다. 그 식물을 몸의 특정 부위에 갖다 대고 싶다는 충동이 생길 수도 있다. 한동안 식물을 몸에 대고 있으면서 식물의 파장을 직접 받아들이고자 하는 것이다. 식물과의 관계를 발전시키는 과정에서 그들을 자주 만지는 것은 중요하다. 사람과 마찬가지로 식물도 아끼는 마음으로 부드럽게 어루만져주면 그에 응답을 한다.

후각

후각의 가장 중요한 측면은 그것이 기억을 촉발시킨다는 점이다. 이번 생의 기억뿐만 아니라 선조로부터 핏줄을 타고 내려온 기억들까지 촉발될 수 있다. 어떤 식물의 냄새를 맡았는데 다른 시공간대의 장면이 펼쳐진다면, 그것을 "단지 내 상상일 뿐" 하고 무시하지 말기 바란다. 선조들이 그 식물을 어떻게 사용했는지를 여러분의 유전자를 통해 기억해 내고 있는 것이기 때문이다.

냄새는 기억은 물론이고, 신체적·감정적·정신적·영적 수준에도 깊은 영향을 미칠 수 있다. 아로마 테라피aromatherapy가 이를 활용한 것인데, 이 테라피는 식물에서 얻은 방향유의 냄새를 통해 치유를 한다. 식물에서 강한 냄새가 난다는 건 그 식물에 방향유가 있다는 뜻이며, 더 나아가 의학적 성분을 지니고 있다는 말이다. 그 냄새가 여러분 신체의 어디에 내려앉는가? 그리고 그곳에서 무엇이 느껴지는가? 그 냄새가 어떤 음식이나 장소 혹은 사람을 떠올리게 하는가? 그 식물이 어떤 느낌을 불러일으키는가? 즐거운 느낌인가 아니면 조심해야 한다는 느낌인가? 그 식물이 여러분의 입 속으로 자신을 넣으라고 재촉하는가?

청각

청각의 사용은 무척 심오할 수 있는데, 그 이유는 '큰 귀big ears', 즉 직관을 사용해서 들어야 하기 때문이다. 직관은 추론 과정 없이 일어나는 내면의 앎이다. 우리 모두가 직관 능력을 가지고 있지만, 내면에서 떠들어대는 목소리 때문에 직관이 이야기하는 것을 듣는 데 어려움이 있을 수 있다. 직관의 소리를 들으려면 먼저 마음을 고요하게 만든 다음 의식을 가슴에 두어야 한다. 심장에 감사, 아낌, 판단 없음이라는 긍정의 자극을 주면, 심장의 일관성이 확립되어 직관이 솟아난다. 직관이 여러분의 신체나 에너지 장 내에서 활성화될 수도 있고 통찰력을 일깨울 수도 있다. 모든 수준에 주의를 기울이는 것이 중요하다. 식물과 함께 있다가 갑자기 어떤 멜로디나 음정을 읊조리게 될 수도 있다. 그것을 귀 기울여 듣다 보면 그 식물의 노래를 받게 될 수 있는데, 이것은 말할 것도 없이 '엄청난 약big medicine'이다.

미각

지금까지 식물에 대해 많은 것을 배웠지만, 탐구해야 할 중요한 영역이 아직 하나 더 남아 있다. 바로 식물을 맛보는 것이다. 여기에서 중요한 점은 모든 징후가 긍정적일 때에만 식물을 입 속에 넣으라는 것이다. 입 속에 넣자 따끔거리거나 불타는 듯한 느낌이 든다면 바로 뱉어라. 상식을 활용해라. 하지만 식물이 자신을 죽일 거라는 미신에 너무 현혹되지는 마라. 미국 북동부 지역의 경우, 버섯류를 제외하면 단순히 맛보는 것만으로 해가 되는 식물은 거의 없다. 두 가지 예외가 독당근과 독미나리인데, 이 두 식물을 올바로 식별하는 법을 반드시 배워두기 바란다. 지금 나는 재배되는 식물이 아니라 야생 식물에 관해 이야기하고 있다.

식물을 맛볼 때에는 먼저 작은 조각을 혀끝에 놓고 2~3분 동안 씹어본다. 식물은 일차적 작용과 이차적 작용을 한다. 해당 식물을 충분한 시간을 두고 맛본다면, 일차적 작용을 나타내는 혀끝의 맛과 이차적 작용을 나타내는 혀 뒤편의 맛 모두를 느낄 수 있다. 맛의 미묘한 차이를 인식하는 이런 능력은 계발하는 데 한참이 걸릴 수 있다. 그 이유는 우리의 현대식 식단이 단 것과 짠 것에서 멀리 벗어나는 모험을 감행하지 않기 때문이다. 하지만 맛에는 신맛, 쓴맛, 매운맛 같은 다른 맛도 존재한다.

맛이 달다는 것은 그것이 탄수화물이라는 뜻이며, 탄수화물은 구성하는 단위가 되는 당의 수에 따라 단당류·소당류·다당류로 구분된다. 탄수화물은 인체 내 에너지 저장 및 수송에서 중요한 역할을 한다. 탄수화물은 면역계의 원활한 기능에 중요하며, 성공적인 수태, 피의 응고, 성장에 기여한다. 또한 탄수화물은 췌장과 비장에도 영향을 미친다. 점액은 이눌린 때문에 달콤한 맛을 내는데, 이눌린은 혈당 수준을 안정시키는 데 도움을 준다. 사포닌을 함유하고 있는 식물은 달콤한 것으로 간주되지만, 실제로는 비눗물처럼 미끈거리는 느낌을 준다. 그 주된 의학적 효능은 거담 작용인데, 이는 잉여 점액을 배출시킨다는 뜻이다.

신맛은 구연산이나 옥살산 같은 산이나 탄닌을 나타내는 것으로 수렴 작용을 한다. 수렴 작용이란 조직을 수축시키는 것으로, 이를 통해 잉여 체액이 건조될 수 있다. 이것은 우리가 얼굴을 찌푸릴 때 경험하는 것이기도 하다. 신맛은 보통 요도와 신장에 작용을 미친다고 보는 경우가 많지만, 조직의 염증을 예방하고, 부종을 줄이며, 위산을 증가시켜 신진대사를 통한 몸의 알칼리화 반응을 유발시키는 데에도 효과적일 수 있다.

쓴맛은 많은 사람이 피하고 싶어 하는 맛이지만, 그 맛은 해당 식물이 강장 기능을 가졌을 수 있음을 나타낸다. 강장 기능이란 혈액을 해당 부위로 보내고 세포들의 팽창과 수축을 도와서 조직을 정상 상태로 되돌리는 기능을 말한다. 역사적으로 민들레 잎처럼 쓴맛을 가진 식물은 소화력을 향상시키는 데 이용되어 왔다. 또한 쓴맛이 나는 식물은 간과 쓸개에도 좋다. 많은 식물의 구성 물질에는 쓴맛이 들어 있다. 알칼로이드, 2차 대사 물질,[6] 안트라퀴논은 배변을 촉진시키는 작용을 하며, 청산글리코사이드는 경련을 진정시키는 효능을 가지고 있다. 또 플라보노이드는 루틴(비타민 C 복합체의 일부)과 플라본을 함유하고 있으며, 이소플라본은 에스트로겐과 유사한 작용을 한다.

매운맛은 보통 기운을 북돋고 몸을 따뜻하게 하며 순환계에 영향을 미친다. 매운맛이 강한 것은 방향유 함량과 약성이 높음을 나타낸다. 살균, 소염, 거담, 구풍(경련을 진정시키고 소화관에서 가스를 배출시키는 것) 등이 이 약성의 예이다.

고려해야 할 마지막 맛은 짠맛으로, 이는 그 식물에 영양가 있는 미네랄이 존재함을 나타낸다. 실제로 미네랄을 맛볼 수도 있다. 예를

6_생물의 생육이나 증식과 직접 관계가 없는 대사 물질. 약용 식물의 약리 작용은 주로 이런 물질들 때문인 경우가 많다.—옮긴이.

들어 철분 함량이 높은 것은 이빨에 이상한 느낌이 들게 하고, 분필 맛이 나는 경우에는 칼슘이 있다는 뜻이다.

식물을 맛볼 때 고려할 또 다른 것은 질감 및 입 속에서 느껴지는 감각이다. 점액은 무척 부드럽고 미끈거리는 액체로 진통 작용을 한다. 신체 내에서 접촉하는 모든 점막을 진정, 보호, 치유한다는 뜻이다. 끈적끈적한 질감 때문에 점액은 독소와 폐기물을 흡착해서 몸 밖으로 운반할 수 있다. 따라서 이를 다량으로 먹으면 변비 완화에 도움이 된다. 만약 식물을 씹는 동안 입이 무감각해진다면 대개는 항박테리아나 살균 작용 때문이다. 입이 완전히 말라버린다면 그 식물에 수렴 작용이 있기 때문이다. 또 그 맛에서 어떤 것이 떠오르는지에도 주의를 기울이는 것이 좋다. 이 식물이 과거 여러분이 맛보았던 음식과 같은 비타민이나 미네랄을 가지고 있을 수도 있다.

식물에 대한 여러분의 감각적 인식이 무척 중요한 이유는 그것이 공동 창조의 파트너십을 이루는 데 근본이 되기 때문이다. 이 단계는 여러분이 해당 식물의 개성을 이해하기 시작하면서 서로 잘 맞는 부분이 있는지 없는지 결정할 수 있는 단계이다. 이 만남으로 그 식물에 대한 관심에 불이 붙고, 그보다 더 깊은 수준으로 나아가고 싶은 마음이 들었는가? 식물의 관점에서 보자면, 그 식물은 여러분의 관심에 의해 자극을 받고 여러분이 보내는 에너지를 받아들인다. 이 지점에서 그 식물은 여러분과 에너지를 서로 교환할 것인지 말 것인지를 결정할 수 있는데, 그 결정은 여러분의 진동수가 자신의 것과 얼마나 잘 어울리는지에 달려 있다.

식물과 함께 작업할 때는 의도가 무척이나 중요한데, 그 이유는 식물이 여러분이 얼마나 진실한지 알기 때문이다. 식물과의 소통에서 인간을 가로막는 가장 큰 장애물은 인간이 식물보다 더 위대하다는 믿음이다. 만약 자신의 우월한 지성이 그 식물의 사용법을 말해주리라 생각하면서 관계를 시작한다면, 그리 멀리 나아가지 못할 것이다. 식물은 고도로 지적인 존재로 여러분과 지식을 나눌지 말지를 스스로 결정할 수 있다. 관계를 더욱 발전시켜 공동 창조자로서의 파트너십에 이르는 것은, 여러분과 그 식물이 같은 파장을 타고 싶다는 공통된 바람을 서로에게 표현하느냐 아니냐에 달려 있다.

공동 창조의 파트너십

공동 창조의 파트너십은 서로의 존재를 온전히 껴안으면서, 서로가 자신의 진정한 본성에 따라 살 수 있는 환경을 제공해 주는 것이다. 우리가 식물과 공동 창조 작업을 할 때, 우리는 균형 잡힌 삶을 위해 함께 노력하는 파트너십을 경험할 수 있다. 그리고 일관성을 유지하고자 노력함으로써 최적의 건강 상태를 얻을 수 있다. 공동 창조의 파트너십 수준으로 관계를 발전시키기 위해서는 식물과 효과적으로 소통할 수 있는 능력이 있어야 한다.

식물과의 '소통communication'이라고 할 때는 '친교communing'나 '교감communion'이라는 그 원래의 의미를 가리키는 것으로, 그것은 서로가 하나로 어우러지는 상태로 돌아가는 것coming full circle to common union을 뜻한다. 식물과 소통할 때는 그 언어가 사람들과 소통할 때의 언어와 다르기 때문에 반드시 식물과 사람 모두에게 공통되는 언어를 사용해야 한다. 서로가 하나로 어우러지는 자리나 공통의 기반을 발견해야 하는 것이다. 이렇게 서로가 하나로 어우러지는 자리는 빛, 소리, 숨에서 발견될 수 있으며, 이런 것들이 전달하는 진동수로 인해 감각, 감정, 느낌이 생겨나게 된다. 비록 이런 형태의 언어가 여러분에게 익숙지 않아 보일지라도, 실은 이것이야말로 살아있는 모든 유기체들의 근본적인 소통 방식이며, 우리가 우리의 살아있는 환경과 가장 정확히 정보를 교환하는 방식이다.

일관성coherence에 대한 이해가 있으면 소통이 어떤 식으로 일어나는지를 더 명확히 알 수 있을 것이다. 양자물리학 수준에서, 아원자 파동은 그들이 서로 협력할 때, 즉 그들이 서로 동조synchrony 상태에 들어갈 때 일관성을 보인다. 파동들이 동조 상태에 있게 되면, 그것들은 하나의 큰 파동처럼 기능하기 시작한다. 이는 각각의 악기가 조화 속에 연주되면서 아름다운 교향곡을 만들어내는 오케스트라와 비슷하다. 일관성 속에서 소통이 이루어지는데, 그 이유는 각기 다른 주파수들이 서로에게 자신을 맞추기 때문이다. 프리츠 포프는 식물이 "살아있는 시스템이 보일 수 있는 최고 수준의 양자적 질서 혹은 일관성"을 보여준다는 사실을 밝혀냈다. 식물이 다른 파동들에 맞춰 자신의 진동수를 미세하게 조정할 수 있는 뛰어난 능력을 가지고 있다는 뜻이다.

식물과 효과적으로 소통하기 위해서는 그 식물의 생체 광자와 일관성을 이룬 상태에 들어가겠다는 의도를 가슴에 품고, (마주치는) 파동들로 인해 발생하는 간섭파가 특정 진동수로 공명하도록 허용하여, 우리 몸속에 진동과 관련된 감각이 일어나게 해야 한다. 요컨대 우리 심장의 전자기장이 그 식물의 전자기장과 만나고, 우리는 그 식물의 진동수에 동조되게entrain 된다. 이것이 바로 공명 동조resonance matching

라고 하는 것이다. 이 같은 공명 동조가 빛, 소리, 숨 속에서 일어나 하나의 복합적인 감각을 만들어낸다. 이 감각을 구성하는 각 부분을 따로 떼어내어 생각하기는 어려우며, 동일한 경험에 대한 미묘한 차이들 nuances로 이해하는 편이 더 나을 것이다.

각 식물은 우리가 맞출 수 있는 각각의 진동수를 가지고 있다. 이 진동수 맞추기는 심장을 통해 받아들여지는데, 심장은 이를 뇌로 보낸 후 몸속 어딘가에 '느낀 감각felt sense'으로 등록한다. 이 최초의 감각 느낌feeling sensation은 무척 중요한데, 그 이유는 그것이 우리 몸에서 세포 수준으로 기억되기 때문이다. 우리 세포의 DNA 속에 있는 빛은 이 진동수를 홀로그램 방식으로 받아들인다. 이는 빛, 소리, 감각 느낌을 담은 전체 그림이 한 덩어리로 기록되어 우리가 그 감각 느낌을 떠올리면 실제로 홀로그램 인상 전체를 받아들이게 되기 때문이다.

감각 느낌은 압박감, 열기나 냉기, 부드러움, 확장되는 느낌, 수축되는 느낌, 가려움, 무언가가 터져 나오는 듯한 느낌, 거품이 이는 듯한 느낌 등 많은 형태로 올 수 있다. 여러분이 어떤 감각 느낌을 받을 때는, 그 감각이 무엇인지, 정확히 어떻게 느껴지는지 아주 명확해질 때까지 충분히 시간을 들여라. 잠시 그 감각에서 벗어났다가 다시 되돌아가 보라. 그것이 아직 거기 있는가? 그렇지 않다면 그 식물과 다시 진동수를 맞춘 뒤 느껴보라. 감각 느낌이 같은 식으로 돌아온다면, 이는 여러분이 그 식물의 진동수를 받고 있다는 좋은 신호이다.

이제, 그 감각 느낌을 정확히 묘사해 줄 만한 단어나 이미지를 떠올려보라. 그 감각 느낌을 불러낼 수 있는 손잡이를 찾고자 하는 것이다. 버터처럼 부드럽다는 것이 그 감각 느낌에 대한 손잡이가 될 수도 있지만, 비단처럼 부드럽다는 것이 더 정확한 손잡이가 될 수도 있는 것이다. 감각 느낌과 손잡이 사이를 오가면서, 양자가 정확히 일치되도록 하라. 일단 그 감각 느낌에 대한 손잡이를 확실하게 확보하면 언제라도 그것을 불러낼 수 있다. 그것은 마치 직통 번호로 전화를 거는 것과 같다.

다음으로 그 감각 느낌을 이해하기 위한 질문을 던져보라. 여러분이 홀로그램 형태로 받고 있는 이 진동수에 담겨 있는 의미는 무엇인가? 기쁨이나 슬픔 같은 감정이 느껴질 수도 있고, 내면의 시야vision에 어떤 이미지가 나타날 수도 있으며, 어떤 기억이 불현듯 떠오를 수도 있다. 이런 이미지나 감각이 생생해지면, 그것을 그 식물에게 다시 돌려보내라. 그러면 식물이 '맞다' 혹은 '아니다'라는 진동을 보내 그것을 확증해 줄 것이다. 이는 여러분이 그 감각 느낌에 가장 일치하는 인상들을 구분하고 예민하게 알아차리는 데 도움이 될 것이다.

여러분과 그 식물 사이에 쌍방향으로 소통이 계속 이루어지다 보면, 마침내 둘 다 같은 파장을 타고 같은 진동수로 진동하기 시작하게 되고 조화롭게 공명하게 될 것이다. 이제 여러분은 그 식물 자체를 통해서 지각도 할 수 있는데, 이는 비록 여러분과 식물이 여전히 별개의 존재이기는 하지만 둘의 전자기장이 더 이상 분리되지 않는 수준까지 융합되었기 때문이다.

이런 소통 방식은 원래 유진 젠들린Eugene Gendlin이 사람들이 자신의 진짜 느낌을 알아차리도록 돕는 심리학 도구로 개발한 것이다. 그의 책《포커싱Focusing》에 이러한 과정이 기술되어 있다. 나는 포커싱 기법이 식물과 소통을 시작하는 효과적인 방식 중 하나임을 알게 되었다.(사진 6을 보라.)

어느 해인가 음악가이자 음악 테라피스트인 니나 스피로Nina Spiro
가 우리 수업에 학생으로 참석하는 커다란 행운이 있었다. 그녀는 프
라바다 사운드 힐링Pravada Sound Healing™이라고 하는 자신의 소리 치유
법을 우리에게 소개해 주었다. 그녀는 우리에게 식물 곁에 앉은 다음
그 식물에 대한 반응으로 우리 내면에서 소리나 음이 떠오르는 대로
입 밖으로 내뱉어보라고 했다. 나는 한 식물 곁에 앉아 이렇게 저렇게
음을 내면서 그 식물과 공명할 때까지 음조가 저절로 변하도록 했다.
니나는 이를 프라바다 사운드 브리징Pravada Sound Bridging™이라 부른다.

내가 음을 내는 데 편안해지자 다른 선율들이 들어왔고, 그것들
이 내 몸속에 내려앉는 느낌이 들었다. 시간이 지나면서 전체 멜로디
가 드러나고, 그 멜로디와 함께 다른 감각들, 이미지들, 느낌들이 명확
해졌다. 마치 식물이 그 소리에 응답하여 자신에 관한 3차원 이야기를
내 전자기장 속으로 투사한 것 같았다. 이런 형태의 소통에 식물이 얼
마나 빠르게 응답하는지 나는 깜짝 놀랐다. 그리고 아름다운 멜로디가
나오지 않으면 어쩌나 걱정하는 내 오래된 두려움을 제외하면 내가 즉
각적인 소통을 하지 못하도록 막는 것은 아무것도 없음을 깨달았다.
니나가 지적하듯이 "우리가 소리를 통해서 점점 더 많이 지금 이 순간
에 머물게 될 때, 우리는 몇몇 식물이 이미 우리에게 말을 걸고 있다는
걸 알아차리게 된다."

빛의 측면에서 소통은 차크라의 색깔을 통해서나, 자신의 세포와
식물 세포 간에 일관성 있는 빛의 파동을 창조하겠다는 의식적인 의
도에 의해서 이루어질 수 있다. 이런 종류의 소통은 미묘해 보이지만,

모든 생물 체계에 내재해 있는 것이다. 식물과 함께 앉아서 그것에 완전히 집중하면, 그 식물이 우리를 자신의 진동수에 동조시켜서 정보가 담긴 일관성 있는 빛-파동 패턴들을 우리와 교환하기 시작한다. 문제는 그것을 받아들이는 우리의 능력이다. 우리의 에너지 장이 뒤죽박죽 상태라면, 식물과 공명하여 명확한 정보를 받기 어렵다. 이는 잡음이 많은 곳에서 라디오 채널을 맞추는 것과 비슷하다. 메시지를 듣기 어려운 것이다.

식물과의 관계를 공동 창조의 파트너십으로 발전시키면 이루 헤아릴 수 없는 보상이 뒤따른다. 식물은 기꺼이 우리와 친구가 되고자 하며, 우리의 영적 진화를 돕고 싶어 한다. 식물은 우리와 공생 관계로 묶여 있다는 걸 잘 알고 있으며, 우리를 성숙하는 데 도움이 필요한 어린 동생들로 본다. 그들의 도움을 받아들이면, 그것은 마치 끝없는 사랑의 샘물이 우리에게 폭포수처럼 쏟아지는 것과 같다.

이 놀라운 보살핌의 존재들에게 우리 가슴을 활짝 열 때 우리는 그런 파트너십이 주는 창조, 이해, 감사 속에서 성장해 가게 된다. 우리는 또 살아있는 환경 속에서 우리의 자리가 어디인지 알게 되고, 진정으로 공동 창조의 관계가 되려면 이 파트너십이 꽃필 수 있도록 우리가 받는 만큼 되돌려주어야만 한다는 사실을 깨닫게 된다. 우리는 식물 협력자들의 존재를 날마다 인식하기 시작한다. 그들에게 노래를 불러주고, 만지고, 감사를 표시하고, 선물을 바치고, 관심을 기울이고, 그들의 조언에 따라 행동하며, 늘 아끼고 존중해야 할 연인처럼 그들을 대하게 되는 것이다.

치유 선물 받기

식물이 하는 말을 이해하는 정도까지 그 관계를 발전시키는 것이 중요하기는 하지만, 치유 목적으로 식물 영과 작업하기를 원한다면 그들이 주는 치유 선물을 꼭 받아야 한다. 세계 곳곳의 전통 치유사들은 치유를 일으키는 바로 그것을 여러분 안에 받아들여 협력자로 삼지 않는 한, 근본적인 수준에서 치유가 일어나지 않는다는 것을 알고 있다.

페루 아마존 강 유역의 시피보-코니보 족Shipibo-Conibo 치유사인 기예르모 아레발로Guillermo Arevalo는 이렇게 이야기한다. "그들은 고유한 형태를 갖고 있는 존재들로 사람처럼 얼굴과 몸을 가지고 있을 수도 있다. 식물 영이 그 사람을 받아들이고 그 사람이 의지를 가지고 있다면, 그 식물 영이 그에게 에너지를 준다. 그러면 지식으로 통하는 길이 열리고, 치유가 일어난다." 샤먼들과 함께 많은 작업을 해온 로스 헤븐Ross Heaven은 다음과 같이 이야기한다. "그들은 모든 것이 영이며, 만약 우리가 영에 민감해진다면, 식물의 영이 우리에게 들어와 영향을 미치고, 우리의 에너지를 바꾸며, 치유의 새로운 가능성을 창조할 수 있다고 간단하게 이야기할 것이다."

감각을 통해 식물을 이해하고, 감각 느낌이나 빛과 소리의 진동을 통해 소통하며, 의식적으로 숨을 교환하는 것 등을 통해서 식물과의 관계를 발전시키면, 그 식물에 관한 백일몽을 꾸고 그 식물을 그 자체의 관점에서 아는 과정이 시작된다. 우리는 밤에 그 식물 꿈을 꾸거나, 꿈 여행을 통해 그 식물의 영이 살고 있는 차원을 방문한다. 또한 그 식물의 가슴, 영혼, 영을 알도록 도와주는, 그 식물 고유의 이미지나 감각, 노래를 갖게 된다. 그리고 그 식물이 갖고 있는 신체적·감정적·영적 치유 선물들을 이해하게 된다.

이 과정의 다음 단계는 무척 중요하지만, 많은 치유 관행에서 흔히 누락되고 있다. 바로 최고의 존경심으로 그 식물 영에게 다가가 치유 선물을 달라고 요청하는 것이다. 요구를 하는 것은 간단하지만, 이를 가볍게 생각해서는 안 된다. 식물의 치유 선물을 받는 것은 큰 책임을 수반한다. 왜냐하면 일단 치유 선물을 받고 나면 그것을 사용해야 할 절대적인 책임이 따르기 때문이다. 이는 전 세계 식물 영 치유사들 사이에서 통용되는 행동 규범이다. 일단 치유 선물을 받았다면 반드시 그것을 사용해야 한다는 것이다. 식물의 치유 선물을 사용할 준비가 되어 있지 않다고 느낀다면 부탁하지 마라.

일단 이처럼 깊은 파트너십에 들어서면, 식물은 여러분이 신뢰에 보답할 것을 기대한다. 식물이 여러분에게 어떤 클라이언트를 위해 구체적인 일을 하도록 부탁하거나, 여러분 개인적인 삶의 전환을 위해 의식을 치르라고 부탁하는 경우가 많다. 스티븐 뷰너가 이야기하는 것처럼, "식물이 주는 약의 힘을 보유하려면 여러분이 믿음직스러운 사람이어야 한다. 식물과의 관계에서 여러분이 하는 말을 절대 어겨서는 안 된다. 모든 관계가 그렇듯이, 신뢰는 자신이 한 말을 지키는 데서 자라난다. 여러분이 더 믿음직스러워질수록 식물이 여러분에게 더 많은 것을 이야기할 것이고, 그 결과 여러분은 더 많은 힘과 책임을 갖게 된다."

식물 영이 여러분에게 치유 선물을 줄 때 여러분은 이를 다양한 방식으로 경험할 수 있다. 여러분과 그 식물 사이에서는 거의 언제나 모종의 융합이 일어난다. 식물이 여러분 속에 들어올 수도 있고, 식물 영이 여러분에게 어떤 물건을 줄 수도 있다. 식물 영과 그 치유 선물이 여러분 속에서 살기 시작하면 내적인 전환이 느껴진다. 그 식물과 공명할 수 있는 식물 고유의 표지signature가 여러분 에너지 장의 일부가 되고, 여러분은 이 진동의 각인vibratory imprint을 다른 이들에게 옮길 수 있는 능력을 갖게 된다. 바로 이 식물의 각인에 그 식물의 치유력이 담겨 있다.

그 식물을 직접 준비하거나 그 식물이 물리적으로 곁에 존재하지 않더라도 이런 일이 가능한데, 그것은 그와 같은 각인이 그 식물의 진동수이며, 따라서 비국소적으로(즉 시공간을 가로질러) 경험될 수 있기 때문이다. 이것이야말로 가장 효율적인 형태의 치유이다. 《필드*The Field*》에는 다음과 같은 실험 결과가 보고되고 있다. "이 실험에서 생소했던 단 한 가지는 변화의 원인이 실제로는 약리적인 화학 물질이 아니라 세포의 전자기장 신호들이 담긴 저주파수 파동들이라는 점이었다.…… 이 신호가 화학 물질을 효과적으로 대체할 수 있었는데, 그것은 그 신호가 곧 분자들의 표지이기 때문이다."

내 학생 중 한 사람인 재스민은 이런 이야기를 한다. "제가 발레리안Valerian[7]의 영과 처음 만났을 때 마치 무언가가 제 안으로 들어온 것 같았어요. 좀 이상하고 뭔가에 빙의된 듯한 느낌까지 들었지만, 그래도 괜찮다는 걸 알고 있었죠. 그 진동의 정수는 '아~' 하면서 온몸이 이완되는 것이었어요. 그때 이후 느낌이 달라졌어요. 저에게 걸림돌이 되던 것들의 다른 면을 볼 수 있게 되었고, 그것들 위로 솟아올라서 더 이상

---

[7] 한국의 쥐오줌풀과 비슷하다.—옮긴이.

부정적인 영향을 받지 않게 되었지요. 발레리안의 도움으로 돌파구를 찾았고, 제 삶에서 일어나고 있던 몇 가지 일들의 원인을 알게 되었어요. '아~' 하고 공명할 때의 이완이 '아하' 하는 깨달음의 공명으로 바뀌었고요. 출구를 찾으려면 먼저 이완이 되어 있어야 했던 거죠. 저는 식물 영들과의 관계에서 먼저 제 개인 삶에서 그들을 만나고, 그 뒤에 그들을 다른 이들에게 활용하는 법을 알게 되는 경우가 많아요. 발레리안은 제 첫사랑이자 지금도 제가 가장 좋아하는 식물 중 하나예요."

때로는 말 그대로 어떤 선물이 여러분이나 다른 사람에게 올 수도 있다. 재키의 이야기가 대표적이다. "스콧과 저는 주니퍼Juniper[8]와 가까이 사귀어볼 마음으로 고지대 사막을 기어 올라갔어요. 반시간 넘게 서로 떨어져 앉아 주니퍼에 관한 백일몽에 빠져들었죠. 주니퍼는 저에게 무척 강렬하게 다가왔어요. 눈이 은하수처럼 빛났죠. 다른 나무에게 가보려고 일어서는데 제 발 앞에 부러진 흑요석 도끼머리가 있었어요. 저는 경외심에 사로잡혔고, 그것이 할머니 주니퍼가 제게 주는 선물임에 틀림없다고 생각했지요. 그것이 저를 위한 것이냐고 묻자, 주니퍼는 '아니오'라고 대답했어요. 믿기 어려워서 거듭 물었지만, 매번 같은 답뿐이었죠. 그러자 문득 그것이 스콧을 위한 선물일 거라는 생각이 들었어요. 할머니 주니퍼에게 묻자 '네'라고 대답하더군요. 저는 도끼머리를 주워서 스콧에게 가져갔어요. 그런데 그날은 스콧의 생일이었어요."

8_ 한국에서는 노간주나무가 이와 비슷하다.―옮긴이.

식물 영과의 관계를 유지하기

일단 식물과 공동 창조의 파트너십을 구축했다면 정기적으로 그 관계를 유지해 가는 것이 중요하다. 파트너나 친구와의 관계를 생생하게 유지할 때와 마찬가지로, 그들과 더 자주 시간을 보낼수록 그만큼 더 친숙해지고 관계도 더 깊어질 수 있다. 함께 시간을 보내는 것뿐만 아니라 선물을 바치는 것을 통해서도 식물 영들과 관계를 유지할 수 있다. 치유시 외에는 그들을 모른 체하거나 그들이 주는 것을 받기만 하고 되돌려주는 일을 하지 않는다면, 관계가 생생하게 유지될 수 없다. 선물, 기도, 감사의 말 등으로 식물 영 협력자들에게 자양분을 공급해 호혜적인 관계를 맺어가는 것이 중요하다. 전통적으로 담배, 옥수수 가루, 초콜릿, 옥, 터키옥 구슬, 양초 등이 식물 영을 먹이는 데 사용되어 왔다.

매리 딘 앳우드Mary Dean Atwood는《약초의 영: 미국 토착민의 치유 방식Spirit Herbs: Native American Healing》이라는 책에서 전통적인 미국 토착민 치유사들과 식물 영들 간의 관계를 이렇게 이야기한다. "식물과 식품이 영이나 영혼을 가지고 있으며 그것들이 자신들의 동료 존재인 인간을 축복해 준다고 여겨졌다. 식물의 왕국은 살아있는 에너지와 의식awareness으로 진동했다. 식물 영은 동물 영이나 자연 영만큼이나 강력한 존재로 간주되고 존중받았다. 신성한 약초 의식儀式 중에 보내는 겸손한 요청과 기도가 식물 존재들에게 깊은 인상을 주고 향후의 협력을 보장해 주었다. 전통적인 미국 토착민들은 식물이 느낌과 감정을 가지고 있음을 알고 그들을 조심스럽게 다뤘다. 그들은 식물 영을 기쁘게 하면 이롭게 반응하지만, 모욕하면 치유나 도움을 거부한다고 믿었다."

마야 족 샤먼인 마틴 프렉텔은 우리가 영들을 '먹일feed' 것을 제안하는데, 이는 식물에 접근하는 약간 다른 방식을 보여준다. 우리가 식물 영들을 먹일 때, 우리는 그들이 계속해서 살아있도록 돕고 거꾸로 그들은 우리가 계속 살아있도록 도와준다. 그것은 받은 만큼 돌려주려는 존중의 표시이자, 지구상에서 우리가 계속 살아남기 위한 지상명령이기도 하다. 켈트 족 샤먼 톰 코완Tom Cowan은 다음과 같이 우리를 일깨운다. "만약 우리가 영들의 선의와 도움을 잃는다면, 샤먼으로서(힐러로서) 우리가 지닌 힘을 잃을 뿐만 아니라 인간의 생명 유지에 필수적인 생명력까지 잃게 된다."

9. 식물 영과 함께 자신, 다른 사람, 지구를 치유하기

작년에 내게 엄청난 힘이 되어준 커다란 존재, 화이트파인White Pine[1]에게 주의를 집중하자 호흡이 고요해진다. 내 호흡이 끊임없는 순환 패턴을 통해 깊어지면서 화이트파인과 주고받는 '녹색 호흡greenbreath'이 일어나기 시작한다. 산소를 가득 담은 숨이 내 세포 하나하나에 도달하고 화이트파인까지 이어지는 무지개다리가 우리 둘을 빛의 끈으로 결합시키자, 따끔거리는 느낌이 척추를 타고 올라온다. 햇빛이 비치자 양손에서 진동이 시작되어 내 몸의 다른 부분들로 천천히 퍼져나간다. 화이트파인으로부터 나에게로 햇빛이 옮겨오고 세포들이 숨을 쉰다. 내 세포가 숨을 쉬는 것인가, 아니면 화이트파인의 세포가 숨을 쉬는 것인가? 내가 경험하고 있는 따끔거리는 진동이 광합성 때문임이 불현듯 느껴진다. 화이트파인과 내가 더 이상 분리되어 있지 않기 때문이다. 내가 오르락내리락하는 흐름에 리듬을 맞춰 움직이기 시작하자, 화이트파인의 호흡이 황홀한 생명력의 흐름으로 내 척추를 빠른 속도로 타고 오른다. 나는 온 가슴, 온 마음, 온 몸으로 화이트파인으로 존재하는 이 생생한 경험을 한껏 즐긴다. 녹색 호흡이 사라지고 정상 호흡으로 돌아오자, 화이트파인

1_북미가 원산지인 소나무의 일종. 스트로브잣나무 혹은 스트로브소나무로도 불린다.—옮긴이.

과의 이 친밀한 만남이 안겨준 선물이 이해되기 시작하면서 눈물이 흘러내린다. 협력자 이상의 존재, 내 사랑이여.

―2007년 5월 일기에서

식물 영 치유는 치유 양식이자 삶의 방식이다. 온전히 자기 자신이 될 수 있도록 하고, 자신의 참된 본성에 따라 살면서 자신이 걷도록 되어 있는 길을 따라 걷도록 도와주기 때문이다. 자신의 참 본성을 알고 참 본성대로 산다는 것은 평생에 걸친 여정이 될 수 있다. 앞장에서는 식물이 지구에서 우리가 걷는 여정에 공생 관계로 동참하고 있음을 살펴보았다. 식물이 없다면 우리는 여기 존재하지 못할 것이다. 식물은 우리의 여정 내내 우리를 인도하고 치유하고 도와주는, 삶의 동반자이다.

식물 영을 개인적인 가이드로 삼기

영적 생활을 하는 대부분의 사람에게는 각자가 의지하는 나름의 가이드가 있다. 천주교의 성인, 힌두교의 데바deva, 기독교의 천사 등 종교마다 도움을 주는 힘force들이 있다. 북미 토착민 전통에서는 동물 영 가이드가 도움을 주는 존재이다. 여러분에게 도움을 주는 영 가이드는 그 안내나 도움의 성격에 상관없이 여러분이 항상 이용할 수 있는 가이드이다. 식물의 영은 이런 식의 개인적인 가이드나 조력자 역할을 할 수 있다.

식물 영 가이드는 꿈을 통해서 여러분에게 올 수도 있고, 여러분이 어떤 식물에게서 치유를 받은 후 그 식물이 여러분의 개인적인 가이드가 되는 경우도 있다. 또 개인적인 식물 영 가이드가 자신 앞에 나타나 달라고 여러분이 직접 요청할 수도 있다. 물리적으로든 다른 식으로든 자신의 여정에 나타나는 식물에 주의를 기울여라. 어떤 식물을 세 번 마주칠 경우 그 식물이 자신이 찾고 있는 존재임을 기억하기 바란다.

모든 식물 조력자들에게 주의를 기울이는 것이 중요하지만, 특히 자신의 개인적인 식물 영 가이드에게는 더욱 신경을 써야 한다. 관심을 기울이는 방법 중 하나가, 매일 하는 기도 속에 자신의 가이드를 포함시켜서 그가 자신의 삶 속에 함께하는 것에 감사하는 것이다. 이런 가이드는 여러분이 치유를 위해 접하게 되는 다른 식물 협력자들에 대해 알려줄 수도 있고, 개인적인 결정과 관련해 방향을 제시해 줄 수도 있으며, 건강 문제에 도움을 줄 수도 있다. 개인적인 가이드는 또한 여러분이 궁극적으로는 모든 생명 속에 존재하는 성스러움the holy 혹은 신성함the sacredness에 봉사하고 있음을 상기시켜 줌으로써, 여러분의 의도와 겸손의 문제에 대해서도 도움을 줄 수 있다.

나아가 식물 영 가이드는 여러분으로 하여금 식물 영 협력자들 전체와의 관계를 알아차리고 또 유지하기 위해 무엇이 필요한지를 명확히 알도록 도와줄 수도 있다. 여기에는 식물 영들을 위해서 어떤 의식儀式을 행할 필요가 있는지에 대한 정보도 포함된다. 이런 의식은 여러분의 식물 영 협력자들에게 힘을 북돋아주는 수단으로 쓸 수도 있고, 특정 유형의 치유에 사용할 수도 있다. 예를 들어 어떤 사람의 치유를 위해 한증 천막sweat lodge[2]이 필요할 수도 있다. 이 경우 특정 식물들을 한증 천막 속으로 가져가 달군 돌 위에 올려놓는 일이 필요할 수도 있고,

여러분이 한증 천막 안에 있는 동안 몇몇 식물 영이 나타날 수도 있다.

개인적인 가이드가 둘 이상일 수도 있고, 시간이 지나면서 가이드가 바뀔 수도 있다. 내 최초의 식물 협력자는 쐐기풀이었다. 나는 쐐기풀을 꼬아서 목걸이를 만들고 어디에 가든지 이 목걸이를 찼다. 그녀로부터 떨어지고 싶지 않았기 때문이다. 내가 하는 모든 일에 그녀가 함께하기를 바랐다. 어려운 결정을 해야 할 때면 손을 목걸이 위에 올려놓고 결정을 내릴 수 있는 힘을 주고 안내를 해달라고 기도했다. 지금은 약초 주머니를 가지고 다닐 때가 많다. 이 주머니를 호주머니 속에 넣을 때도 있고 목에 걸 때도 있다. 주머니 안에는 내 개인적인 식물 영 가이드인 식물이 한 조각 들어 있다. 나는 또 나에게 도움을 줄 수 있는 다른 것들도 이 주머니 속에 넣어 다닌다. 예를 들어 오행의 각 원소들을 대신하여 공기 대신 깃털 하나, 흙 대신 돌 하나, 물 대신 조개껍질 하나, 불 대신 번개 맞은 나무 한 조각을 넣어 다닌다.

내가 버몬트의 지금 살고 있는 곳으로 이사 왔을 때 정원에서 나무 몇 그루를 베어낼 필요가 있었다. 아주 큰 화이트파인 한 그루가 정원 위쪽을 굽어보며 서 있었는데 나는 이 나무를 베어내려고 했다. 나무 베는 일을 도와주던 친구 브라이언이 이 나무를 베지 말라고 말렸다. 이 나무가 그대로 남아 있고 싶어 한다는 느낌이 강하게 들었다는 것이다. 이 나무는 정원의 서쪽 끝에서 멀리까지 가지를 뻗고 있어서 마치 서쪽 방향 차원으로 통하는 출입구를 껴안고 있는 것 같았다. 내가 이 땅에 뿌리를 내리고 식물 존재들과 물, 산에 대해 알아가기 시작

---

2 북미 인디언의 전통적인 정화 의식 중 하나이다. 10장에 자세한 설명이 나온다.―옮긴이.

하면서 이 화이트파인의 존재감은 커졌다.

어느 이른 봄날의 일이다. 파종하기 위해 정원을 손질하고 있을 때 강한 바람이 일었다. 마치 어떤 손이 나를 가볍게 어루만지는 것처럼 내 뺨에 부드러운 손길이 느껴졌다. 강한 상록수 냄새가 콧구멍 속으로 흘러들어 오는데 오직 소나무만이 풍길 수 있는 신선함이 전해졌다. 화이트파인의 가지들 사이로 공기가 움직이는 소리와 함께 "부디 나를 잊지 말아줘요" 하는 속삭임이 들릴 듯 말듯 바람에 실려 왔다. 나는 미풍에 실려 오는 이 말들을 무시한 채 정원 일을 계속했다. 그러자 마치 누군가 슬피 우는 것처럼 애절한 울음소리가 들렸다. 나는 곧 울음소리에 주의를 기울였다. 하던 일을 멈추고 일어서서 주위를 둘러보았다. 시선이 화이트파인에 가 닿는 순간 그 비통함, 조금 전 바람 속의 흐느낌 속에 녹아 있는 비통함에 압도되고 말았다.

화이트파인 앞에 서자 눈물이 뺨을 타고 흘러내리기 시작했다. 내 슬픔의 원천을 깨닫게 된 것이다. 화이트파인에게로 가슴이 열리자 감정이 홍수처럼 흘러들어 왔다. 내가 관심을 제대로 기울이지 않은 것 때문에 화이트파인이 겪고 있는 고통과 내가 예전에 베어버리려고 마음먹었던 의도의 여파로 인한 그녀의 고통이 느껴졌다. 나무들 중 가장 위엄 있는 이 나무를 베어버리겠다는 생각을 도대체 내가 어떻게 할 수 있었을까? 나는 화이트파인을 꺼안고 용서를 빌며 울었다. 그러자 미풍에 실려 "부디 나를 잊지 말아줘요"라는 속삭임이 들렸다. 그날 나는 다시는 화이트파인을 잊지 않겠으며, 그녀를 내 가장 좋은 친구 중 하나로 대접하고 그녀가 나에게 나눠주고자 하는 것에 세심한 주의를 기울이겠다고 맹세했다.

그날 이후 나는 화이트파인으로부터 너무나 엄청난 지원을 받았고, 그녀는 내 개인적인 성장에 있어 가장 가까운 협력자 중 하나가 되었다. 나에게 그녀는 힘을 북돋아주는 등대와 같다. 나의 길, 즉 녹색 존재들의 대변인 역할을 하는 것이 나의 길임을 끊임없이 일깨워주고 있는 것이다. 심지어 오늘 내가 글을 쓰며 앉아 있는 동안에도, 이 일이 너무 버겁다고 느껴지는 순간마다 화이트파인은 계속 글을 써나갈 수 있는 힘을 나에게 주고 있다.

오늘 아침 나는 화이트파인에게 걸어가서 그녀로부터 축복을 받은 다른 이들을 떠올렸다. 솔잎으로 덮인 부드러운 땅 위에는 지난여름 샬롯이 비전 여행vision journey[3]을 할 때 남긴 기도 화살이 놓여 있었다. 샬롯이 기도하며 비전을 요청했을 때 화이트파인이 얼마나 부드럽게 그녀를 안아주었는지 기억났다. 그리고 화이트파인을 꿈에서 본 사라도 있다. 사라는 화이트파인의 높다란 가지 위에 큰 새처럼 앉아 있으면서 삶에 대한 새로운 관점을 얻었다.

오늘 아침 화이트파인은 나에게 자신의 가지들 아래로 평화와 평정의 비전을 보여주었다. 화이트파인 바로 밑, 큰 가지들 때문에 관목들이 자라지 않아 사랑스러운 제단祭壇을 마련해서 아름다운 명상 장소로 쓰는 곳이 눈에 들어온 것이다. 필요한 사람은 누구나 이곳에 와 앉아서 화이트파인으로부터 힘과 안내를 받을 수 있을 터였다. 이는 식물이나 나무가 나에게 어떤 행동을 취해야 할지 분명하게 가르쳐준 경우 중 하나이다.

---

[3]_자연 속에서 개인적인 비전을 찾는 북미 인디언의 전통. 10장에 자세한 내용이 나온다.─옮긴이.

분명한 것은 화이트파인의 임무 중 하나가 나와 스위트워터 생츄어리를 방문하는 사람들에게 조용한 반추의 공간과 함께 안내의 가르침을 제공하는 것이라는 점이다. 화이트파인이 나에게 부탁한 일을 이행하는 것은 이제 내 책임이다. 내가 그녀의 바람을 이행할 때 신뢰는 두터워지고 우리의 관계는 깊어진다. 화이트파인을 베어선 안 된다는 것을 안 브라이언에게 감사한다. 또한 화이트파인에게도, 나에게 먼저 다가와 준 점과, 이렇게 위대한 '현명한 존재'를 내 개인적 협력자로 삼는 축복을 안겨준 데 감사드린다.(사진 7을 보라.)

식물 영과 함께 다른 사람을 치유하기

자기 자신의 개인적인 배움과 치유를 위해 식물 영과 함께 작업할 수도 있지만, 다른 사람의 치유에 식물 영이 참여해 줄 것을 요청할 때에는 치유 과정에 특별한 형태의 활력이 더해진다. 식물은 공동체적인 존재로 공동체 전체에 봉사하기 위해 여기 있다. 따라서 자신의 개인적인 필요를 넘어 다른 사람들의 필요를 다루기 시작할 때, 우리는 공동체의 힐러로서 식물 영이 자신의 삶의 목적을 충족할 수 있도록 돕게 된다.

내가 식물 영에게 치유 작업 때 도움을 달라고 요청할 경우 세 방향으로 상호 작용의 선이 생기게 된다. 즉 '나-식물 영' '식물 영-클라이언트' '클라이언트-나' 사이에 각각 선이 만들어지는 것이다. 이런 구도를 통해 무척 견고한 삼각형이 만들어진다. 여기에는 한 가지 핵심 요소가 포함되는데, 그것은 바로 요청asking이다. 요청은 의도를 분명하게 하는 데 도움이 되는데, 이는 모든 치유 작업에서 중요한 측면의 하나이다. 이렇게 도움을 요청함으로써(내가 식물 영에게, 그리고 클라이언트가 나에게), 우리는 자연의 기본 원리 중 하나를 지지하게 된다. 그것은 바로 상호 연결적·상호 의존적 관계라는 원리이다. 우리가 모든 일을 혼자 하려고 애쓸 경우 제대로 해내지 못하는 것이 보통이다. 자연이 그렇게 설계되어 있지 않기 때문이다. 자연 속의 모든 것은 상호 의존적이다. 즉 아무것도 홀로 서 있지 않은 것이다.

내 수업에 참석했던 한 젊은 여성은 이런 치유가 영웅적인 방식의 치유 같다고 했다. 그녀는 치유와 관련된 영웅적 전통에 대해 이야기한 것이었는데, 영웅적 전통에서는 시술자가 대상자를 어떻게 치유해야 할지 알고 있고, 자신이 제시하는 규칙과 규정을 아무 의문 없이 수용할 것을 요구한다. 하지만 진실은 식물 영이 치유를 하는 것이지 시술자가 치유를 하는 것이 아니라는 것이다. 시술자는 식물 영의 치유 선물을 전달하는 매개체 역할을 하는 사람이다. 치유를 받는 사람이 자신의 참된 본성에 따라 사는 데 필요한 것과 자신이 걷도록 되어 있는 길을 걷는 데 필요한 모든 것을 채워주는 것은 식물 영이다. 시술자가 지휘자 역할을 할 수는 있다. 예를 들어 식물 영에게 에너지가 막혀 있는 특정 위치에 가줄 것을 요청할 수 있다. 하지만 치유 작업을 수행하는 것은 어디까지나 식물 영이다. 식물 영 치유는 완벽함이나 완벽한 건강을 얻는 것에 관한 것이 아니라, 온전히 자기 자신이 되는 것에 관한 것이다. 자기 자신이 되는 데 도움이 되지 않는 것은 모두 떨어져나간다.

오래 전 내 클라이언트이자 학생 중 한 명이었던 여성은 수업 시간중에 잔디밭에 누워 있곤 했다. 당시 극심한 라임병Lyme disease[4] 때문에 건강이 무척 나빴기 때문이다. 식물 영 치유를 약 1년 동안 받고 난 뒤 그녀가 내게 이렇게 말했다. "라임병이 기적적으로 사라지는 일 같은 건 없어요. 내가 차지하는 공간이 늘어나 라임병이 차지하고 있을 공간이 사라진 것뿐이에요." 식물 영들은 그녀의 허리가 그녀 자신과 균형을 이루도록 작업하고 있었다.

이를 과학적인 용어로 말한다면, 식물 영에서 방사된 광자가 공명을 통해 그녀 세포들에 일관성을 가져다줌으로써 세포들을 항상성 homeostasis[5] 상태로 되돌린 것이라고 할 수 있다. 이 특별한 현상은 '광자 흡입photon sucking'이라 불리는데, 린 맥타가트의《필드》에는 이에 대해 다음과 같이 기술되어 있다. "파동 공명wave resonance은 단순히 몸 내부의 의사소통에만 사용되는 것이 아니라 살아있는 것들 간의 의사소통에도 사용된다. 두 건강한 존재가 광자를 서로 교환하는 것을 통해 그(프리츠 포프를 가리킴)가 '광자 흡입'이라 명명한 것에 참여하고 있었다." 더 나아가서 프리츠 포프는 사람이 식물 등 다른 살아있는 것들로부터 광자를 받아들일 수 있으며, 이 빛(광자)을 뒤틀린 자신의 빛을 바로잡는 데 사용할 수 있음을 보여주었다.

이런 점에서 식물 영 치유는 특별한 요소를 가지고 있다. 우리가 식물 영으로부터 치유 선물을 받을 때 우리가 받는 것 중 하나는 그 식물 영의 공명이다. 식물 영이 장소에 상관없이 작용하기 때문에, 우리는 이 공명을 언제 어디서나 불러낼 수 있고 이를 치유를 필요로 하는

4_진드기가 옮기는 세균으로 인한 감염 질환. 조기에 치료하지 않으면 만성 질환이 될 수 있다. 이에 관해서는 스티븐 해로드 뷰너가《라임병 치유Healing Lyme: Natural Healing and Prevention of Lyme Borreliosis and Its Coinfections》라는 책을 써서 좋은 평가를 받고 있다.—옮긴이.
5_생물체가 내·외적 환경 변화에 적응하여 정상 상태를 유지하는 것.—옮긴이.

사람에게 전해줄 수 있다. 해당 식물이 물리적으로 존재하고 있어야 할 필요는 없다. 필요한 것은 그 식물 자체가 가진 고유한 빛을 느끼고 그에 대한 감각이나 공명을 다른 사람에게 전달하는 공동 창조의 파트너십에 참여하는 것뿐이다.

내 학생들이 식물 영 치유 시술에 확신을 갖는 과정에서 부딪치는 가장 큰 난관은 자신의 직관을 신뢰하는 법을 익히는 것이다. "그냥 제 상상일 수도 있잖아요"라는 이야기를 얼마나 많이 들었는지 모른다. 그러면 나는 "상상은 어디에서 나오나요?"라고 그들에게 되묻는다. 만일 우리가 상상할 수 없다면 꿈을 꿀 수도 없고, 꿈을 꿀 수 없다면 우리는 그냥 3차원적 존재로 머물 뿐이다. 상상에 대해서 이야기할 때 우리는 공상이 아니라 창조력을 이야기하고 있는 것이다.

우리의 창조력은 머리 대신 가슴이 다스리도록 허용할 때 나온다. 부분들이 아니라 전체를 홀로그램적으로 인식할 수 있는 것은 우리의 심장이기 때문이다. 일관된 상태에 있을 때 심장은 어떤 식물의 전체 모습을 받아들일 수 있다. 여기에는 그 식물의 빛, 소리, 감각 등 물리적 특징부터 영적 본질에 이르기까지 모든 것이 포함되며, 이 전체가 그림 같은 장면, 이야기, 느낌, 혹은 이 세 가지 모두의 형태로 올 수 있다. 이는 우리가 만들어내는 공상이 아니고, 심장이 해당 식물로부터 시공간을 가로질러 받은 인상들이다.[6]

우리는 그 식물과 소통중에 있다. 다시 말해 하나로 결합된 상태 common union에 있는 것이다. 따라서 이 경험을 신뢰하고, 그것이 우리

6_이에 관한 자세한 내용은 스티븐 뷰너의 《식물의 비밀스러운 가르침》을 참조하라.—옮긴이.

자신의 것이지 다른 사람의 것이 아니라는 점을 깨달아야 한다. 우리는 그 경험의 창조자author이며, 바로 그 점이 우리를 그 경험에 대한 권위 자authority로 만들어준다. 자신과 식물의 영을 신뢰하는 것은 여러분이 시술자로서 자기 자신에게 줄 수 있는 가장 큰 선물이다.

식물의 치유 선물을 다른 사람에게 전하는 방식은 많다. 그 식물 영의 노래를 부르거나 읊조릴 수도 있고, 색깔을 통해 빛의 공명을 전달할 수도 있으며, 그 식물 영과 공명하는 감각 느낌이 여러분의 손을 통해서 흘러가도록 허용할 수도 있다. 식물 영과 이런 식으로 함께 작업하는 것은 그 식물 영이 여러분에게 다른 사람의 균형을 회복시키는 법과 관련된 구체적인 가르침을 주었을 때 가능하다.

중국의 오행(5원소) 치유나 차크라 시스템 같은 다른 치유 양식들로 작업하는 것도 가능하다. 식물 영은 무척 다차원적인 존재이기 때문에 사람의 균형을 회복시키는 데 여러 가지 접근법을 활용할 수 있다. 예컨대 식물 영의 치유 선물이 오행 중 하나의 균형을 회복하는 것이 될 수도 있고, 어떤 차크라를 정화하는 데 도움을 주는 것일 수도 있다. 식물 영과 함께 작업할 때 활용할 수 있는 치유 양식들에 대해서는 11 장에 자세히 설명되어 있다. 이런 치유 양식들로 작업하는 것과 관련해서 명심해야 할 점은, 치유 양식 자체가 식물 영 치유는 아니며 식물 영을 활용하기 위한 하나의 틀일 뿐이라는 것이다. 식물 영 치유는 기본적으로 식물, 식물과 여러분의 관계, 그리고 식물의 치유 선물을 다른 이들에게 전해줄 수 있는 여러분의 능력에 관한 것이다.

내 학생인 아스타리아는 자신이 식물의 영을 어떻게 전해주고 그 식물 영이 그녀의 클라이언트에게 어떻게 나타났는지 다음과 같이 이야기한다. "저는 두 번째 차크라 여는 것을 도와달라고 금잔화[7]의 영에게 부탁했어요. 금잔화의 치유 선물은 물이라는 상징으로 저에게 나타났어요. 실제로 금잔화가 폭포수처럼 떨어지는 물그릇이 보였지요. 저는 주황색 물이 제 클라이언트의 단전 에너지 센터로 힘차게 흘러들어가는 모습을 마음속에 그렸어요. 그렇게 하는 사이 무당벌레들이 보였고, 제가 모르는 노래 하나가 들렸어요. 저는 제 클라이언트에게 무당벌레나 무당벌레 노래가 자신에게 혹시 어떤 의미가 있는지 물었어요. 그녀는 자신이 어릴 적에 '무당벌레야, 무당벌레야 집으로 날아가거라. 너희 집이 불타서 애들이 모두 사라졌단다'라는 동요를 부르곤 했다고 했어요. 다음날 그녀는 창문에서 주황색 무당벌레 한 마리를 봤어요. 그녀는 무당벌레 스티커들을 사서 자신의 두 번째 차크라에 붙였지요. 온갖 곳에서 무당벌레 약藥이 오기 시작했어요. 사람들이 그냥 우연히 그녀에게 무당벌레와 관련된 것들을 주기 시작한 겁니다."

이 이야기는 아스타리아가 금잔화의 영을 어떻게 다른 사람에게 전해주었는지, 또 어떻게 금잔화의 영이 무당벌레 이미지를 통해서 그녀의 클라이언트 속에 살기 시작했는지 보여준다. 아스타리아는 자신이 금잔화로부터 받은 이미지를 믿고 그것을 자신의 클라이언트와 나누었으며, 클라이언트는 그것이 무엇에 관한 것인지 알 수 있었다. 그 치유 시술이 끝난 뒤에도 금잔화의 영은 계속해서 그녀 클라이언트에게 나타나 작업을 진행했다.

7_13장에 금잔화에 대한 자세한 설명이 나온다.—옮긴이.

지구 차원의 치유

'위대한 치유Great Healing'의 시기가 우리에게 다가오고 있으며, 이는 성경의 묵시록부터 고대 호피 족이나 마야 인들의 이야기에 이르기까지 많은 예언을 통해서 이미 암시된 바 있다. 이 모두가 정화淨化의 시기가 있을 것이며 그 후에 새로운 세계가 꽃필 것이라고 이야기하고 있다. 호피 족은 이 새로운 세계를 '다섯 번째 세계Fifth World'라 부르고, 나바호 족은 '다섯 번째 고리Fifth Hoop'라고 부른다.

'위대한 치유'의 시기에는 거대한 패러다임의 전환이 일어날 것이다. 리처드 보일런Richard Boylan이 라코타 족 주최로 콜로라도에서 열린 '스타 비전 컨퍼런스Star Visions Conference'에서 발표한 보고서에 따르면, "다섯 번째 세계는 협동, 공격성 없음, 포용, 경쟁하지 않음, 지배 대신 봉사함, 기술과 초자연적·영적 능력을 동시에 사용함, 자연의 방식들과 의식적으로 조화를 이루고 살아감 등의 여성적인 길로 특징지어진다." 자연의 방식들과 의식적으로 조화를 이루는 삶으로 나아가는 이 움직임이 바로 식물 영 치유가 이루고자 하는 것이다.

식물 영 치유는 사람들이 자신의 참된 본성에 따라, 즉 자연과 조화를 이루며 살아갈 수 있도록 도와준다. 지구를 뒤덮고 있고 지극히 민감한 지성을 가지고 있으며 모든 수준에서 치유할 수 있는 능력을 지니고 있는 식물이야말로 이 커다란 전환의 시기에 대규모 치유가 일어나도록 할 수 있다. 실제로 식물은 본질적으로 영적인 성격을 지닌 이 거대한 진화 과정을 촉진시키는 역할을 하고 있다. 2장에서 설명한 바와 같이 진화에 있어 식물은 항상 인간을 앞에서 끌어왔다.

호피 족 예언에서는 이를 이렇게 이야기한다, "다섯 번째 세계의 등장은 이미 시작되었다. 이는 작은 민족, 부족, 소수 인종에 속하는 보잘것없는 사람들이 만들어나간다. 지구 자체에서 그 징후를 읽을 수 있다. 이전 세계의 식물들이 씨앗으로 나타나고 있다. 같은 종류의 씨앗들이 하늘에 별로 심어지고 있다. 같은 종류의 씨앗들이 우리 가슴에 심어지고 있다. 그 모두가 동일한 것이다." 이는 은유가 아니다. 이 예언에서 이야기하는 씨앗들은 실제로 존재하는 영적 식물의 씨앗들로, 이 식물들이 지구에 새로운 삶의 방식을 가져올 것이다. 그것은 평화의 씨앗, 조화의 씨앗, 그리고 지속 가능한 방식으로 자연 법칙에 따라 살아가는 삶의 씨앗이다.

2장에서 이야기했던, 우리 집 옆 숲에 갑자기 나타난 난초를 떠올려보라. 이 난초는 다섯 번째 세계로 우리가 옮겨가는 것을 돕는 식물영 중 하나이다. 이 난초는 사람들의 영적 진화에 도움을 줄 뿐만 아니라 지구가 새로운 세계로 변화하는 데에도 기여한다. 이 작은 난초가 나에게 그리고 이 작은 곳에 왔다는 사실이 미래에 대한 희망과 용기를 준다. 나는 이 난초가 온 이유를, 우리의 의도와 기도가 몹시 강력했기 때문이라고 느낀다. 우리는 지구, 녹색 존재들, 물에 헌신하고 있으며, 이들을 친지처럼 대접하고, 가이드로 의지하며, 의식儀式과 정성스런 마음으로 늘 이들에게 보답한다. 우리의 헌신은 우리가 머물고 있는 이 땅에 한정되지 않는다. 우리는 우리가 가는 모든 곳에서 지구와 녹색 존재들의 대변인 역할을 한다. 나는 이 난초로 플라워 에센스를 만들어서 다른 곳에 갈 때마다 가지고 가서 그곳의 대지에 뿌려준다. 내가 지구를 치유한다는 것은 주제 넘는 생각이겠지만, 나는 이 난초가 그런 힘을 가지고 있다고 정말로 믿고 있다.

우리에게 다가오고 있는 '위대한 치유'의 시기에는 지구와 지구에 속한 모든 존재들의 치유가 일어날 것이다. 우리는 식물 영들과 함께 우리 자신 및 다른 이들을 치유함으로써 그 같은 치유가 일어나도록 도울 수 있다. 우리가 우리의 참된 본성과 하나가 될 때 의식의 전환이 일어나고 자연과 조화를 이룬다. 이러한 조화의 상태에서는 지구를 한갓 상품으로 간주하는, 지속 불가능한 삶이 존재할 여지가 없다. 심층생태론자 존 시드John Seed는 "우리에게 필요한 변화는 방사능에 대한 새로운 저항 같은 것이 아니라 의식의 변화이다"라고 말한다. 결국 우리 자신을 치유하는 것이 지구를 치유하는 것이다.

10. 개인적인 힘 기르기

1월의 청명한 저녁, 해가 지면서 늑대 달Wolf moon[1]이 떠오른다. 빨간 빛, 주황 빛 물결들이 서쪽 하늘을 물들이는 동안, 태양 빛에 반사된 황금 가운을 입고 보름달이 동쪽 지평선 위로 조금씩 솟아오른다. 태양과 달이 연출해 내는, 이 얼마나 아름다운 장관인가! 하나가 사라지는 사이 다른 하나가 대담하게 전모를 과시하며 들어선다. 태양의 높다란 자리를 이어받아, 밤의 여왕이 밤하늘을 가로지르며 극적인 춤을 시작한다. 하늘 높이 올라가면서 그녀의 의상은 양식 진주를 연상시키는 크림 빛으로 바뀐다. 이렇게 달빛을 흠뻑 받으며 월광욕을 하고 있자, 미묘한 광선들이 내 몸의 에너지 장들을 통과해 살과 조직 속으로, 그리고 더 깊은 곳의 기관들과 세포핵에까지 흘러들어 가, 부조화 진동들을 조화로운 항상성의 상태로 되돌리는 것이 느껴진다. 달빛을 직접 쐬는 것이 부족해 우리의 리듬이 교란되고, 이로 인해 온갖 건강 문제가 발생한다는 이야기도 있다. 그 밝은 빛에 시선을 고정시키고 부드러운 파동에 내 몸의 리듬을 내맡기자, 나의 경계가 점점 더 확장되고 내 몸의 그릇에는 창조력이 들어

1_1월의 보름달을 가리키는 북미 인디언식 표현. 1월에 배고픈 늑대가 달을 보고 울부짖는 데서 유래했다고 한다.—옮긴이.

찰 공간이 더욱 커진다. 나는 양팔을 활짝 편 채 그녀의 이름을 부른다. 셀레네Selene, 아르테미스Artemis, 다이아나Diana.[2] 모두 그녀를 기려서 이름 붙인 여신들이다. 나의 의지에 의해서가 아니라 어떤 거대한 자기력磁氣力으로 인해 한 바퀴 빙글 돌고나자, 태양을 움직이는 그녀의 마법적인 힘이 이해되기 시작한다.

—2007년 1월 일기에서

식물은 근원 에너지에 직접 연결될 수 있으며, 치유를 불러일으키는 것은 바로 이 에너지이다. 이 근원 에너지는 아주 강력하기 때문에 그 크기와 역동성을 감당할 수 있는 그릇을 필요로 한다. 우리는 몸이라는 그릇에서 잡동사니들을 치워낼 필요가 있고, 우리가 식물 영들과 함께 작업할 때 흐르게 될 엄청난 영적 에너지를 감당할 수 있는 역량을 확보할 필요가 있다. 운동, 호흡, 신체 단련과 더불어 좋은 유기농 식품을 먹고 순수한 물을 마시는 것 등으로 몸 그릇을 강화할 수 있다. 또 낡아빠진 신념, 오래된 패턴, 부정적인 사고, 근거 없는 두려움을 비움으로써 식물 영의 치유 선물이 살 수 있는 공간을 확보할 수 있다.

매일 아침의 간단한 명상은 생각을 가라앉혀 식물의 목소리가 들릴 수 있도록 하는 방법 중 하나이다. 결코 많은 시간이 필요하지는 않지만, 최소한 고요함을 얻을 수 있을 정도는 되어야 한다. 생각이 일어나면, 연못에 조약돌이 떨어졌을 때처럼 파문이 사라질 때까지 계속 퍼

---

2 셀레네와 아르테미스는 그리스 신화 속 달의 여신이고, 다이아나는 로마 신화 속 달의 여신이다.—옮긴이.

지도록 내버려두라. 연못의 물이 자연스럽게 고요해지도록 하라. 고요함이 어느 정도 확보되고 나면, 식물 영 협력자들에게 나누고 싶은 가르침들을 달라고 요청할 수 있다.

밤 산책

내가 학생들과 하는 활동 가운데 하나가 밤 산책이다. 많은 사람이 어둠을 두려워하기 때문에 이는 자기 안의 두려움들을 대면할 수 있는 좋은 방법이다. 밤 산책을 하기에 가장 좋은 때는 빛이 전혀 없는 그믐이다. 우리는 숲 속을 걸어가면서 야행성 동물들이 내는 소리나 앞사람의 발길에 잔가지가 밟히는 소리를 주의 깊게 듣는다. 자신의 에너지 체를 확장시켜 나무나 가지들이 앞을 막아서는 것을 느낄 수 있도록 한다. 우리는 천천히 주의 깊게 걷는다. 발아래에 무엇이 있는지 인식하며 한 발 한 발 내딛는다.

밤의 어둠에 눈이 익숙해지면, 눈에서 힘을 빼고 부드럽게 응시하면서 나무에서 나오는 빛, 즉 나무의 오라를 인식해 보게 한다. 우리는 숲 바닥에서 풍겨오는 풍부한 부엽토 냄새를 맡는다. 이 길을 지나간 동물의 냄새도 미세하게나마 함께 맡을 수 있다. 갑자기 무언가 부러지는 소리가 크게 들리고, 우리는 길을 멈춘 채 온몸으로 소리를 듣는다. 두려움의 파도가 높게 몰아치고, 우리는 그 다음에 어떤 일이 벌어질지 살핀다. 야생 동물이 우리를 잡아먹으려는 것이 확실해! 우리가 야생 동물을 무서워하는 것보다 야생 동물이 우리를 더 무서워한다는 것을 깨닫고 나자, 호흡이 편안해지며 두려움이 잦아든다. 우리는 계속 걸어서 쓰러진 통나무가 있는 곳에 도착한다. 통나무에 잠시 앉아 있는 사이 이 어두운 장소, 미지의 장소가 좀 더 편안해진다.

이 같은 어둠 속의 산책은 개인적인 힘을 기르는 좋은 방법이다. 미지의 장소 혹은 보이지 않아서 어딘지 알 수 없는 곳에서 방향을 잡는 데 도움을 주기 때문이다. 식물 영 치유 작업을 하는 동안 미지의 장소에 있다는 느낌이나 꽤 낯선 것에 맞닥뜨렸다는 느낌이 들 때가 많을 것이다. 두려움에 사로잡힌 채 어떻게 해야 할지 몰라 당황하지 말고, 숨을 깊게 쉬고 그 장소에서 나는 소리를 들어라. 여러분이 요청하는 즉시 식물 영 가이드들이 도움을 주려고 나타날 것임을 알고, 에너지 장을 확장시켜 그곳을 에워싼 모든 것을 계속 감지해 보도록 하라.

몇 년 전 내 수업에 참석한 한 젊은 여성은 밤 산책을 맨발로 하겠다고 고집을 부렸다. 처음에는 그녀가 다칠까봐 말리려 했지만, 곧이어 그녀가 발밑에 있는 것들을 더 민감하게 느끼면 걷는 데도 도움이 되겠다는 생각이 들었다. 일몰 후 한참이 지나 칠흑 같은 어둠이 내릴 때까지 기다렸다. 달은 아직 떠오르지 않았다. 오솔길이 넓은 구역에서 밤 산책을 시작했다. 길에 장애물이 아주 많지 않아서 사람들이 자신감을 갖고 걸을 만한 곳이었다. 그러나 갈수록 길은 좁아졌다.

그때 내 왼편에서 움직임이 느껴졌다. 릴리가 오솔길도, 조심조심 길을 따라 걷고 있는 동료들 뒤도 따르지 않은 채 살금살금 자신의 길을 찾고 있었다. 그녀는 숲과 어우러지기 시작하더니 잔가지 하나 부러뜨리지 않고 맨발로 걷고 있었다. 오솔길을 따라 일행을 인솔하는 데 정신을 쏟다가 나는 깜박 그녀를 놓치고 말았다. 이제 오솔길은 양팔을 쭉 뻗어 방향을 찾아야 간신히 통과할 수 있을 만큼 폭이 좁아져 있었다. 내가 오솔길에서 조금이라도 벗어나면 일행 전체가 숲에서 길을 잃고 제자리를 뱅뱅 돌게 될 판이었다.

마침내 쓰러진 통나무가 있는 곳에 도착해서, 밤의 소리들을 들으며 앉아 있었다. 일행 모두가 도착했는지 확인하기 위해 주위를 돌아보는데, 쓰러진 통나무 끝 쪽의 오래된 단풍나무 거목 밑에 릴리가 앉아 있는 것이 눈에 들어왔다. 그녀는 마치 표범이라도 된 것 같았다. 소리 없이 밤을 뚫고 움직이다가 이제는 조용히 사방을 응시하며 휴식을 취하고 있었다.

우리는 밤의 고요함 속에 한참 앉아 있다가 천천히 산을 내려가기 시작했다. 릴리는 이제 숲의 영처럼 날쌔게 움직였다. 나는 어두운 숲 속에서 그렇게 쉽게 움직이는 그녀의 능력을 놀란 눈으로 바라보았다. 내가 그런 능력에 대해 묻자, 그녀는 숲 속에 있는 동안 자신이 마치 길을 잘 아는 한 마리 동물이 된 것 같았다고 했다. 이 경험을 통해 그녀는 지저地底 세계 이곳저곳을 이동하는 방법도 익히게 되었다. 그날 밤 숲 속에서 배운 것처럼 다시 한 마리 동물이 되는 것이다.

철야 불 명상

태초 이래 불(火)은 수많은 인간 활동의 중심이었다. 음식을 준비하고 먹는 화덕 한가운데에는 불이 있었다. 불은 겨울의 추위를 견딜 수 있는 온기도 주고 어둠 속에서 사물을 볼 수 있는 빛도 준다. 여러 세대를 이어져 내려오는 이야기들은 불가에서 전해졌다. 한 해의 절기를 기념하는 의식들 역시 불을 중심으로 행해지는 경우가 많다. 많은 사람들이 당연하게 여기고 있지만, 불이 가진 변형의 성질은 실제로 하나의 기적이다. 흙에 속하는 나무와 공기에 속하는 산소가 결합하여

연소의 힘을 통해 열과 빛을 생산해 내는 것이다. 어떤 것을 다른 것으로 바꾸는 이 능력은 지극히 강력한 에너지로, 샤먼들로 하여금 이 원소를 협력자로 삼아 함께 작업하게 만드는 것도 바로 이 성질 때문이다. 모든 원소가 협력자나 조력자 역할을 할 수 있지만 전통적으로는 불이 이런 식으로 활용되어 왔다.

미르체아 엘리아데Mircea Eliade는 《샤머니즘, 고대의 황홀경 기술 Shamanism, Archaic Techniques of Ecstasy》[3]이라는 책에서 샤먼들이 "불에 통달" 했음을 언급하면서 샤먼들이 영혼 비행soul flight이나 영들과의 작업에서 어떻게 불의 도움을 받았는지 이야기한다. 그의 말이다. "그러한 '불'과 '열'은 늘 특정 황홀경 상태에 접근하는 것과 연관되어 있으며, 그와 동일한 연관성이 고대의 마법과 보편 종교에서도 목격된다. 불에 통달함, 열에 무감각함, 그리고 '신비스런 열mystical heat'[4]은…… 샤먼이 인간의 조건을 뛰어넘어 이미 '영spirit'의 조건을 공유하고 있다는 뜻으로 해석된다."

철야 불 명상은 불 옆에 앉아서 불로부터 배움을 얻고 안내를 받으며 불의 영에게서 축복을 받을 수 있는 기회이다. 철야 불 명상은 우리가 태어날 때부터 가지고 있는 변형의 능력이 깨어나도록 함으로써 개인적인 힘을 길러준다. 이 행사는 해질녘에 불을 피우는 것으로 시작한다. 사각뿔 피라미드 모양으로 나무를 쌓고 각 면에 하나씩 구멍을 만들어, 이 구멍들을 통해 피라미드의 바닥과 가운데에 넣어둔 불

3_ 한국에서는 《샤마니즘: 고대적 접신술》(까치, 1992)이라는 제목으로 번역되었다.—옮긴이.
4_ 요가에서 이야기하는 쿤달리니 에너지를 가리키는 것으로 보인다.—옮긴이.

쏘시개에 불을 붙일 수 있도록 한다. 그런 다음 참석자들이 한 명씩 약간의 담배를 바치며 기도를 한다. 이 행사에 참여하는 자신의 의도를 정하고 불 옆에 앉을 기회를 갖게 된 데 감사하는 것이다. 그리고 네 방향에 한 명씩 선 사람들이 자기가 선 방향의 영을 부른 후 불쏘시개에 불을 붙인다. 이런 식으로 불을 붙임으로써 성스러운 공간이 창조된다. 성스러운 불을 담는 그릇이 만들어지는 것이다.

초반부에는 함께 노래를 부르거나 이야기를 할 수 있는데, 항상 불을 담는 그릇을 찬양하는 것이어야 한다. 밤이 깊어지고 흐름이 느려지면서 침묵이 내려앉으면 사람들은 각기 불의 영과 만나기를 희망하며 자신의 내면에서 불과의 춤을 시작한다. 불은 순번에 따라 사람들이 밤새 돌보는데, 개중에는 밤새도록 계속 깨어 있기로 하는 사람도 있을 수 있다. 불길이 높게 치솟았다가 다음 순간에는 곧 꺼질 듯 잦아들기도 하는 것처럼, 불과 함께 작업하는 것은 가늠하기 어려운 일이다. 그러니 불의 영으로부터 축복을 받기 위해서는 꾸준하고 끈기가 있어야 한다. 불의 영이 아주 다양한 형태로 찾아올 수 있기 때문에 흔들리지 않는 집중력 또한 요구된다.

나는 다른 사람들이 부드럽게 중얼거리는 소리를 들으며 불가에서 졸고 있었다. 그러다 갑자기 잠이 확 깼다. 불은 꺼지려 하고 있었고 다른 사람들 역시 이제는 졸고 있었다. 나는 나무를 더 넣고 불길을 높였다. 숯불 속에서 불꽃으로 이루어진 얼굴들이 연달아 나타나는 것이 내 눈길을 끌었다. 얼굴들은 점점 더 뚜렷한 모습으로 나타나기 시작했다. 불꽃의 변화상은 나를 매혹시켰다. 미동도 하지 않고 나는 불의 꿈속으로 끌려들어 갔다. 그 가장 중심에서 나는 어지럽게 빙빙 돌기 시작했다. 불길이 위로 솟구치면 나도 불의 춤에 리듬을 맞춰 위로 솟구쳤다.

나는 나선형 모양으로 상승했고, 그 과정에서 불길 하나가 내 안과 주위를 에워싸면서 나와 함께하고 있음을 알아차렸다. 이 불길은 오직 나에게만 집중되어 있어 다른 것들과는 달라 보였다. 한 순간 이 불길이 나를 꿰뚫더니 내 존재 전체에 자신의 본질을 새겼다. 마치 내가 그 힘을 잊지 않도록 소인燒印을 받는 것 같았다. 지금도 나는 불의 신비로움에 경탄한다. 내가 불의 본성을 완전히 아는 것은 불가능할 것이다. 하지만 불이 내 가슴속에서 밝게 타오를 때 내 열정이 어떤 힘을 발휘하는지는 잘 알고 있다.

내 학생 한 명은 불에 대해서 이렇게 이야기한다. "저는 불기운이 무척 강한 사람이었는데 어느 순간 제 불기운이 고갈되었어요. 늘 차가운 상태가 된 거죠. 저에게 철야 불 명상은 제 참된 본성이 무엇이고 제 내면의 불을 되살릴 때 어떤 느낌이 드는지 기억하는 기회였어요. 이런 식으로 불, 연기와 함께 있는데 마치 고향에 온 기분이었죠. 철야 불 명상은 저의 불을 다시 붙여서 불이 가진 신비로운 힘과 제가 다시 하나가 되도록 도와주었습니다. 불은 무척 강력한 영이라서 저는 불에 대해 깊은 존경심을 가지고 있어요. 그래서 불과 장난치지 않도록 주의하죠. 불이 저를 태워버릴 수도 있으니까요. 이렇게 겸손한 태도를 취하자, 저는 영광스럽게도 불이 가진 변형의 힘을 선물로 받았어요. 그것이 사람들과 함께 있을 때 제가 해야 할 역할이에요. 누군가로부터 많은 것을 받아들인 다음 그것을 소화하고 변형시킴으로써 그 사람이 거듭나도록 돕는 거지요."

비전 여행

아주 오랜 옛날부터 사람들은 영과 연결되기 위해 자연으로 돌아가곤 했다. 예수는 사막에서 40일을 보냈으며, 붓다는 깨달음에 이를 때까지 7주 동안 보리수나무 밑에서 명상 상태로 앉아 있었다. 우리는 현대 생활의 소란스러움에서 벗어나 개인적 성장과 영적 안내를 구하고자 홀로 자연 속을 여행한다. 영은 자연의 모든 측면을 통해 이야기하며, 메시지는 동물, 식물, 나무, 물, 바람, 태양, 달, 대지를 통해서 올 수도 있고 백일몽 때의 비전vision이나 내면의 인식을 통해서 올 수도 있다. 우리 삶에 의미나 방향을 부여해 주고 우리 자신, 공동체, 그리고 신성한 가슴에 봉사할 수 있는 방법을 깨닫도록 해주는 일종의 계시啓示를 찾는 것이다. 이런 형태의 비전 찾기는 우리의 참된 본성과 우리가 가야 할 길을 보여달라고 직접 요청하는 것이기 때문에 우리 영혼의 진화에 도움이 된다.

비전 여행vision journey은 최대 4일 밤과 낮 동안 진행되는, 전통적인 비전 탐구vision quest[5]의 축약판이다. 비전 여행은 일출 때 쑥과 측백나무cedar[6] 잎을 태우는 것으로 시작한다. 비전을 찾는 이에게 도움되지 않는 에너지들을 모두 없애기 위함이다. 물을 조금씩 뿌리면서 붉

---

[5] 많은 북미 인디언 부족에게 비전 탐구는 청소년이 성인으로 될 때 거치는 통과 의례이며, 이 기간 중 비전을 찾는 이는 음식이나 물을 먹지 않고 잠도 자지 않으면서 자연 속에서 홀로 비전을 구한다.—옮긴이.

[6] 저자가 사는 곳이 버몬트임을 감안하여, 'cedar'를 '측백나무'로 번역했다. 측백나무는 미국 동부는 물론이고 중국에서도 신성시되는 나무이다. 'cedar'란 말은 각 지역에서 신령스런 나무를 가리키는 이름으로 각기 다르게 사용되고 있으며, 삼나무과, 측백나무과, 멀구슬나무과 등 다양한 과의 나무를 포함하고 있다. 성경에 나오는 레바논 삼나무(백향목)와 러시아의 시베리아 잣나무가 대표적이다.—옮긴이.

은 점토로 된 돌을 바위에 대고 갈아서 죽처럼 만든다. 이 붉은 반죽으로 비전을 찾는 사람의 얼굴에 윤곽선을 그려 넣고 손목과 발목에는 팔찌처럼 선을 하나씩 그린다. 이는 영들이 비전을 찾는 사람을 쉽게 알아볼 수 있도록 하기 위해서다. 비전 여행의 신성한 의도를 담은 그릇은 안내자가 보관한다.

안내자는 이날 하루 동안 일정한 간격으로 북을 친다. 비전을 찾는 사람(여기서는 여성 한 명)이 미리 정해놓은 장소로 출발할 때 북이 처음 울린다. 정해진 장소에 도착하면 비전 탐구자는 옥수수가루와 담배로 지름이 약 3.7미터 정도 되는 원을 그린다. 원을 그리며 기도를 하는데, 이때 자신에게 도움이 되는 것만을 원 속으로 초대한다. 그 다음에는 비전과 관련된 자신의 의도를 정하게 되는데, 예컨대 치유, 거듭남, 명확성 같은 것이 그 의도가 될 수 있다. 전통적으로 비전 탐구중 묻는 질문으로는 "나는 누구인가?" "나는 왜 여기 있는가?"가 있다. 비전 탐구자가 소지하는 물품은 마실 물과 기도할 때 중심점으로 삼는 막대기와 천이 전부이다. 이날 하루 동안 감사의 기도를 드릴 때나 자신의 의도를 강조할 필요가 있을 때마다 이 기도 화살prayer arrow을 천으로 감싸게 된다.

그녀는 주위의 동물, 곤충, 새 들에게 세심하게 주의를 기울인다. 자기가 그린 원 안이나 근처에서 자라는 식물과 나무도 유심히 바라본다. 빛의 패턴, 바람, 자연의 움직임과 소리에도 주의를 기울인다. 그녀의 가슴이 자연의 가슴에 닿을 때, 그녀는 모든 것이 그녀의 의도에 맞춰 짜진 태피스트리tapestry[7]의 일부이며 각각의 조각들이 새로운 실을 더해서 전체 그림이 만들어진다는 것을 깨닫게 된다. 시간이 흐르면서 그녀는 자신의 삶과 관련된 백일몽에 빠져들었다 나왔다 하면서, 어떤 패턴이 전체 설계에 부합하고 어떤 것은 그렇지 않은지 파악하게 된다.

일몰이 가까워오면 그녀는 감사 기도를 드리며 자신이 그린 원을 닫기 시작한다. 그리고 북소리가 들리면 떠날 때가 되었음을 깨닫는다. 돌아오면, 하루 동안의 단식을 마감하는 특별한 식사가 제공된다. 식사 후에는 자신의 비전 여행에 관해 회상하고, 글을 쓰고, 그림을 그리는 조용한 시간을 갖는다. 그날 밤 그녀는 자신의 비전이라는 천에 추가로 실을 하나 더해줄 꿈이 찾아와 주기를 요청한다.

다음날 아침에는 안내자 역할을 한 사람과 함께 자신의 비전 여행을 음미하는 시간을 갖는데, 안내자로부터 비전 여행을 해석하는 데 도움을 얻을 수도 있다. 자신의 비전 여행에 대해 완전히 이해하기까지 몇 시간, 며칠, 몇 주가 걸릴 수 있으며, 심지어 몇 달이 걸리기도 한다. 그녀가 얻은 비전이 삶에 대한 원대한 계획에 해당하지 않을 수는 있지만 아무 비전도 나타나지 않는 경우는 드물다. 우리 자신의 참 본성에 따라 살 수 있는 방법을 자연이 우리에게 끊임없이 가르쳐주려 하고 있기 때문이다.

재스민의 비전 여행 날에는 차가운 가랑비가 내렸다. 그녀가 너무 힘들지 않도록 날씨가 개기를 바랐지만, 나는 수년 동안의 경험을 통해 비전 여행 날의 날씨는 비전을 찾는 사람이 필요로 하는 것과 정확히 부합한다는 사실을 깨닫게 되었다.

"너무 춥고 구질구질하고 축축했어요. 이런 날 하루 종일 밖에 나

7_여러 가지 색실들로 무늬를 짜 넣은 벽걸이용 융단.—옮긴이.

가 있어야 한다니 믿기 어려웠죠. 정해놓은 장소에 가서 앉는데 날씨가 화창하지 않은 데 정말 화가 났어요. 원을 그리고 나서는 주어진 조건 속에서 최대한 편안해지려고 노력을 했죠. 앉아 있는 시간이 길어질수록 점점 더 화가 나더군요. 내가 왜 이런 일을 하고 있나 의구심도 들고, 한계에 다다른 느낌이었어요.

잠시 후 고개를 들자 앞쪽 들판 이곳저곳에 골든로드[8]가 자라고 있는 게 눈에 들어왔어요. 더 일찍 알아차리지 못한 것이 우스울 정도였죠. 저는 골든로드를 주의를 집중시키는 수단으로 사용하기 시작했어요. 정말 특이한 것은 그 색깔이었어요. 단순한 선황색鮮黃色이 아니라 형광펜으로 칠한 듯 밝게 빛나는 황금색에 가까웠지요. 골든로드를 정말로 좋아해 본 적이 한 번도 없었는데, 그때 골든로드를 다른 눈으로 보게 되었습니다. 곧고, 크고, 밝게 빛났으니까요.

그렇게 골든로드에 경탄하고 있는데 벌새 한 마리가 아주 가까이 날아와서 제 머리 바로 위를 맴돌았어요. 벌새는 모두 세 번 찾아왔어요. '3'은 저에게 마법의 숫자이고, 저는 늘 '3'이라는 숫자에 주의를 기울여요. 그 작은 새가 얼마나 즐겁게 날아다니던지! 골든로드와 벌새에게 주의를 집중하는 사이 많은 시간이 흘러가 버렸다는 걸 뒤늦게 알게 되었죠. 제가 초점을 옮기기만 하면 끔찍한 상황에서도 기운을 차리고 기쁨으로 빛날 수 있다는 걸 이날의 경험을 통해 알았습니다. 정말로 제 인식의 문제였어요. 제가 그날을 비가 내리는 비참한 날로 인식했다면 그것이 바로 제가 경험하는 것이 되었을 거예요. 골든로드

8_한국에서는 메역취에 해당한다.—옮긴이.

와 벌새의 도움으로 제가 초점을 옮기고 그날을 즐겁고 빛나는 날로 바라보자 모든 것이 바뀌었어요. 주의를 옮기면 아무리 어려운 순간에도 선물을 알아차릴 수 있다는 걸 깨닫게 된 데 몹시 감사하고 있어요."

제프의 비전 여행 날에는 날씨가 좀 달랐다.

"파란 하늘 높이 솜털 같은 구름들이 부드러운 바람에 실려 나른하게 움직이는 맑은 날이었지요. 저는 전날 오후 대부분을 적합한 장소를 찾는 데 소비했어요. 많은 길을 헤맸고, 내가 누구인지, 내가 어디에 있는지 깨닫게 해주는 많은 것을 보았지요. 하지만 그중 어느 것도 자신들 옆에 앉아서 침묵의 소리를 들으며 하루를 보내라고 저를 초대하지는 않았어요. 여기다 싶은 장소를 찾아 헤매면서 제가 느낀 절망감은 예전 경험을 떠올리게 했어요. 숲이나 산 속에서 대지의 보살핌, 즉 어머니의 품속 같은 곳을 찾아 헤매면서 비슷한 것을 느꼈거든요. 산 아래쪽으로 탁 트인 공간을 바라보며 '저기 저 들판이로군' 이렇게 생각했다가, 다음 순간 '아냐, 저기가 아냐. 너무 가깝고 그다지 높지도 않아. 주위를 둘러볼 수가 없잖아' 이런 생각이 떠올랐지요.

오후 내내 이런 일이 반복되다 보니 결국은 장소를 찾겠다는 생각을 포기했어요. 늘 그렇듯 내일 제 가슴이 이끄는 데로 가기만 하면 된다는 걸 깨닫고 돌아왔지요. 그때 일을 돌이켜보면 참 이상해 보이고 제 어리석음에 웃음이 나요. 매번 같은 식이거든요. 안달복달하고 걱정하고 적절한 곳을 찾아 헤매다가, 결국에는 자신이 무엇을 간절히 바라는지 살펴보고 제 자신의 본능, 가슴, 직감을 따르기만 하면 완벽한 장소를 찾게 된다는 걸 발견하지요.

나른한 구름들이 떠 있는 그 맑은 날, 저는 팸에게 계곡 반대편 산을 가리키며 그쪽에 보이는 빈터까지 가는 방법을 물었어요. 왠지 그 산을 봐야겠다는 필요를 느꼈어요. 산 전체가 꽤 분명하게 보여야 했지요. 나중에서야 그 이유를 알게 되었죠. 팸의 안내대로 저는 갈지자로 꺾인 흙길로 들어섰어요. 언제나처럼 세상의 소리를 들으며 시간을 보내고 있는데 미풍이 부드러운 손길로 저를 반겨주며 제가 사랑받고 있음을 일깨워주었지요. 영문 모를 기쁨과 즐거움이 저를 가득 채웠고, 커다란 모험에 나서는 것 같은 기분이 들었어요. 흙길이 갈지자로 꺾였다가 산 위쪽으로 이어지는 것을 살펴보고는, 걷는 거리를 좀 줄이기 위해 들판을 가로질러야겠다고 결심했어요.

들판을 절반쯤 가로질렀을 때 제 뒤쪽에서 공기의 변화가 느껴졌어요. 영에서 나온 어떤 움직임 같은 것이 느껴졌지요. 저는 뒤돌아서서 위를 바라보았어요. 제 뒤쪽 하늘에 오랜 친구인 붉은꼬리매[9] 한 마리가 나타났어요. 매가 잠시 가볍게 날더니 공중에 가만히 떠 있으면서 저를 응시하더군요. 저도 매를 응시했지요. 커다란 기쁨이 제 가슴에서 용솟음치더니, 매가 제 머리 위를 한 바퀴 돌고 나서 흙길을 따라 날아가자 웃음이 걷잡을 수 없이 터져 나오더군요. 나중에 철조망 울타리와 두꺼운 가시나무 덤불을 맞닥뜨리고 나서 저는 다시 한 번 크게 웃었어요. 마침내 '길을 따라 가라'는 매의 메시지를 알아들은 거지요. 이 메시지가 가진 의미들을 깨닫게 되면서 그보다 더 크게 웃었고요. 그래, 오늘은 정말 흥미로운 날이 되겠군!

저는 빈터에 도착해서 반대편 산이 아주 잘 보이는 꼭대기 가까

9_매의 일종으로, 한국에서는 보통 붉은꼬리말똥가리로 불린다.—옮긴이.

운 곳에 제 신성한 공간을 마련했어요. 하늘도 잘 보이고, 아래쪽으로 숲과 들판도 눈에 또렷하게 들어왔어요. 오늘 하루 동안 지낼 집을 찾은 겁니다. 이 빈터는 달콤한 식물들로 가득 차 있었어요. 박하, 산딸기, 인동초가 제가 들어올 때 넘어온 돌담을 따라 자라고 있었지요. 무성한 풀들과 작은 딸기류 관목들이 빈터 여기저기 널려 있었고요. 분명한 메시지였죠. 삶의 달콤함이 제 주위에 가득하다는 이야기지요. 저는 만족스러운 한숨을 쉬었어요. 붕붕거리는 벌들, 가볍게 나는 잠자리들, 나방들이 모두 저를 향해 날아왔지요. 또 다른 오랜 친구인 잠자리가 제가 두르고 있던 담요 위에 잠시 내려앉았어요. 잠깐 동안 서로 조용히 눈을 마주보고 있는데 마치 여러 날이 지난 것 같았어요. 매도 저를 확인하러 다시 한 번 들렀는데, 어찌나 가깝게 날던지 손을 뻗으면 거의 만질 수 있을 정도였어요. 모든 창조물들이 저를 지지하고 사랑한다는 걸 느꼈지요.

그날은 제 최고의 날 중 하나로 기억될 것 같아요. 이런 것을 느낀 건 그때가 처음은 아니에요. 며칠씩 단식을 하면서 무언가를 들으려 한 적이 많았지요. 들인 시간의 길이보다는 제 가슴의 명료함과 지구에 대한 제 사랑의 순수함이 더 중요하다는 사실을 나중에서야 알게 되었지요. 그날 시간은 느리게 흘러갔고, 저는 대지에 귀를 기울이며 앉아 있었어요. 나는 지금 어디쯤 걷고 있나? 이제 어떻게 할 것인가? 내 계획은 무엇이고, 내 영혼의 목적을 온전히 표현하는 데 장애물은 무엇인가?

벌들이 주위에서 붕붕거리고 미풍이 내가 간신히 알아들을 수 있는 언어로 나무들 사이에서 속삭이는 사이, 제 상태가 바뀌었어요. 산과 구름이 하나로 녹아드는 것처럼 보이기 시작하고, 갑자기 어떤 아름다움이 저를 사로잡아서 미동도 못하게 만들었지요. 산과 구름의 태피스트리가 빛과 그림자라는 색실로 짜져 있었고, 그 빛과 그림자 속에 영상과 통찰이 들어 있었지요. 메시지들에는 제 가슴의 소리에 주의를 기울이라고 이야기하는 것도 있었고, 제가 힐러이자 안내자로서 일을 하면서 만날 사람들에게 전해주어야 할 것도 있었지요.

그 다음에 제 가슴에서 산의 목소리가 들렸어요. 산은 저에게 제가 가진 두려움과 걱정에 대해 이야기했어요. 제 분야에서 유명해지고 명성을 얻고 싶어 하는 제 욕망을 저는 늘 두려워해 왔어요. 하지만 그 동경이 이제 고통스러운 갈망이 되었음을 인정해야 했지요. 제 영혼은 인정받기를 갈구했어요. 단지 제 자신만을 위해서가 아니라 제가 간절히 원하는 일을 위해서도 말이지요. 산은 저에게 '커지는 것을 두려워 마라'고 이야기했어요. 하지만 '본모습보다 커지려 하지는 마라'는 따끔한 충고도 함께 주었습니다. 지금 이 글을 쓰면서 그때 일을 떠올리는데 그때 느꼈던 것처럼 커다란 감격이 안에서 솟아오르네요. 진실이 제 가슴을 울리면서 눈물이 뺨을 타고 흘러내립니다. 저는 제가 지금 모습 그대로 사랑받고 있음을 알아요. 또 제가 얼마나 커지건 간에 그것을 받아들여도 괜찮다는 것과, 그냥 제 본모습만큼 커질 것이기에 더 커지려 애쓸 필요가 없다는 것도 알아요.

마침내 감정이 잦아들고, 저는 감사의 기도를 올렸어요. 메시지의 단순함이 저를 겸허하게 만들었지만, 그 단순함이 가진 힘이 저에게 경외심을 갖게 했지요. 이내 부엉이 한 마리가 저를 보며 부엉부엉 울더군요. 오늘의 시간에 죽음이 찾아왔다는 작별 인사였지요. 제 시간은 끝났어요. 아직 돌아오라는 팸의 북소리를 듣지는 못했지만, 대지가 부엉이를 통해서 '갈 시간'이라고 이야기했음을 제 가슴은 알고 있었지요. 저는 물건들을 챙겨서 몽환적인 상태로 걷기 시작했어요. 제가 출발 지점에 들어서자 돌아오라고 알리는 북소리가 들렸고, 제가 이날 잘 '듣고 있었음'을 다시 한 번 확신하게 되었지요. 전 그저 늘 이때처럼 잘 들을 수 있었으면 싶어요.

산에서 보낸 그날로부터 거의 1년이 지났네요. 저는 그날 일과 그것이 어떻게 제 미래에 대해 알려주는지 생각해 보고, 그것을 장차 저의 탈바꿈을 위해 만든 부드러운 고치 속에 담아둡니다. 그날의 경험을 떠올릴 때면 산 위에서의 기억들이 되살아나면서 미래의 변형에 대비하도록 저를 감싸주지요. 고치 속의 번데기가 자신이 장차 어떤 모습으로 탈바꿈할지 모르는 것처럼, 제가 이 경험의 고치를 찢고 나갈 때 어떤 모습을 갖게 될지 저는 전혀 몰라요. 당연히 조금은 두렵지요.

하지만 저는 두려움을 뚫고 앞으로 나아가 제 찬란한 모습을 보고 말 거예요. 탈바꿈해 가는 동안, 그때의 기억들은 저를 에워싸면서 생각할 거리들을 던져주겠지요. 저는 제 탈바꿈을 더욱 빠르게 하기 위해서 그것들을 제 안으로 받아들이고 새롭게 나타날 제 모습의 일부로 만들 거고요. 애벌레 때 섭취한 식물의 진액이 나비의 날개로 나타나듯, 제 탈바꿈이 끝난 후의 모습에 이 경험이 어떤 식으로든 드러나리란 걸 저는 알아요. 나비의 독특한 색깔이 애벌레 때 섭취한 파슬리의 달콤함 때문일 수 있듯이, 제가 그 나른한 날 산기슭의 고요한 경이로움 속에서 섭취한 삶의 달콤함이 제 날개에 색깔을 가져다줄 수 있겠지요. 그리고 나비처럼 저도 그 아름다움과 달콤함을 함께 나누기를 열망해요."

한증 천막

정화淨化를 위해 땀을 흘리는 전통은 오랫동안 여러 형태로 있어 왔다. 핀란드의 사우나, 터키의 함만스hammans(목욕탕), 로마의 목욕장 bathhouse, 러시아의 바냐bania(습식 사우나), 아일랜드의 한증막sweathouse, 마야의 테메스칼temescal, 북미 인디언의 한증 천막sweat lodge이 그런 예들이다. 우리 조상들은 모두 신체적·영적 정화를 위해 땀 흘리기를 했다.

처음 한증막이 어떻게 생겨났는지는 아무도 모른다. 우리가 아는 것은 인류가 태초부터 불이 가진 마법을 숭배했다는 것이다. 한증막 안에서는 불의 신비로운 힘이 뜨거운 돌의 형태로 포착된다. 그리고 돌에 물을 부으면 이 두 원소의 결합으로 인해 뜨거운 김 혹은 증기가 생겨나 한증막을 가득 채우게 되는데, 이 증기를 통해서 핀란드 인들이 '생명의 영the Spirit of Life'이라 부르는 것이 우리에게 전해진다.[10] 열과 증기로 인해 신체가 땀을 흘리게 되는데, 땀을 통해서 육체적·영적 불순물이 피부 밖으로 빠져나간다. 또한 증기는 음이온을 방출하는데, 음이온은 몸에 많은 혜택을 가져다준다.

한증막은 성스러운 그릇과 같은 곳으로, 어둡고 따스하고 축축하다는 점에서 자궁과 흡사하다. 자신에게 도움되지 않는 것을 떨쳐내고 새로이 거듭나기 위해 돌아가는 장소인 것이다. 어떤 이들은 이곳에서 하는 기도가 경건하다는 점에서 한증막을 사원temple에 견주기도

10_전통적으로 핀란드 인들은 사우나를 성스러운 장소로 여기며 이곳에 영들이 살고 있다고 믿었다. 또한 사우나는 가정에서 출산을 하는 장소로도 흔히 사용되었다. '생명의 영the Spirit of Life'은 핀란드어 'löyly'를 번역한 것이다.—옮긴이.

한다. 한증 천막에 들어가는 것은 자신과 다른 사람들을 위해 기도할 기회를 갖는 것이다. 신체적 한계에 이르게 되기 때문에 이곳에서 열심히 기도를 하면 육신의 한계를 뛰어넘어 영의 세계로 가서 영과 직접 소통하는 데 도움을 받을 수도 있다. 이렇게 신체의 한계를 확장시키는 것은 우리 안에 영이 살 수 있는 공간을 늘리는 일이요 개인의 창조력을 증진시키는 일이다.

춘분, 하지, 추분, 동지 그리고 그 사이의 여러 절기[11] 때가 되면 우리는 한증 천막에 들어가서 계절의 변화에 경의를 표한다. 그렇다고 우리가 특정 전통을 따르는 것은 아니다. 우리가 염두에 두는 것은 다만 우리의 선조들이 어떤 식으로든 땀을 냈다는 것이고, 우리도 땀 흘리기 행사를 통해 그런 전통을 기억하고자 한다는 것이다. 이는 종교적 성향에 상관없이 우리 공동체가 한 자리에 모여서 온 마음으로 기도를 드리는 기회이다.

준비하는 과정에서 우리는 불을 담을 돌들을 주위에서 고른다. 화강암과 화산암이 가장 좋다. 돌들을 하나씩 나뭇단 위에 올리면서 기도를 한다. 우리는 담배를 바치며 불을 붙인다. 그리고 돌들이 잘 달궈지기를, 불 주위의 나무나 풀이 해를 입지 않기를, 불이 잘 타오르기를 기원하고, 이 성스러운 행사에 참여할 기회를 갖게 된 데 감사를 표한다. 불은 약 세 시간에 걸쳐 천천히 돌들을 데우는데, 이 시간 동안 우리는 직접 기른 담배로 한증 천막 안에 걸릴 약초 묶음을 만든다. 줄무

11_여기서는 춘분과 하지, 추분, 동지의 기본 4절기와 그 사이에 있는 입춘, 입하, 입추, 입동을 가리킨다. 이 여덟 절기를 합쳐서 'wheel of the year'라고 하는데, 이 절기들을 축하하는 것은 서양에서 오래전부터 내려오는 풍속이다.—옮긴이.

뇌단풍나무의 어린 묘목으로 만든 천막의 뼈대가 담요로 덮이고 돌들이 모두 달궈지고 나면, 우리는 천막 안에 들어가기 전 한 자리에 모여 측백나무 연기를 쐰다.

우리는 무릎과 양손으로 기어서 천막 안으로 들어가면서, 이 성스러운 공간에 들어갈 수 있는 기회를 준 우리의 모든 관계들에 감사를 드린다. 모두가 천막 안으로 들어오고 나면, 첫 번째 돌 일곱 개가 들어오고 우리는 이때 고요히 앉아 있는다. 이 돌들은 각 방향을 나타내는 것으로, 표면에 측백나무를 올려놓는 것으로 환영을 표한다. 돌들이 모두 들어오면 소량의 물을 붓고 우리가 만든 담배 묶음에 증기를 쏘인 다음, 담배 묶음을 우리 머리 위에 있는 구부러진 나무에 매단다. 다음으로는 담요를 내려 입구를 막고 돌에서 나오는 벌건 불빛을 빼고는 완전한 암흑이 되도록 한다.

한증 천막마다 조금씩 다르긴 하지만, 대개 이 과정은 네 개의 '마당door'으로 나누어지며, 마당마다 초점이 다르다. 첫 번째 마당은 감사의 시간으로, 돌들을 위한 노래를 부르는 것으로 시작된다. 이어서 불에게 경의를 표하는 노래를 부르고, 그 다음에는 이 아름다운 날과 그 안의 모든 것들에 감사하는 노래를 부른다. 노래 부르는 것으로 미진한 느낌이 들 때는 계속해서 더 많은 감사의 기도를 드리기도 한다. 이 첫 번째 마당이 끝나면, 많은 경우 우리는 문을 열고 돌들을 더 들이거나 하지 않고 곧바로 두 번째 마당을 시작한다.

두 번째 마당은 더 넓은 세계를 위한 시간으로, 물 원소에게 경의를 표하는 노래를 부른 뒤 큰소리로 함께 기도를 드린다. 12명이 함께 기도할 때의 힘은 12명이 개별적으로 기도할 때보다 훨씬 더 크다. 우리는 함께 모든 사람과 동물, 식물, 나무를 위해, 즉 모든 창조물을 위해 기도한다. 마지막 노래와 함께 이 두 번째 마당이 끝나면 문을 열고 더 많은 돌들을 들여온다. 기도하고 노래하는 시간 내내 우리는 돌에 물을 부어서 뜨거운 증기를 만든다. 문이 열려 있는 동안에는 필요에 따라 천막 밖으로 나갔다 올 수 있다. 처음의 일곱 개 돌 위에 몇 개의 돌이 더 얹히고 나면, 다시 문이 닫히고 암흑이 내려앉는다.

세 번째 마당은 흙 원소에 경의를 표하는 노래로 시작된다. 이 마당은 1년 중 한증막을 하고 있는 딱 그 시기를 위한 시간이다. 예를 들어 동지 때라면 우리는 가장 긴 밤과 짧은 낮이 자연스럽게 가져다주는 조용한 내면의 공간에 경의를 표한다. 또 우리는 낮이 점점 더 길어지기 시작하면서 빛이 되돌아오는 것에도 경의를 표한다. 1년 중 이 시기에 경의를 표하는 노래들을 부르는 동안, 각 사람은 동지가 자신에게 어떤 의미인지 이야기한다.

마지막 네 번째 마당은 공기 원소에 경의를 표하는 노래를 부르면서 시작하며, 개인적인 기도의 시간이다. 치유, 내면의 힘, 인도, 온갖 종류의 도움 등 스스로 필요하다고 느끼는 것이면 무엇이든 기도할 수 있는 기회이다. 한 사람 한 사람 기도하는 동안, 다른 사람들은 그 사람을 지지하는 증인 역할을 한다. 개인적인 기도가 끝난 뒤에도 사람들이 필요하다고 느낄 경우에는 더 많은 노래를 부를 수 있다. 하지만 이때쯤에는 천막 안이 무척 뜨겁기 때문에 누구랄 것 없이 어서 문이 열리기만 기다리는 경우가 많고, 개울에 뛰어들어 시원하게 물장구라도 치고 싶은 심정이 되어 있기 예사이다.

다음은 한증 천막에 정기적으로 참석해 온 우리 공동체 사람 한

명의 경험담이다. "1년 중 계절이 바뀌는 시기(입춘, 춘분, 입하, 하지, 입추, 추분, 입동, 동지)에 한증 천막에 들어가는 것은 제 호흡과 심장 박동을 어머니 지구의 호흡과 심장 박동에 다시 맞추고 그 균형의 자리에서 선물을 바칠 수 있는 귀하고 신성한 기회처럼 느껴져요. 때로는 이런 상태를 유지하기가 너무 어려운 때도 있어요. 가끔은 제가 어머니 지구의 호흡과 박동에서 아주 멀리 벗어나 있어서, 천막 안 어둠의 공간에 이르기까지의 여정이 정말정말 길고 어렵게 느껴지기도 해요.

지난 하지 때는 일상 생활에서 탈출할 기회를 어서 맛보려고 서둘렀던 기억이 나요. 전화, 보고서, 이사 준비 등등, 길을 떠나기 위해서는 이런 것들을 떨쳐버려야 했죠. 혹시 늦을까봐 그곳에 도착할 때까지 30분 내내 속력을 내게 되더군요. 마침내 천막 안 차가운 흙 위에 앉자 무거운 담요가 문을 가렸고 암흑이 우리를 둘러쌌어요. 깜깜한 진공 속으로 내동댕이쳐진 기분이었지요. 친구들이 곁에 앉아 있고 목소리도 들을 수 있었지만, 마치 멀리 떨어져 있는 듯한 느낌이었어요. 속도가 갑자기 멈춰버렸죠.

나는 어디에 있나? 나는 누구인가? 어떤 두려움이 제 속에서 일기 시작했는데, 표현하자면 이런 거예요. '기도할 때 목소리가 나오지 않으면 어쩌지? 그보다 더 나쁜 경우로, 기도할 때 내가 모르는 목소리가 나오면 어쩌지? 말도 안 되는 이야기를 지껄이게 되면 어쩌지?' 어떤 점에서 이때의 두려움은 제가 종종 느끼던 두려움이 더 강하게 나타난 것이기도 해요. 천막 안 암흑 속에서 이런 두려움이 좀 더 분명하게 인식되는 경우가 있죠. 이번에 천막 문이 닫히자마자 내 안의 괴물이 엄청난 속도와 강도로 저를 다시 찾아온 것 같았어요. 두려움과 나란히 천막 속에 앉아서 그 과정을 신뢰하는 것 말고는 달리 할 수 있는 일이 없었지요.

첫 번째 돌들이 어둠 속으로 들어오자, 어떤 적응 과정이 시작된 것 같았어요. 돌에서 나오는 불빛에는 마음을 끄는 자력 같은 힘이 있었어요. 자전하는 지구의 핵이 자성을 가지고 있는 것과 똑같이요. 제 몸이 천천히 안정되어 가는 것을 느낄 수 있었죠. 돌 존재들stone beings의 시대가 있었고, 우리의 할머니 할아버지들인 이 존재들이 인간이 지구를 활보하기 이전 시기에 대한 기억을 간직하고 있다는 얘기가 다시 한 번 신빙성 있게 다가왔지요. 돌에서 나오는 열기로 제 땀구멍이 열리자 소금기 섞인 제 체액이 천천히 스며 나오기 시작했어요. 어떤 장벽이 무너졌고 두려움이 서서히 녹아내리기 시작했고요.

첫 번째 마당의 익숙한 노래들 덕분에 두려움을 이기고 간신히 귀에 들릴 정도로 소리를 낼 수 있었어요. 친구들의 목소리가 거기에 힘을 보태주었고요. 모두가 함께 노래하고 있었거든요. 제가 기도할 시간이 되자 저 아래 깊숙한 곳에서 말이 나왔어요. 일종의 금속 울타리라 할 수 있는 쇳덩어리 자동차 속에서 제가 어떻게 속도를 내면서 이 자리까지 왔는지, 그리고 이제 제 발과 몸이 축축한 땅을 어떻게 느끼고 있는지 제가 이야기하는 소리가 들렸지요. 제 기도가 머리가 아니라 발바닥에서 나오게 해달라고 애원했어요. '제발 도와주세요, 할머니 할아버지들, 제발 저를 도와주세요! 제가 발바닥으로 기도할 수 있도록 제발 도와주세요!' 저는 큰소리로 거칠고 열렬하게 기도했어요.

제가 두려워했던 것처럼, 이때 제 목소리는 완전히 제 자신의 목소리는 아니었어요. 하지만 당황스럽다기보다는 어떤 불꽃 같은 것이 느껴졌지요. 새로운 생명 같은 것 말이에요. 마치 아주 작은 별 하나가 하늘에 새로 나타났다고나 할까, 새로운 작은 생물이 이제껏 숨어 있던 나무 뒤에서 머리를 쑥 내밀었다고나 할까…… 제가 두려워했던 게 제가 기도할 때 사용해야 할 무엇이 되었다는 역설이 지금도 완전히 이해하기 어렵네요. 원소들이 너무도 가까이에 있는, 오래된 돌 존재들에 둘러싸인 채 모두가 흙 위에 함께 앉아 있는 그 천막 속에서, 그 순간, 저는 제가 광대한 순환의 일부, 작지만 진정한 일부라는 것을 믿을 수 있었어요.

후반부 마당들이 이어지는 동안 제가 천막 속에서 무슨 기도를 하고 어떤 이야기를 했는지 모두 기억나지는 않아요.(설령 기억이 난다고 해도 여기서 그 말들을 되풀이하지도 않을 테고요. 천막 밖에서 떠들어서는 안 될 이야기니까요.) 하지만 제 가슴이 차분해지고 안정되는 동시에 극도로 예민해지고 또 넓어지는 느낌이 들었던 기억은 나요. 이 모두가 동시에 느껴졌어요. 심지어 고무 타이어로 굴러가는 쇳덩어리 자동차 안에서도 바깥에서 빛나는 별들을 볼 수 있었지요. 그리고 커다란 전환점 같은 것을 느낄 수 있었어요. 지금 그때 일을 떠올려보면, 제가 운전하고 있는 동안 작은 동물들이 숲 속에서 저를 바라보며 윙크하고 있었던 것 같은 느낌이 들어요."

11. 기본적인 치유 양식들

오늘 때늦은 눈 폭풍으로 눈송이들이 무수히 쏟아져 내려, 조그맣고 하얀 얼음 조각들이 최소 60센티미터 넘게 쌓였다. 그 하나하나가 독특해서 똑같은 것이라곤 전혀 없다. 더 따뜻했더라면 비가 되었을 것이다. 그렇다면 빗방울도 하나하나 다 독특해서 서로 다르다는 뜻일까? 아니면 결정이 될 때에만 그렇게 되는 것일까? 바람이 불자, 조그만 눈송이 돌개바람들이 소용돌이를 일으키며 들판을 가로지른다. 눈송이들이 내 뺨에 열정적인 키스를 쏟아부으며 나를 숨막히게 한다. 잠시 후 모든 것이 부드러운 정적 속으로 가라앉고, 눈 융단이 모든 소리를 덮는다. 태양이 눈송이 프리즘들을 통과하자, 눈부신 빛이 내 존재 속으로 쏟아져 들어와 내 세포들이 그런 광휘를 필요로 함을 일깨운다. 설피 덕분에 푹신푹신한 눈밭을 걸어 다니면서, 먹이를 찾아 여기저기 종종거리는 작은 동물들의 흔적을 살펴볼 수 있다. 태양과 눈 속에서 마음껏 뛰노는 이 최고의 기쁨을 만끽하고자 나는 구름 한 점 없이 맑게 갠 하늘 아래 잠시 멈춰 선다. 맑은 하늘의 따사로운 햇살을 느끼면서, 요 며칠 사이 햇볕이 점점 더 강해졌음을 깨닫는다. 태양을 향해 얼굴을 돌려, 이 직접적인 접촉을 내 송과선이 마음껏 즐기도록 한다. 내면에서 어떤 전환이 느껴진다. 마치 거대한 바퀴가 돌아가는 것 같다. 겨울의 고요한 꿈의 시대 에너지가 생명의 활기에 자리를 내주고 있다. 봄이 등장하는 동쪽을 향해 서서, 태양의 믿음직한 귀환에, 또 동쪽이 주는 새로운 시작이라는 치유 선물에 감사를 드린다.

—2007년 3월 일기에서

기본적인 치유 양식들이란 식물 영들과 함께 작업할 수 있는 틀을 제공해 주는 기존의 치유 형태들을 말한다. 식물의 물질적 측면과 마찬가지로, 식물 영은 많은 방식으로 또 다양한 치유 양식들을 통해서 치유하는 능력을 가지고 있다. 나는 세 가지 치유 양식을 주로 연구해 왔는데, 중국의 오행(5원소) 의학, 차크라 시스템, 메디신 휠이 그것이다. 이들 치유 양식 각각은 그 자체로 깊은 연구가 필요한 분야들이며, 따라서 자신에게 가장 깊이 와 닿는 것을 골라서 탐구해 볼 것을 권한다.

여기서 이것들을 소개하는 이유는, 여러분이 식물 영 치유의 많은 층위들을 이해하는 데 도움을 주기 위해서이다. 이 양식들은 식물 영을 치유 목적으로 활용할 수 있는 구조들이다. 하지만 치유는 여러분과 식물 영의 공동 창조 파트너십을 통해 이루어진다. 식물 영 치유에서 가장 중요한 측면은 여러분과 식물 간의 관계이고, 그 다음이 자신의 작업 양식을 얼마나 이해하고 있는가 하는 것이다. 물론 꼭 이 양식들로만 작업해야 하는 것은 아니다. 그것들은 여러분이 작업할 때 활용할 수 있는 틀에 불과하다. 여러분과 식물 영의 관계가 무척 긴밀하여, 다른 사람의 균형을 회복시키는 데 무엇이 필요한지에 대한 정확한 지시를 이런 치유 양식들과 전혀 관련 없는 방식으로 받을 수도 있다. 하지만 나는 이 양식들로 작업하면서 이것들이 여러 측면(원소, 차크라, 방향의 측면)에서 도움이 될 수 있음을 알게 되었다.

오행

오행五行(5원소) 이론에 대해 내가 아는 것 대부분은 엘리엇 코완 Eliot Cowan에게서 배운 것이다. 오행에 대한 이해가 깊고 식물 영들에게 헌신하고 있는 엘리엇에게 감사드린다. 훌륭한 침술사인 제이슨 엘리아스Jason Elias도 내가 오행을 포괄적으로 이해하는 데 도움을 주었다. 오행에 대한 이 두 분의 가르침에 감사드린다. 아래의 설명은 이들이 말한 것을 조금 쉽게 바꾼 것이고, 인용한 문구는 엘리엇의 글에서 따온 것이다.

오행을 잘 이해하기 위해서는 자연을 살펴보아야 한다. 각 원소의 에너지적 정수가 자연 세계에 반영되어 있기 때문이다. 중국의 오행 이론을 미국에서 가장 앞장서 주창하고 있는 J.R. 워슬리Worsley는 "원소들은 우리가 자연에 맞게 살아가는 방식을 묘사한다. 그것들은 우리의 몸, 마음, 영 속에 존재하는 자연의 힘이 얼마나 큰지를 여실히 보여준다"고 이야기한다. 우리가 자연의 일부이기 때문에 우리 안에는 이모든 원소들이 존재한다. 하지만 각 사람에게는 지배적인 원소가 하나씩 있는데, 그것을 원인 요소causative factor라고 한다. 이 원소를 기반으로 우리는 삶을 영위한다. 우리에게 주어진 가장 큰 선물도 바로 이것이고, 우리가 만나는 가장 큰 도전도 바로 이것이며, 대부분의 불균형을 일으키는 것도 바로 이것이다.

원소들 각각은 그에 상응하는 색깔, 소리, 냄새, 감정, 맛, 기후, 방향, 계절, 감각, 인성, 신체 조직 등을 가지고 있다. 한 개인의 주원소가 무엇인지를 결정하는 주된 요인은 색깔, 소리, 냄새, 감정이다. 이 원소들을 하나씩 살피다 보면 여러분은 이 원소들 모두와 어느 정도 관계가 있다는 걸 발견하게 될 것이다. 우리에게 이 원소들이 모두 존재한다는 점을 생각하면 이는 당연한 일이다. 하지만 여러분이 이 세상에서 체화하고 있는 주원소는 오직 하나뿐이다.

이 원소들은 각기 관리자official를 가지고 있는데, 이는 신체 장기의 에너지적 정수이다. 이 관리자들은 한 가족으로 간주되며, 가족 구성원 모두가 서로 소통하며 잘 지내는 것이 그 이상적인 모습이다. 조화로운 가정이야말로 오행 시스템의 목표이다. 다음 표에 오행에 상응하는 것들이 나와 있다.

오행과 그에 상응하는 것들

	불	흙	쇠	물	나무
계절	여름	늦여름	가을	겨울	봄
색깔	빨강	노랑	흰색	파랑/검정	초록
맛	쓴맛	단맛	매운맛	짠맛	신맛
기후	뜨거움	습함	건조함	추움	바람이 많음
소리	웃음	노래	흐느낌	신음	고함
감정	기쁨	공감	슬픔	두려움	분노
냄새	탄내	향긋한 냄새	썩는 냄새	지린내, 암모니아 냄새	기름에 전 냄새
방향	남쪽	중앙	서쪽	북쪽	동쪽
신체 조직	정맥, 동맥, 순환계, 심장	살, 림프, 근육	피부, 체모	뼈, 뇌, 이빨, 분비선, 귀	힘줄, 눈, 인대
신체 기관/ 관리자	심장, 소장, 삼초三焦, 심포心包	위장, 비장	대장, 폐	콩팥, 방광	간, 쓸개
감각	촉각	미각	후각	청각	시각
인성	연인	평화 중재자	예술가	철학자	비전가
영적 자질	하나됨, 열린 가슴	중심을 지킴	영감	(대상 그 자체가) 될 수 있는 능력	창조성

나무(木)

나무는 봄의 원소로, 재생의 에너지를 지니고 있다. 성장의 힘으로서, 어린 식물이 대지를 뚫고 자라는 데 필요한 에너지이며, 식물이 햇빛을 향해 벋어나가고 튼튼히 자라도록 도와주는 에너지이기도 하다. 나무 원소가 지배적인 사람은 강한 자아 의식으로 대지에 뿌리 내리지만, 늘 더 큰 잠재력을 찾아 더 높은 곳에 도달하려 한다. 이 원소는 무척 창조적인데, 그 이유는 장애를 극복하는 능력을 지니고 있기 때문이다. 나무와 관련된 감각은 시각이다. 여기에는 문자 그대로의 시각뿐만 아니라, 자기 삶에 대해 갖고 있는 비전vision도 포함된다. 분노의 감정은 보통 부정적인 감정으로 간주되지만, 불의不義 같은 것에 적절하게 적용될 경우에는 에너지를 바꾸거나 긴장 상황을 전환시키는 작용을 할 수 있다. 나무의 창조적인 성장이 억제될 때는 침체가 뒤따를 수 있는데, 이는 나무 원소가 지배적인 사람들에게 가장 큰 도전거리 중 하나가 된다. 왜냐하면 자신이 갈 방향을 조망하면서 위쪽으로 계속해서 밀고 올라가는 것이 그들의 본성이기 때문이다.

나무 원소의 관리자는 간과 쓸개이다. 간은 '건축가나 전략가' 혹은 비전의 파수꾼이다. 이곳은 여러분의 삶에 대한 원대한 설계나 청사진이 보관되는 곳이다. 여러분의 삶을 위해 간이 만들어내는 계획은 유연하면서도 강해야 한다. 자신의 미래에 대한 분명한 비전과 함께, 간이 가진 창조적인 정신이 새로운 아이디어와 경험에도 열린 태도를 유지해야 하는 것이다. 쓸개는 '의사 결정자'이자 신중한 재판관으로, 간이 만든 계획이 집행되는 것을 감독하고 조율한다. 구성원 모두에게 득이 될 수 있도록, 쓸개가 명확성을 가지고 좋은 결정을 내릴 필요가 있다.

나무 원소가 균형을 잃으면, 극도로 통제하려는 성향이 나타나고, 경직성과 공격성이 드러나게 되며, 정체로 인한 동기 상실이 뒤따를 수 있다. 또한 이처럼 창조력이 무뎌짐으로 해서, 자신과 다른 사람들을 학대하는 행동을 보일 수도 있다. 중독 역시 나무 원소의 불균형 때문일 수 있는데, 그 이유는 창조적 성장을 이루지 못한 것을 보상받기위해 카페인, 담배, 마약이나 알코올에 의지하려고 하기 때문이다. 강박적이거나 무모한 행동, 일 중독자 같은 모습을 보이는 것은 모두 나무 원소가 균형을 잃었다는 신호이다. 이 원소의 열쇠는 유연하게 '흐름을 따라가는' 것이다. 긴장을 풀고, 삶의 스트레스가 여러분을 삼키도록 내버려두지 마라.

불(火)

불 원소는 찬란하고 열정적인 에너지를 지닌 생명의 불꽃으로, 마주치는 모든 것에 온기를 전해준다. 불 원소가 지배적인 사람에게서 스며 나오는 밝고 즐거운 에너지는 사람들을 끌어들이며, 이들의 가장 큰 바람은 결합을 통해 모든 것과 하나가 되는 것이다. 불의 기운을 가진 사람들은 특히 연인 또는 부부로서 하나가 되기를 갈망하며, 그것을 위해 자아 감각을 상실하는 것도 불사한다. 불의 계절은 여름으로, 태양의 열기가 식물을 성숙하게 하는 때이다. 따라서 우리가 기쁨, 사랑, 연민을 균형 있게 충실히 경험하면서 성숙할 때는 우리가 불과 함께할 때이다.

관리자를 둘씩 두고 있는 다른 원소들과는 달리 불 원소에는 관리자가 넷 있다. 심장은 왕국의 왕좌에 앉아 있는 '최고 통치자', 황제, 조종사로 간주되며, 그 사람의 의식을 나타낸다. 심장은 영이 저장되어 있는 곳으로, 신성the divine이 지상에 표현된 것이다. 왕의 본성을 가지고 있기 때문에 심장은 일상 생활의 사소한 일들로부터 방해받지 않는 순수한 환경 속에서 살아야 한다. 심장은 다른 모든 관리자들에게 너무나 큰 영향을 미치는데, 황제가 아프면 집이 혼란으로 가득 찰 수밖에 없기 때문이다.

심장과 짝을 이루는 장기는 소장으로, 소장은 '물질 변형의 관리자' 혹은 순수하지 않은 것에서 순수한 것을 분리해 내는 담당자이다. 즉 유익한 것과 유독한 것을 구분하도록 도와주는 관리자로, 이는 신체적인 것뿐만 아니라 정신적·감정적·영적인 것에도 해당된다. 우리 몸과 가슴, 머리를 오염시키는 점점 더 유독해지는 세계에서 살고 있기 때문에, 우리는 정신적 혼란, 감정적 기능 장애, 우울증에 직면하고 있다. 따라서 소장은 우리에게 먹을 것과 자양분을 주는 것과 그렇지 않은 것을 구분해 내느라 과도하게 일하고 있다.

불 원소의 나머지 두 관리자는 신체 내에 실제로 존재하는 기관은 아니지만 기능적으로는 기관의 역할을 하는 것들이다. 심포心包[1]는 '사람들의 기쁨'을 관장하는 기관으로, 행복하고 건강한 분위기를 만들어 심장을 보호하는 역할을 하고 있다. 이 기관은 심장에 해가 되는 생각과 이미지를 걸러낸다. 친밀한 관계들이 모두 심포에 의해 모니터

---

[1] 심장의 기능을 대행하고 심장을 보호하는 무형의 장부. 영어로는 'heart protector' 또는 'pericardium'이라고 보통 번역된다.—옮긴이.

링되어, 심장이 이들 관계들로부터 감정적·영적으로 자양분을 얻도록 한다. 삼초三焦[2]는 '온도 조절자'로, 모든 장기들 사이에 따스함이 공유되도록 하며, 집 전체의 온도를 균일하게 만들어준다. 전체 시스템을 데우고 식히는 식으로, 삼초는 신체의 세 가지 물리적 수준(상, 중, 하) 사이는 물론 몸, 마음, 영 사이의 전반적인 균형까지 유지하는 중요한 기능을 담당한다. 삼초는 한 사람 안에서뿐만 아니라 개인과 환경 사이의 관계에서도 균형을 유지하는 역할을 한다. 어떤 사람이 뜨겁거나 차갑다면 삼초가 손상되었을 가능성이 있다.

불 원소가 균형을 잃으면, 애정 관계에서 불안감이 생길 수 있고, 성적인 표현이 건강하지 못한 방식으로 나타날 수 있으며, 조울증 성향이 나타날 수도 있다. 또 활력, 기쁨, 웃음이 부족해지고 감정 기복이 심해질 수 있으며, 반대로 지나치게 민감해져서 정신쇠약 상태가될 수도 있다. 불 원소가 불균형일 경우 연결을 경험하기 위한 수단으로서 다른 사람들에게 받아들여지고 싶다는 강한 욕구가 생길 수 있다. 산만해지고 집중력이 떨어질 수도 있는데, 특히 소장이 균형을 잃었을 때 더 그러하다.

흙(土)

흙 원소는 우리가 '어머니Mother'와 맺고 있는 직접적인 관계를 보여준다. 이때 '어머니Mother'에는 지구, 우리의 생물학적 어머니, 그리

2_무형의 장부로, 각 장부들이 제 기능을 할 수 있도록 기능적으로 서로 연결해 주는 연결 통로나 기능 체계를 말한다. 상초, 중초, 하초의 세 가지로 이루어져 있다. 영어로는 'triple heater' 혹은 'triple warmer'로 보통 번역된다.—옮긴이.

고 우리 안의 모성母性이 모두 포함된다. 흙 원소가 지배적인 사람은 본성적으로 보살피거나 주는 것을 좋아하고, 동정심이 많아서 자신보다 다른 이들을 더 잘 돌보는 성향이 있으며, 따라서 훌륭한 치유사가 될 자질을 가지고 있다. 이들은 온갖 갈등 상황을 중재하는 평화 중재자들이다. 특히 공동체나 가족 내에서는 더욱 그러하여 중심 인물 역할을 하는 경우가 많다.

흙 원소가 지배적인 사람은 집과 공간에 강한 귀속감을 갖고 있으며, 익숙한 것에서 벗어나는 것을 싫어한다. 이들에게는 거절하는 일이 무척 어려운데, 그 이유는 자신을 필요로 하는 사람이나 상황에 늘 도움이 되려 하기 때문이다. 본성적으로 공감을 잘하고, 다른 이들의 고통도 잘 느끼지만, 자신의 굳건한 중심으로 쉽게 되돌아갈 수 있다. 삶의 달콤함은 흙 원소 사람이 갈구하는 것으로, 삶의 편안함에 지나치게 탐닉하는 경향이 있다.

흙 원소의 관리자는 위장과 비장이다. 위장은 '곡물 창고' 혹은 '썩히고 익히는' 것과 관련된 기관으로, '영양소의 바다'로 일컬어지기도 한다. 위장은 외부로부터 영양분을 받아서 이를 소화될 수 있는 형태로 바꾼다. 우리는 항상 삶의 경험들을 소화하고 있으며, 이 기관이 균형에서 벗어나 있으면 우리는 자양분을 공급받을 수 없다. 비장은 '수송 담당관'으로, 영양분을 우리 존재의 신체적·감정적·정신적·영적 수준 전반에 걸쳐 배분한다. 그것은 세포에 영양분을 전달하는 것만이 아니라 소변, 림프액, 혈액, 신경 자극, 기氣, 생각 등도 전달하는 역할을 한다.

흙 원소가 지배적인 사람이 불균형 상태가 되면 세상을 풍요롭지 못한 곳으로 볼 수 있는데, 그것은 이들이 적절한 영양분을 공급받지 못하고 있기 때문이다. 이 경우 그들은 심한 결핍감을 느끼고 남들이 자신에게 공감해 주기를 지나치게 원할 수 있다. 상처를 많이 받는다든지 건강 염려증 같은 소소한 질환들도 나타날 수 있다. 그와 반대로 다른 이들을 지나치게 돌보려 한다거나, 다른 사람들의 문제를 자기가 대신 풀어주려 한다거나, 자신과 다른 이들 간의 경계가 흐려지는 경향이 나타날 수도 있다. 흙 원소의 불균형은 모든 것에 대해 지나치게 걱정하고 안달복달하는 것으로 나타날 수도 있다. 곤란한 상황은 언제든 생길 수 있는데, 흙 원소가 불균형 상태에 있을 때에는 그것을 헤쳐 나가기가 힘들다. 흙 원소가 굳건하게 중심을 잡도록 하는 것이 중요한데, 그렇지 않을 경우 자신이 마치 통제 불능의 팽이가 된 듯한 느낌이 들 수 있다.

쇠(金)

쇠[3]는 에너지의 순수한 정수로, 문제의 핵심에 도달할 수 있는 능력을 지닌 원소이다. 쇠 원소는 삶의 지도 원리와 만물의 근본적인 작동 방식을 이해하려 애쓴다. 쇠 원소가 지배적인 사람은 예술가로서 뛰어난 미적 감각을 가지고 있으며, 고차원의 진리를 추구하고 철학과 고상한 논의를 사랑한다. 이들은 항상 삶의 본질을 이해하려 애쓰며, 이런 이해에서 생겨나는 영감에서 힘을 얻는다. 윤리와 높은 도덕 기준에 관심이 많으며, 외적인 장식보다는 내적인 강인함과 안정, 참된 지

3_5행의 금은 금속뿐만 아니라 돌 등도 포함한다.—옮긴이.

식 등의 자질에 집중한다. 흙 원소가 어머니라면, 금속 원소는 아버지이다. 아버지와의 관계에 내재되어 있는 것은 바로 권위와 존경에 대한 이해이다. 쇠 원소가 지배적인 사람은 자신의 가치를 입증해 보임으로써 사람들로부터 존중받고 평가받는 것을 중시한다.

쇠 원소의 관리자는 폐와 대장이다. 폐는 '리드미컬한 질서'의 관리자로, 들숨과 날숨을 통해 우리 시스템 전체의 속도를 정한다. 이 기관은 내부와 외부 사이의 교환을 관장하며, 주는 것과 받는 것 간의 균형이 이곳에서 발견된다. 폐는 공기와 관련되어 있으며, 천상으로부터 영감을 받아 우리를 모든 수준에서 새롭게 만들어주고 생명력의 정수를 강하게 느끼게끔 한다. 대장은 '배수와 찌꺼기'의 관리자로, 집을 청소하는 것이 그 임무이다. 만약 대장이 불균형 상태에 있게 되면 몸, 마음, 영이 쓰레기로 가득해지며, 그 상태를 그대로 방치하면 그 독으로 인해 우리의 존재 전체가 해를 입게 된다. 부정적인 생각이나 감정 같은 독소의 제거는 건강한 기능을 위해 아주 중요하다.

쇠는 단단해지면 무척 날카로워져서 베일 수 있다. 상처를 주는 가시 돋친 말은 쇠 원소가 불균형함을 보여준다. 완고하고 독단적인 행동 역시 마찬가지이다. 자아 존중감의 결여라든지 비판을 받아들이지 못하는 태도도 쇠 원소의 불균형에서 비롯하며, 내적 가치의 결여로 인해 외적 소유물을 계속해서 쌓아두려는 경향이 나타날 수도 있다. 불균형의 다른 징후는 영감이 떠오르지 않는 것이다. 이로 인해 자신이 아주 소중히 여기는 것을 잃어버렸다는 비탄에 빠질 수도 있고, 소중함(가치 있는 것)을 천함으로 바꿔놓으려는 부정적인 태도가 초래될 수도 있다. 또한 감정이 마비되어 사랑하는 관계가 더 이상 유지하지 못하는 결과가 빚어질 수도 있다.

물(水)

물은 지식의 원소이자 철학자의 지혜에 해당하는 원소로서 강력한 지성을 가지고 있으며, 자신의 세계 및 우주가 작동하는 원리에 대한 이해를 추구한다. 그릇에 담긴 물에서 볼 수 있는 고요함의 에너지와 흐르는 물에서 볼 수 있는 움직임의 에너지 모두를 지배하며, 균형을 위해서는 이 둘 모두가 필요하다. 목표를 향해 앞으로 나아가려는 태도도 필요하지만 조용한 명상도 똑같이 필요한 것이다. 물은 자신이 어디로 가고 있는지 알고 있으며, 거기에 도달할 수 있는 내적인 힘과 의지를 가지고 있다. 노자老子가 이야기하듯이 "물은 아무것에도 저항하지 않으면서 모든 것을 이겨낸다." 물은 모든 생명의 원천으로, 생명을 지키고 죽음을 피하려 애쓴다. 영의 자유로운 움직임은 물과 같으며, 기氣와 우리 생각의 유연한 움직임 역시 마찬가지이다.

물의 관리자는 방광과 신장이다. 방광은 물이 저장되는 '저수지 담당관'이다. 방광은 질 좋은 물이 충분히 유지되도록 하고, 필요할 때 그 물을 쓸 수 있도록 하는 책임을 지고 있다. 물이 막힘없이 자유롭게 흐르고 윤활액이 충분히 존재해서 우리의 몸이나 마음이 무언가에 고착되지 않을 때 적응력이 생겨난다. 신장은 '물의 제어자'로, 방광에서 물이 나오는 것을 조절하는 책임을 맡고 있다. 또한 신장은 조상의 기가 저장되어 있는 곳이기도 하다. 이 기는 태어날 때 우리에게 전해지는 것으로, 살아있는 내내 우리와 함께한다. 이 기가 소진되면 우리는 죽게 된다. 우리는 험하게 살면서 그 기를 빨리 소진할 수도 있고, 영적 수행을 통해 그 기를 건강하게 유지할 수도 있다. 신장이 균형 상태에 있을 때 우리의 기운, 의지력, 본능적인 생존 능력이 강해진다.

물 원소가 자유로운 흐름을 방해받으면 독선적이 되고 편협해질 수 있으며, 자신의 문제를 다른 사람들 탓으로 돌리는 경우도 많다. 균형을 잃은 물 원소는 외면적으로는 강해 보일 수 있지만, 실제로 내면적으로는 두려움에 울고 있다. 물 원소가 지배적인 사람에게는 삶의 대의大義나 목적이 중요하며, 그것이 없으면 깊은 고통에 빠져 심지어 살아갈 의지를 잃어버리기도 한다.

오행에 대한 이상의 간략한 설명은 여러분이 자신과 다른 이들의 기본적인 본성을 이해하는 출발점이 될 수 있다. 오행은 우리의 가장 깊은 곳에 체화되어 있는 본성의 패턴을 보여준다. J.R. 워슬리는 "각 원소들의 영spirit, 변화와 변형의 사이클 속에 있는 이 각각의 독특한 캐릭터들이 생명을 지탱하고, 우리 자신을 포함한 자연 전체에 목적과 성장, 성취의 감각을 가져다준다"고 말한다. 오행이 균형 잡힌 상태에서 살아갈 때 우리는 자연과 또 우리의 모든 관계들과 조화를 이루게 된다.

어느 날 세릴이 나를 찾아와, 기력도 떨어지고 갑상선 기능에도 이상이 오고 소화불량으로 변비도 생겼다면서 투덜댔다. 신체 증상에 대해 듣고 나서, 나는 그녀에게 감정 상태는 어떤지 이야기해 보라고 했다. 그러자 그녀는 남편과의 관계 때문에 자신이 몹시 불행한 상태라고 했다. 남편과 헤어지고 싶지만, 가정이 깨지는 것은 싫다고 했다. 가정은 세릴에게 무엇보다 중요했다. 그녀는 가정의 중심에서 엄마 역할 하는 것을 사랑했다. 그녀는 자신이 이 관계 속에 갇혀 있으며, 탈

출구가 없다고 느꼈다.

세릴의 이야기를 듣고 있는데 내 안에서 동정심이 솟아났다. 그녀를 끌어안고 그냥 마음껏 울게 해주고 싶었다. 모든 징후가 그녀의 주된 원소가 흙이며, 빠져나올 수 없는 불행한 결혼 생활로 인해 흙 원소가 균형을 잃었음을 보여주고 있었다. 치유를 시작하면서 나는 달맞이꽃에게 세릴의 흙 원소한테로 가서 그녀가 건강과 균형을 되찾아 진정한 자신으로 되는 데 필요한 것들을 주라고 부탁했다.

달맞이꽃은 노란색 꽃이 피는 아름다운 2년생 풀이다.[4] 처음 달맞이꽃의 영을 만났을 때 기억이 난다. 달맞이꽃의 중심으로 끌려들어가자 환하게 미소 짓고 있는 아주 작은 존재가 보였다. 그 영은 나를 데리고 다니며 이 작은 세계 안에 있는 다른 존재들을 모두 소개시켜 주었는데, 그들은 모두 미소를 짓고 있었다. 그들 모두는 에너지의 흐름처럼 보이는 것을 통해 대지와 연결되어 있었다.

달맞이꽃의 영에게 나도 그렇게 할 수 있는지 묻자, 그녀는 내 존재의 중심에 서서 연결을 부탁해 보라고 했다. 내 내부에서 묵직한 맥동이 느껴졌다. 주위를 돌아보자 나는 대지뿐만 아니라 이 작은 세계 속 모든 존재 및 사물들과 연결되었음을 깨달았다. 연결이 깊어지면서 커다란 충족감이 밀려왔다. 나중에 달맞이꽃 영과의 이 만남에 대해 돌이켜보면서, 나는 이 식물 영의 치유 선물 중 하나가 흙 원소의 균형을 회복시키는 것임을 알게 되었다.

4_ 밤에 꽃이 핀다고 해서 달맞이꽃이라 불린다. 꽃의 향이 무척 좋으며, 씨에 몸에 좋은 기름이 포함되어 있어 씨를 차로 마시거나 기름을 짜서 먹기도 한다. 한국에서도 야생화로 흔히 볼 수 있다.—옮긴이.

달맞이꽃에게 세릴의 흙 원소에 균형을 회복시켜 달라고 부탁하면서, 나는 달맞이꽃 영의 웃는 얼굴을 떠올렸다. 그러자 대지와 연결되는 맥동이 다시 느껴졌다. 나는 달맞이꽃에게 세릴이 자신의 참된 본성 속으로 걸어 들어가고 이 길에서 오직 그녀에게 도움이 되는 것들만 나타나도록 도와달라고 부탁했다.

결국 세릴은 남편과 이혼하고 독립했다. 그녀는 가정을 깬다는 사실이 슬펐지만, 자신이 그리워하는 것이 가정에 대한 이상일 뿐 불행했던 자신의 실제 가정 생활은 아님을 깨달았다. 예전에 그녀는 가정이 깨지면 자신이 살아갈 수 없으리라 생각했지만, 지금은 자녀들과 함께 새로 꾸린 가정이 그때보다 더 행복하다는 걸 발견하고 있다.

차크라 시스템

차크라 시스템chakra system에 대한 지혜를 우리에게 전해준 고대의 요가 수행자들에게 감사드린다. 또 차크라에 대한 깊이 있고 통찰력 있는 설명을 제공해 준 저자이자 상담사, 요가 강사이기도 한 아노디아 주디스Anodea Judith에게도 감사의 말을 전하고 싶다. 여기서 이야기하는 내용 중 일부는 주디스의 설명에 바탕을 두고 있다.

차크라는 회전하는 빛의 소용돌이로서, 에너지 체(우리의 신체적 몸을 계란 모양으로 둘러싸고 있는 빛 혹은 오라)의 기관과 같은 것이다. 《생명의 바퀴Wheels of Life》의 저자인 아노디아 주디스는 차크라를 "생명 에너지를 수용, 흡수, 전달하는 유기체의 중심점"이라고 말한다. 차크라는 우리와 더 넓은 세계 사이의 에너지 교환이 일어나는 관문portal이다. 일곱 개의 주요 차크라가 있으며, 각 차크라는 각기 다른 자질 혹은 본질을 가지고 있다. 차크라들이 열려 있고 장애 없이 잘 회전할 경우, 우리는 내부 세계 및 외부 세계와 조화를 이루게 되어, 천국과 지상 사이에 무지개다리가 만들어지게 된다. 다음 표에 각 차크라와 그에 상응하는 것들이 나와 있다.

차크라 시스템과 그에 상응하는 것들

차크라	색깔	감각	원소	신체부위	분비선	정체성	본능적 기능	작동하는 힘
뿌리	빨강	냄새	흙	대장, 성기, 피	생식선	신체적	생존, 뿌리 내리기	중력
단전	주황	맛	물	자궁, 면역, 신장, 방광	부신	감정적	욕망, 성	반대편 극성에 이끌림
태양 신경총	노랑	시각	불	소화계, 간, 쓸개	췌장	에고	힘, 의지	연소
가슴	초록	촉각	공기	폐, 심장, 팔, 젖가슴, 손	흉선	사회적	연민, 사랑, 평화	균형
목	파랑	청각	소리	목구멍, 입, 목, 어깨	갑상선	창조적	소통, 창조성	공명
제3의 눈	남색	직관	빛	눈, 얼굴, 호르몬계	송과선	원형적	진실, 지각	홀로그램적 인상
정수리	보라	순수한 에너지	생각	신경계, 대뇌피질	뇌하수체	통일적	이해, 진실성, 지혜	조직화의 힘

뿌리 차크라 Root Chakra

빨간색 뿌리 차크라는 척추의 가장 아래쪽에 있으며, 견고한 물질적 기초를 제공해 준다. 우리의 생존 본능이 이 첫 번째 차크라에서 나온다. 이 차크라는 우리를 물질 세계와 연결해 주며, 이 차크라를 통해 우리는 현실에 뿌리를 내리고 집과의 익숙한 연결 속에서 안전하고 편안함을 느끼게 된다. 흙 원소를 온전히 껴안을 때 자신에 대한 확고한 이해가 생겨나고 삶 속으로 흔들림 없이 나아가는 데 필요한 것들을 갖게 된다. 이 첫 번째 차크라를 통해 대지와 연결됨으로써, 우리는 중력을 우리를 향한 대지의 사랑이 표현된 것으로 해석할 수 있게 된다. 대지가 우리를 자신의 몸에 최대한 가까이 껴안고서 우리의 물리적 존재를 먹여 살리는 것이다.

뿌리 차크라는 우리가 우리 몸을 이해하고 건강한 몸을 위해 무엇이 필요한지 이해하는 데 도움을 준다. 어떤 사람이 먹는 것과 관련해 문제가 있다면, 이는 뿌리 차크라가 불균형 상태에 있음을 나타내는 것일 수 있다. 음식 섭취가 우리의 물질 형태를 만드는 데 가장 중요하기 때문이다. 또 첫 번째 차크라를 통해 대지에 뿌리 내리지 못할 경우 주거나 직장 등 기본적인 생존과 관련해 문제가 생길 수 있다. 뿌리 차크라는 개인적인 생존뿐만 아니라 종 차원의 생존하고도 관련이 있다. 불균형 상태에서는 생식이나 재생산에 문제가 나타날 수 있기 때문이다.

이 생존 센터에서 결핍과 관련된 문제가 발생하면, 생명을 유지하지 못할까 하는 두려움이 생길 수 있다. 이런 빈곤 의식은 여러 원인에서 발생할 수 있지만, 첫 번째 차크라가 건강해야 자신이 필요로 하는 것을 우주가 제공해 줄 것이고 모두의 필요를 충족시키기에 충분한 것이 세상에 존재함을 알게 된다. 결핍에 대한 두려움은 물질 재화를 과도하게 축적하는 식으로 나타날 수도 있는데, 이는 깊이 뿌리를 내리지 못하고 표면 차원에서만 작동하는 첫 번째 차크라를 보상하기 위한 방식이다.

단전 차크라(천골 차크라)Hara Chakra

두 번째 차크라 혹은 주황색 하라Hara(단전)[5]는 배꼽 바로 아래에 있으며, 우리가 '다른 존재'를 인식하고 삶에서 끌림의 힘을 경험하기 시작하는 곳이다. 자기 바깥에 존재하는 다른 이에 대한 인식은 현실의 이원적 측면을 이해하도록 해준다. 우리는 하나가 아니라 둘이다. 이 외견상의 양극성 속에서 우리는 '다른 존재'를 이해하려 애쓰며, 다른 것에 대한 갈망이 깨어나면서 우리의 의식이 확장된다. 우리는 자신을 감정적 존재로 경험하며, 다른 이들의 감정을 느끼고 감정이입을 한다.

첫 번째 차크라에서 우리는 물질의 견고함을 알게 되고, 두 번째 차크라에서는 유동적인 물 원소 때문에 움직임이 일어난다. 이 움직임으로 인해 우리는 자신의 형태를 내려놓고 다른 이의 경험 속으로 흘러들어 가게 된다. 에너지가 다른 이와 함께 흐를 때 단전에서는 쾌감이 일어난다. 첫 번째 차크라에서 우리는 재생산을 하지만, 두 번째 차크라에서 우리는 자신의 성애sexuality를 발견한다. 쾌감은 성애를 통해서뿐만 아니라, 진화 과정에서 우리와 함께해 온 창조력을 통해서도 경험된다.

아노디아 주디스는 "쾌감은 우리를 확장시키는 반면, 고통은 우리를 수축시킨다. 만약 우리가 물질 세계의 고정된 형태로부터 경계가 없는 의식의 세계로 확장된다면, 그 과정에서 가장 먼저 경험하는 것 중 하나가 쾌감이다. 그 덕분에 의식이 우리 몸의 신경계 전체만이 아

5_ '하라'는 복부를 뜻하는 일본어로, 단전으로 번역할 수 있다. 이를 차크라의 하나로 분류하는 사람도 있지만, 차크라보다 좀 더 심층적인 수준의 에너지 센터를 가리키는 의미로 사용하는 사람들도 있다.—옮긴이.

니라 외부의 다른 이들에게까지 미치게 된다"고 하면서, "쾌감은 몸의 건강, 영의 회복, 그리고 개인적 관계나 문화적 관계들의 치유에 필수적"이라고 덧붙인다.

단전의 불균형은 성적 관계나 태도에 문제를 일으킬 수 있고 쾌감을 억누르는 형태로 나타날 수도 있다. 성적 학대를 받으면 보통 두번째 차크라가 닫히게 된다. 이 경우 치료를 받은 뒤에도 이 차크라를 계속 열린 상태로 유지하기가 어려운데, 그 이유는 이 차크라를 닫아야 앞으로 있을 수 있는 학대로부터 자신을 보호할 수 있다고 여기기 때문이다. 또한 재생산 기관에 문제가 생길 수도 있다. 그것은 재생산 기관과 성적 기능이 직결되어 있는 경우가 많기 때문이다. 또 다른 문제로는 감정의 억압으로 인해 고통을 겪는다든지 창조적인 움직임이 저하되는 등의 현상이 나타날 수 있다. 창조적 움직임이 둔해지면 자신의 성장이 지체된 것을 다른 사람을 통제함으로써 보상받으려 들 수 있다. 이러한 통제는 성, 돈, 권력을 통해서 일어날 수 있다.

태양신경총 차크라Solar Plexus Chakra

세 번째 차크라인 노란색 태양신경총은 윗배 중앙에 위치하며, 여기서 나오는 불꽃은 딱딱한 물질에서 에너지를 만들어내는 변형의 능력을 가지고 있다. 우리는 태양신경총의 불을 부려서 우리 에고ego를 위해 일하도록 만든다. 첫 번째 차크라에서 자아self가 태어나고, 두 번째 차크라에서 '다른 존재'가 경험되고 난 다음, 우리의 에고는 분리되기를 선택하는 독립적인 자아autonomous self 속으로 우리를 데려간다. 이런 진행은 필수적이다. 이 과정에서 우리는 더 넓은 세계와의 관계 속에 자신을 정의하고 그 속에서 자신의 역할을 결정해 가기 때문이다.

세 번째 차크라에서 우리는 삶의 목적이 무엇인지 그리고 그것을 이루기 위해 어떤 행동을 해야 하는지 이해하기 시작한다. 이런 행동에는 의지력이 필요한데, 의지력이 있어야 의식적으로 자신의 미래를 펼쳐 나아갈 수 있기 때문이다. 따라서 세 번째 차크라의 기능은 의지력과 관계가 있다. 우리가 자신에 대해 갖고 있는 개념은 세 번째 차크라에서 형성이 된다. 이 차크라가 균형 잡혀 있을 때 우리는 자존감이 확고해지며 스스로의 의지로 생기 있고 건강한 선택을 하게 된다. 세 번째 차크라의 손상은 자존감 저하로 나타날 수 있으며, 이로 인해 자기 파괴적인 악순환이 이어지면서 우리의 삶의 불꽃 자체가 위협을 받을 수 있다.

아주 많은 사람들이 어린 시절 겪은 경험 때문에 낮은 자존감으로 인한 고통을 받고 있다. 부모, 선생, 또래 등으로부터 뭐가 되어도 좋다고 용기를 북돋는 말을 듣기는커녕 뭘 해도 불충분하다는 메시지만 받은 것이다. 불행히도 '불충분하다'는 말을 반복해서 들으면 세 번째 차크라가 닫히게 된다. 치료를 통해 차크라가 열렸다 해도, 이 같은 내적 메시지가 여전히 재생되기 때문에 차크라는 계속 닫히고 만다. 오래된 행동 패턴에 갇혀 한계를 넘어서지 못하는 것도 태양신경총의 불균형으로 인한 것일 수 있다. 불균형으로 인한 또 다른 문제는 위협을 통해 타인들을 통제하고 싶어 하는 에고의 모습이다. 건강한 에고는 세상에 봉사하고자 애쓴다.

가슴 차크라Heart Chakra

네 번째 차크라는 녹색의 가슴 차크라로 양 젖가슴 사이인 가슴 중앙에 위치해 있으며, 위쪽 차크라들과 아래쪽 차크라들 사이에서 균형점을 이룬다. 여기서 우리는 에고를 넘어서 자신보다 더 큰 무언가를 경험하기 시작한다. 세상이 우리가 예상했던 것보다 훨씬 크다는 것을 이해하기 시작한다. 서로 연결된 관계들을 포괄하고 있는 하나의 통일장이 펼쳐져 있음을 인식하게 되는 것이다. 통일성unity에 대한 인식이 만개하게 되면서 다른 사람들에 대해서뿐만 아니라 우리가 관계 맺는 모든 것들에 대한 연민compassion이 생겨나고, 그 결과로 사랑(모든 것을 하나로 묶어주는 접착제)의 흐름 속에 들어서게 된다.

균형 잡히고 열려 있는 가슴 차크라에 의해 하늘과 땅 사이의 균형이 유지될 때 가슴에서는 평화가 퍼져 나온다. 공기 원소는 가슴 차크라에 거주하며, 우리의 존재 전체에 생기를 전해주는 것은 바로 심장이 받아들이는 우리의 숨이다. 이곳은 또한 식물 세계와 우리 사이의 주된 연결 지점이기도 한데, 그 이유는 식물의 날숨이 우리의 들숨이 되기 때문이다. 대부분의 풀과 나무의 색깔인 초록색은 우리의 가슴 차크라와 직결되어 있으며, 이는 우리를 향한 식물의 사랑을 보여준다. 식물과 소통하는 가장 쉬운 통로 중 하나가 숨을 매개로 가슴 차크라를 통해 소통하는 것이다.

가슴 차크라는 거의 언제나 어떤 식으로든 손상되어 있으며, 심지어 세 번째 차크라보다도 훨씬 더 심하게 망가져 있다. 우리의 가슴은 다른 사람들에 의해서 그리고 가슴을 찢어놓는 우리 문화로 인해서 난타당하고 하찮게 취급되고 학대받아 왔다. 매일 그런 고통을 겪거나 목격하면서 계속해서 가슴을 열어두기란 어렵다. 가슴 차크라의 불균형으로 인한 증상은 우울증이다. 기본적으로 우울증은 자신으로부터, 타인으로부터, 그리고 지구로부터 분리된 상태에 기인한다. 배신, 버림받음, 지구의 파괴 등을 통해 분리가 일어날 때, 우리의 가슴은 진정한 자신, 사랑하는 사람들, 우리의 파트너 지구와 다시 하나가 되기를 바라며 흐느껴 운다. 하나됨union은 가슴의 고향이고, 분리는 그 가슴을 찢는 일이다.

목 차크라Throat Chakra

다섯 번째 차크라는 파란색 목 차크라로, 목 아래쪽의 움푹 들어간 곳에 위치해 있으며, 여기에서 소통이 이루어진다. 소통은 우리가 세상의 다른 존재들과 상호 작용하는 방식으로, 그 대상은 사람, 동물, 식물, 지구, 원소 등이다. 소통의 기초는 공명, 즉 파장이 같아지는 것으로, 동조화entrainment라고 불린다.(4장 참조) 비록 우리가 다른 사람들과 말을 주고받고 있더라도, 서로 진동이 일치하지 않으면 진정으로 소통하고 있는 것이 아니다.

심장은 신체 내에서 가장 큰 진동자로, 동조화를 일으키는 데 기여한다. 하지만 목 차크라는 공명에 창조적인 표현을 부여한다. 이 차크라는 우리가 진동, 빛, 포지셔닝을 통해 받은 것들을 해석해서 주변 세계로부터 의미를 끌어내도록 돕는다. 여기에서 포지셔닝이란 어떤 그림의 구성 요소들을 모두 포함시켜 하나의 완전한 이야기를 끌어내는 것을 말한다.[6] 또한 목 차크라는 시공간을 가로질러 일어나는 비언어적 소통 혹은 텔레파시(이는 사람하고는 물론이고 식물과도 가능한 소통의 방식들이다)를 받아들이는 것에까지 관여한다.

용기가 다섯 번째 차크라의 자질인데, 그 이유는 목 차크라가 진실만을 이야기해야 하는 에너지 센터이기 때문이다. 순응하기를 강요받으면서 우리 고유의 목소리는 어릴 적부터 억압을 받아왔다. 어른이 될 무렵이면 우리의 목 차크라는 두려움으로 꽉 닫히게 된다. 목소리, 글, 예술 창작 등 어느 것을 통해서도 진실을 제대로 표현하지 못한 결과이다. 다섯 번째 차크라의 불균형은 말을 내뱉는 것에 커다란 두려움을 느낀다든지 뒷담화 같은 부정적인 방식으로 많은 말을 한다든지 하는 것으로 나타날 수 있다. 창조적 표현의 결여나 삶과의 부조화 상태 역시 불균형의 징후일 수 있다. 삶에서 아무 의미가 느껴지지 않을 경우에도 목 차크라의 균형을 회복할 필요가 있다.

제3의 눈 차크라 Third-Eye Chakra

여섯 번째 차크라는 남색의 제3의 눈 차크라로, 양 눈썹 사이에 위치해 있으며, 우리가 내적·외적 비전vision을 경험하는 곳이다. 위쪽 차크라들에서 우리는 확장을 향해 움직이며, 따라서 우리와 전체 사이의 경계가 얇아지고 자유는 더 커진다. 여섯 번째 차크라에서는 확장된 인식 덕분에 우주에 대한 홀로그램적인 인상imprint을 받아들일 수 있다. 자신의 내면 스크린으로 이미지들을 받는 훈련을 충분히 하면 누구나 이런 투시 능력을 기를 수 있다. 이는 주의와 의도의 집중을 통

6_13장의 민들레에 관한 부분에서 이에 관한 자세한 설명이 나온다. 그리고 7장에 나온 로즈마리에 대한 백일몽 역시 그 예에 해당할 것이다.─옮긴이.

해 가능하며, 이것이 가능해지면 시공간을 가로질러 상상으로 직접적인 연결을 만들어낼 수 있다.

제3의 눈 차크라에서는 직관이 활성화되며, 이는 근본적인 수준의 앎을 우리에게 선사한다. 자신의 직관을 신뢰함에 따라 우리는 스스로 깨어서 아는 상태로 들어가게 되고, 이 상태에서는 누군가에게 의존해 알거나 지시를 받을 필요가 없어진다. 가르침을 받는 상황이란 단지 우리가 내면에서 이미 진실이라고 알고 있는 것을 직접 실천할 기회를 주는 것에 불과하다.

다섯 번째 차크라에서는 소리로 상호 작용했지만, 여섯 번째 차크라에서 우리는 빛으로 상호 작용을 한다. 가시광선 영역에서 우리는 색깔을 통해서 빛을 경험하는데, 이는 특정 차크라의 진동을 파악하는 주된 방식 중 하나이다. 제3의 눈 차크라는 우리가 다른 색깔의 주파수들이 미치는 영향을 해석하는 능력을 발전시키도록 도와준다. 여섯 번째 차크라의 불균형은 주어진 상황에서 어떻게 앞으로 나아갈지 명확히 보지 못한다거나, 자신의 길에 대한 감각을 잃어버리는 식으로 나타날 수 있다. 직관적으로 보는 눈이 부족해서 계속 좋지 못한 결정들을 내리거나 망상에 빠진다면, 여섯 번째 차크라가 손상되었을 가능성이 크다.

정수리 차크라Crown Chakra

일곱 번째 차크라는 보라색 정수리 차크라로, 머리 꼭대기에 위치하고 있다. 이곳은 초월transcendence과 관련된 에너지 센터로, 우리 자신과 모든 생명 속에 녹아들어 있는 신성을 아는 곳이다. 이 차크라에서 오는 해방은 물질 세계에 대한 집착을 놓아버리고 전체 의식universal consciousness 속으로 확장되는 것이다. 여기서 우리는 '항상 그 자리에 머물러 있는 전체All That Is'와의 연결을 경험할 수 있으며, 이때 이 창조주의 에너지가 나선형으로 감겨들어 와 우리의 모든 차크라에 생명력을 가져다주게 된다.

진실성integrity과 지혜가 정수리 차크라와 관련된 자질이다. 진실성은 우리가 더 이상 자신의 진실로부터 분리되어 있지 않고 완전하다는 느낌을 갖게 해준다. 이럴 때 우리는 완벽하게 정직해질 수 있다. 지혜는 단순한 지식의 축적 이상이다. 그것은 내적인 앎을 의미 있는 맥락 속으로 통합시키는 능력이다. 일곱 번째 차크라를 통해서 만물에 질서를 부여하는 조직화의 힘organizing principle이 인식된다. 서로 연결된 광대한 생명의 그물 속에서 모든 것이 자신의 자리와 목적을 가지고 있음을 이해할 수 있게 되는 것이다.

정수리 차크라의 불균형은 생명을 주는 에너지로부터의 단절이나, 자신보다 큰 것이라면 무엇이든 부정하려는 태도, 혹은 부정직의 형태로 나타날 수 있다. 정수리 차크라가 닫혀 있는 경우는 드문데, 내 생각에는 그 이유가 근원 에너지가 너무도 강력하게 우리의 정수리에 생명력을 쏟아 붓고 있어서 그 연결 통로가 닫힐 틈이 없기 때문인 듯싶다.

캘리포니아에서 온 제니퍼는 자신의 차크라 하나를 정화한 경험을 이렇게 이야기한다.

"요르바 만사Yerba Mansa[7]는 벨리 댄서의 모습으로 저에게 나타났어요. 황금 동전들이 달린 허리띠를 차고 사방을 돌며 춤을 추었지요.

그녀는 저에게 치유 선물로 금으로 만든 밤색 왕관을 하나 주면서 정화가 필요할 때 그것을 세 번째 차크라 위에 올려놓으라고 했죠. 어느 날 저는 약초 학교에서 백일몽을 꾸면서 플라워 에센스를 만들 준비를 하고 있었어요. 백일몽에서 그녀가 그러더군요. 제가 다른 이들에게 숨겨온 모든 걸 자신이 되돌릴 수 있으며, 그렇게 하면 제가 자연스럽고 편안하게 스스로를 표현할 수 있고 그냥 제 자신으로 존재하게 될 거라고요. 저는 황금으로 된 밤색 왕관을 상상하면서, 그것을 플라워 에센스를 만들려고 대접 속에 넣어둔 꽃 위에 놓았어요. 요르바 만사와 세 번째 차크라 사이에 연결이 이루어졌다는 건 알았지만, 그것이 저에게 무엇을 의미하는지는 몰랐지요.

뜨거운 한낮이라 저는 그늘에 가서 쉬었어요. 그러다 돌아가서 다시 황금 밤색 왕관을 플라워 에센스 위에 올려놓자, 왕관과 제 세 번째 차크라가 연결되었어요. 그러자 이상한 일이 벌어졌지요. 제 세 번째 차크라에서 빛이 흘러나오더니 왕관과 플라워 에센스에 가 닿은 거예요. 그 순간 제가 가진 창조력, 제가 여성으로서 가지고 있는 힘이 느껴졌어요. 그제야 저는 제 세 번째 차크라가 닫혀 있었고, 벨리 댄스를 추는 요르바 만사의 영이 황금 밤색 왕관으로 그것을 열어줘 저의 자존감과 창조력을 회복시켜 주었다는 걸 알게 되었지요. 당시 저는 책을 쓰기 시작한 지 얼마 되지 않은 때였는데, 그 경험 덕분에 제가 책을 끝마칠 수 있었고 또 제 개인적인 이야기도 책 속에 포함시킬 수 있

7_ 삼백초과의 식물로 북미 원산이다. 염증 치료에 효과가 있는 것으로 알려져 있다. 한국에서는 삼백초, 약모밀 등이 같은 과의 식물이다.—옮긴이.

었다고 확신해요. 예전이라면 책에 개인사를 포함시키는 건 불가능한 일이었을 거예요."

요르바 만사는 제니퍼의 주된 식물 협력자 중 하나가 되었으며, 제니퍼 개인의 치유는 물론 그녀가 다른 이들을 치유하는 일도 돕고 있다. 특히 닫힌 태양신경총 차크라를 열고 정화하는 데 큰 도움을 주고 있다.

메디신 휠

메디신 휠medicine wheel을 이용한 작업을 내가 맨 처음 접한 것은, 몬태나 주에서 브룩 메디신 이글Brooke Medicine Eagle이 연 비전 탐구 캠프에서 브룩의 조수 역할을 할 때였다. 각 방향과 연결 짓는 것들이 토착 부족별로 다를 수 있지만, 중요한 점은 어느 부족이든 똑같이 인생 여정을 돕는 신성한 지도로 메디신 휠을 활용했다는 것이다. 시간이 흘러 휠의 각 방향에 머무는 경험을 스스로 해봄에 따라, 내 나름의 관점과 이해가 생겨났다.

흔히 삶의 수레바퀴wheel of life로 일컬어지는 메디신 휠은 인간의 조건과 인생 사이클에 관한 모든 것을 우리에게 비춰주는 거울 같은 역할을 한다. 밤낮의 사이클, 계절의 사이클, 달의 사이클, 우리 삶의 사이클과 단계들, 지구 차원의 사이클, 그리고 삶과 죽음, 재탄생 같은 더 큰 범위의 사이클이 메디신 휠을 통해 보여지는 것이다.

메디신 휠에서 '메디신medicine'이란 말은 영의 에너지를 가리키며, 물리적 형태의 메디신 휠은 영, 자아, 자연이 함께 원둘레에 모여 앉는 중심점 역할을 한다. 지상에서 인생길을 여행하는 동안 우리는 휠

빅 혼Big Horn 메디신 휠 (사진 : Courtney Milne)

의 각 지점에 여러 번 서야 하며, 휠의 한 곳에서 다른 곳으로 옮겨가면서 그 각각의 지점이 우리 삶에 방향을 제시하는 가이드 역할을 하도록 허용해야 한다.

메디신 휠은 동물, 식물, 돌, 원소, 가르침, 사이클, 위상位相 등 서로 연결된 광대한 생명의 그물을 대변하는 것으로, 그 모든 것들이 삶과 삶의 많은 측면들을 깊이 이해할 수 있도록 하는 통로 역할을 한다. 휠을 따라 움직이면서 우리는 지금 자신이 어디에 있는지, 그리고 성장해서 자신의 잠재력을 완전히 실현하기 위해서는 어디로 움직여야 하는지 알게 된다.

동쪽

우리는 메디신 휠의 여정을 이른 아침 해가 뜨는 장소인 동쪽에서 시작한다. 신선한 관점으로, 새로운 시작의 날개 위에 실려 오는 약속과 함께 새로운 날을 맞는다. 동쪽은 봄철의 깨어남의 에너지를 지닌다. 봄은 개똥지빠귀들이 돌아오고 식물들이 움직이기 시작하는 때이다. 동쪽의 여명은 새로운 아이디어와 신선한 관점, 영감을 가져온다. 동쪽의 공기 원소는 변화의 바람을 가져와서 새로운 위치를 창조해 낸다. 동쪽이 지닌 이런 추진력과 정신적 명확함 때문에, 현재 상황을 바꾸려는 결정이 쉽게 일어난다. 독수리가 동쪽 높이 날아서 광대한 시각을 가져다준다. 광각 렌즈를 낀 것처럼 인식의 지평이 확장되는 것이다. 이 광대한 시각 덕분에 멀리 떨어진 것들이 보이며, 미래에 일어날 일들에 대한 희망이 생겨난다.

동쪽의 노란색은 빛을 가져와 길을 비추거나 인생의 난관을 조명하는 데 도움을 준다. 빛으로 가득 찬 이곳에서는 쾌활하고 밝은 전망이 지배적일 수 있다. 어떤 사람이 동쪽 방향에 고착되어 있다면, 그는 늘 미래에 살고 있음으로 해서 삶에서 변화를 시도하거나 시작하는 일은 많지만 끝내는 것은 아무것도 없는 것처럼 보일 수 있다. 반대로 어떤 사람이 새롭게 시작할 필요가 있다면 휠의 동쪽으로 가야 한다. 삶의 전망이 막혀 있거나 변화에 대한 두려움이 있다면, 이는 동쪽으로 움직일 필요가 있음을 보여주는 것일 수 있다.

남쪽

계속해서 우리는 메디신 휠의 남쪽으로 이동한다. 남쪽은 여름철의 따스함과 편안함이 있는 장소이다. 남쪽에서는 식물이 힘차게 자라 성숙하며, 식물들이 가져오는 풍요로 인해 모두가 자양분을 공급받는다. 이 비옥한 곳은 또한 인간이 자라고 성숙해서 자신의 최고치를 실현할 수 있도록 해준다. 남쪽에서는 태양이 밝게 타올라 열기를 가져다주며, 이로 인해 열정이 불타오르고 욕망이 일어난다. 쿤달리니 에너지가 척추를 타고 올라 성적 활력과 에너지의 역동적인 교환을 가져온다. 남쪽의 붉은 불이 밝게 타올라서 창조의 과정을 촉진시키고 그것을 현실에서 실현하도록 돕는다. 남쪽의 즐거운 에너지는 어린아이 같은 가벼움과 장난기를 가져온다. 바로 이곳에서 우리는 춤추고, 즐겁게 떠들며, 쾌감에 자신을 내맡긴 채 지복으로 자신을 가득 채운다. 영을 형태 속에 불어넣는 도구가 바로 지복이다.

이곳 남쪽에서는 코요테가 속임수를 써서, 우리로 하여금 자기 모습을 보고 웃게 만들며, 우리가 삶을 너무 심각하게 받아들이고 있음을 깨닫게 한다. 끊임없이 파티를 즐긴다든지 성性에 광적으로 집착한다든지 지나치게 창조성의 실현에 몰두하여 탈진하는 등의 징후를 나타낸다면 남쪽에서 벗어날 필요가 있는 사람이다. 반대로 미성숙한 행동을 하는 사람, 창조성이 막힌 사람, 삶에 대한 열정이 없거나 좀 즐겁게 지낼 필요가 있는 사람은 남쪽으로 가야 할 사람이다.

서쪽

메디신 휠을 따라 서쪽에 도착한 우리는 황혼을 경험한다. 서쪽은 세계들 간의 베일이 얇아져서 우리가 다른 차원을 들여다볼 수 있는 곳이다. 이곳에서 우리는 내면을 자세히 들여다보고, 통찰력을 얻기 위해 우리 존재의 깊숙한 곳까지 내려간다. 이 내면 성찰의 공간은 우리가 자신을 분명하게 알도록 해준다. 서쪽은 감정들의 장소로, 이 곳에서 우리는 자신의 감정과 다른 사람들의 감정을 접하게 되고, 그 결과로 감정이입이 일어난다. 서쪽에서는 물이 깊게 흘러서 우리를 존재의 우물 속으로 데려간다. 이 우물에서 우리는 어떤 난관도 헤쳐나갈 수 있는 자원을 발견할 수 있다.

서쪽은 우리를 가을 속으로 데려간다. 가을은 노동의 결실을 수확하고 다가올 겨울을 위해 저장하는 때이다. 서쪽의 파란색/검정색은 우리가 자신의 모든 것을 껴안을 수 있도록 어두운 곳들로 데려가서 우리 내면의 악마들을 대면하도록 한다. 이곳 서쪽에서는 조상들이 우리 뒤에 늘어서서 우리가 어디에서 왔는지를 상기시킨다. 그들의 짐이 우리에게 전해졌기에, 우리는 그들이 편히 쉴 수 있도록 그 짐들을 내려놓으려 애쓴다.

서쪽의 생쥐는 나쁜 시력으로 잽싸게 움직인다. 가까운 주변만 또렷이 보고 눈앞의 것들만 처리하는 것이다. 내면 성찰을 너무 많이 해서 반사회적인 행동을 보이는 사람은 서쪽에서 벗어날 필요가 있다. 또 지나친 감정이입으로 자신과 타인 간의 경계가 흐릿해지거나 지나치게 감정적이 된 사람도 서쪽에서 벗어날 필요가 있다. 이와 반대로 혈통을 타고 전해진 조상들의 편견을 다루려는 사람, 묻혀 있는 문제들을 표면으로 끌어올려 탐구하려는 사람, 어떤 상황에서 자신의 감정을 느끼고자 하는 사람, 자신을 더 잘 이해하려는 사람은 서쪽으로 이동할 필요가 있다.

북쪽

메디신 휠의 북쪽으로 이동하면 이제 우리는 겨울철에 접어들게 된다. 겨울은 침묵의 융단이 우리를 편안한 휴식 속으로 데려가는 때 이다. 흙 원소는 우리가 기어 들어갈 수 있는 동굴을 제공해 준다. 평 온하게 겨울잠을 자는 곰처럼 우리는 스스로에게 휴식을 허용한다. 밤 에게 항복한 채로 꿈의 시대로 미끄러져 들어가, 우리에게 지혜를 나 눠주는 현명한 존재들을 방문한다. 연장자들의 자리인 이곳 북쪽에서 우리는 이들이 들려주는 이야기에 귀를 기울이며 많은 길을 걸어온 이 오래된 존재들을 받든다. 북쪽은 우리가 걸어온 길을 명상하고 반추할 수 있는 공간을 제공하고, 더 이상 자신에게 도움이 되지 않는 것들을 떨쳐낼 수 있도록 도와준다. 북쪽의 흰색은 우리가 내면의 진실에 대 해 숙고할 때 주의가 분산되지 않도록 해준다.

지나치게 잠을 많이 자는 사람, 철학적 세계에 완전히 빠져 있는 사람, 꿈꾸는 상태로 헤매는 사람, 일상적인 활동을 하기 힘든 사람은 북쪽을 떠날 필요가 있다. 이와 반대로 연장자들을 존중하지 않는 사 람, 지나치게 분주해서 조용한 휴식이 필요한 사람, 어떤 상황에서 내 면의 지혜를 끌어낼 필요가 있는 사람은 북쪽으로 이동해야 하는 사 람이다.

아래, 위, 중앙

메디신 휠의 다음 세 방향은 기본 방향은 아니지만, 우리가 살아 가면서 마주치는, 우리의 전반적인 웰빙에 무척 중요한 방향들이다. 이 방향들은 수평면이 아닌 수직면 위에 있으며, 우리가 장기간에 걸쳐 머무는 곳이 아니라 단기간 방문하는 곳이다.

아래 방향은 어머니 지구Mother Earth이며, 지상의 모든 것과 지저에 있는 것들까지 다 아우른다. 이 지저 세계에는 우리의 동물 영 가이드, 식물 영 가이드, 또 현명한 존재들이 살고 있다. 우리는 삶의 문제들에 대한 안내와 도움을 받기 위해 우리 가이드들과 함께 이곳을 방문한다. 또 우리는 다른 차원들로 이동하기 위해 지저 세계를 찾아가며, 가이드들의 도움을 받아 영들을 그들의 본거지에서 만난다.

위 방향은 아버지 하늘Father Sky의 방향이며, 우주적 규모에서 하늘에 속한 모든 것이 여기에 포함된다. 이곳 위쪽에서 우리는 별, 행성, 은하뿐만 아니라 외계 존재들로부터도 영향을 받는다. 천사의 세계가 바로 이 방향에 있는데, 이들은 우리를 보호해 주는 존재들이다. 더 큰 그림을 이해할 필요가 있을 때 우리는 위쪽으로 여행한다. 점성학 리딩을 받는 것이 위쪽과의 만남에 해당될 수 있는데, 점성학은 천체가 미치는 영향을 이해함으로써 우리가 지상에서 걷는 길을 잘 찾아가도록 도와준다.

마지막 방향은 중앙이다. 이곳은 위대한 신비Great Mystery, 항상 그 자리에 머물러 있는 전체All That Is, 신성한 가슴을 만날 수 있는 곳이다. 이곳은 우리가 자신의 참된 자아를 발견하는 장소이다. 모든 방향의 중심에서 참자아가 발견되기 때문이다. 이곳은 한 가슴oneheart의 공간으로, 이곳에서 우리는 각기 개별성을 지닌 채로 하나됨을 경험할 수 있다. 사랑이 이 중앙 방향에 충만해 있다. 따라서 이곳에서 우리는 사랑 속으로 들어가는 것이 아니라 사랑 자체가 되며, 이 '사랑으로 존재하는 상태'에서 모든 치유가 일어난다.

일곱 방향과 그 에너지들(각 방향의 영이라고도 할 수 있는)은 우리가 하루를 살고 한 계절을 살고 나아가 더 큰 인생 사이클을 살아나가는 데 절대 없어서는 안 될 부분들로, 정기적으로 그것들을 인식하는 것이 중요하다. 이를 위한 한 가지 방법이 일곱 방향 동작 명상Seven Direction Movement Meditation이다. 내가 이 명상을 처음 접한 것은 햇살명상회 Sunray Meditation Society의 체로키 족 연장자 디야니 이와후Dhyani Ywahoo에게서였다. 나중에 세네카 네이션Seneca Nation 울프 클랜Wolf Clan의 화이트 페더White Feather가 이 명상법을 전수받고 세네카 족 연장자인 트와일라 니치Twylah Nitsch의 도움으로 그것을 확장시켜서 더 많은 사람들에게 소개했다.

각 방향을 지나 움직이는 것은 각 방향의 축복을 받을 수 있는 기회인 동시에, 그 방향들이 주는 선물에 감사할 수 있는 기회이기도 하다. 우리는 동쪽을 마주하는 것으로 시작한다. 숨을 깊이 쉬면서, 매일 새벽 우리가 받는 영감들에 감사를 보낸다. 이제 손바닥이 아래로 향하게 팔을 양옆으로 쫙 펴고, 허리 아래 부분은 가만히 둔 채 허리 윗부분만 왼쪽으로 돌린다. 오른팔과 오른다리를 들어 원을 만들고, 삶의 순환과 메디신 휠의 모든 사이클을 인식한다. 약간 벌린 자세로 설수 있도록 오른다리를 조금 떨어뜨려서 내려놓는다. 무릎을 구부려서 땅에 쪼그리고 앉은 후 양손으로 땅의 에너지를 받아들인다. 그리고 양손을 몸의 중심을 지나 위로 들어올린다. 지면에서 서서히 위로 일어나면서 대지의 에너지가 자신의 각 차크라를 통해 흘러들도록 한다. 양팔을 하늘을 향해 쭉 뻗는다. 하늘의 에너지를 모아서 자신의 각 차크라 속으로 흘러들게 한다. 팔을 양옆으로 쫙 편 채 다리를 벌리고 선

자세로 되돌아가서, 손바닥을 아래로 향한다.

　이제 오른쪽으로 몸을 돌려서 왼팔과 왼다리를 들어 원을 만든 다음 앞의 동작을 반복한다. 그 다음에는 왼다리를 동쪽을 향해 앞쪽으로 뻗어서 내려놓은 후 양팔을 앞쪽으로 쭉 뻗는다. 양손으로 동쪽의 에너지를 모아서, 그것을 가슴 한가운데로 가져온다. (발을 땅에서 떼지 않은 채) 발을 회전축삼아 방향을 바꿔서 반대쪽인 서쪽을 바라보도록 한다. 양팔을 가슴에서부터 서쪽으로 쭉 뻗어서, 가슴으로부터 서쪽으로 에너지를 보내 동쪽과 서쪽의 에너지가 균형을 이루도록 한다. 팔을 쭉 펴서 양손으로 서쪽의 에너지를 모아 중앙 방향인 자신의 가슴으로 가져온다. 손바닥이 아래로 향하게 해서 팔을 양옆으로 쫙 편 채 다리를 벌리고 서서 중앙으로 되돌아간다. 이제 남쪽을 향해 선다. 앞의 동작들을 남쪽, 서쪽, 북쪽을 향해 선 채로 반복한다. 이것으로 한 사이클이 완성된다. 일곱 사이클을 반복하며, 각 사이클을 각 방향에 바친다. 비록 각 동작마다 모든 방향을 거치게 되기는 하지만 그래도 그렇게 한다. 또한 각 사이클을 각 차크라에 바치면서, 각 방향의 영이 각 차크라의 에너지 소용돌이 속으로 들어오는 모습을 떠올릴 수도 있다.

　내 학생으로 기공氣功 강사이자 치유사로 명상 동작들에 대해 잘 알고 있는 제프는 나에게 일곱 방향 동작 명상에 대한 자신의 경험을 이렇게 들려줬다. "방향 명상을 계속하다 보니 심오한 것이 느껴졌어요. 대부분의 기공 동작은 외부 세계와의 교환은 별로 하지 않고 내부적으로 기의 균형을 회복하는 데 초점을 맞춰요. 양陽 에너지의 균형을 회복하기 위해 태양을 이용한다거나, 음陰 에너지의 균형을 회복하기 위해 달을 이용한다거나, 나무 에너지의 균형을 회복하기 위해 나무를 이용한다거나 하는 것처럼 외부 원소들을 이용하는 경우도 있고요. 하지만 어떤 사람이 균형 회복을 위해서 구체적으로 무엇을 필요로 하는지에 초점을 맞추는 경우가 보통이지요.

일곱 방향 동작 명상에서 제가 좋아하는 점은 내부적으로 에너지를 조화롭게 만들 뿐만 아니라 외부 환경과도 에너지를 교환해서 양쪽이 서로 조화를 이루도록 한다는 점이에요. 이 동작은 또 동쪽에서 가져온 것을 서쪽과 나누고, 하늘에서 가져온 것을 땅과 나누는 등 서로 반대되는 것들을 조화롭게 만들어요. 이 명상을 통해서 저의 내적인 에너지 상태가 외부 환경에 어떤 식으로 영향을 미치는지, 그리고 그것이 사람, 동물, 식물과의 상호 작용에 어떤 식으로 영향을 미치는지 인식하게 되었어요. 예전에는 머리로만 알고 있었지만, 이제는 그것이 좀 더 피부에 와 닿게 되었죠.

방향 명상은 방향을 이용 대상으로 보는 것이 아니라, 그것들과의 파트너십과 공유를 권해요. 이 명상은 공동 창조의 파트너로서 전체 우주에 참여하는 방식을 가르쳐줍니다. 제가 그 일부가 될 수 있지만 유일한 중심점은 아니죠. 그리고 이런 파트너십은 제 자신과 제가 접하는 모든 것에 균형과 조화를 가져다줘요."

나는 발레리가 고통스런 이혼의 과정을 거치는 2년이 넘는 기간 동안 그녀와 함께 작업을 했다. 그 기간 내내 그녀는 서쪽에 앉아서 자기 존재의 중심에서 느껴지는 대로 감정과 대면했다. 이 고통스런 과정은 자신에게 더 이상 도움이 되지 않는 결혼 생활을 내면에서 완전히 떨쳐내기 위해 꼭 필요했다. 크리스마스 연휴 무렵 진행된 한 치유 세션 때 한 차례 고통스런 감정들이 분출되고 나자 민들레의 영이 걸어

나와 "이제 동쪽으로 갈 시간입니다"라고 이야기하는 소리가 들렸다.

발레리에게 이 이야기를 하자, 그녀는 이번의 감정들이 자신의 옛날 생활이 남긴 마지막 흔적이라는 느낌이 들었다며, 새롭게 시작할 준비가 되었다고 대답했다. 잡힐 듯 말듯 머릿속에서만 맴돌던 것이 바야흐로 다가오고 있음을 깨달은 것이다. 그날 그녀는 자신이 새로 옮겨가게 된 동쪽에 경의를 표하겠다고 다짐한 채 떠났다. 그리고 그것을 위해 매일 아침 떠오르는 해를 반갑게 맞이하며 새로운 삶을 온전히 껴안겠다는 결심을 다질 것이다.

12. 질병의 뿌리와 식물 영의 치유

공기는 부드럽고, 낮고 길게 뻗어오던 햇살은 바람이 불어오는 쪽의 나무들을 껴안으며 흩어진다. 마지막 한 조각의 태양이 산 너머로 사라지면서 열은 황금빛이 구름 속으로 번져나간다. 이제 빨간색과 주황색이 하늘을 불태운다. 분홍과 보라의 셔벗[1] 속으로 사라지기 전 마지막으로 힘을 모두 쏟아내려는 듯하다. 밤이 낮의 빛에 작별의 키스를 보내기 위해 발돋움하는 이 중간 시간대(황혼녘)를 나는 사랑한다. 아일랜드 사람들은 이를 '으스름의 시간gloaming time'이라 불렀다. 조그만 존재들이 모두 몰려나와, 우리 인간들이 요정들의 매혹적인 세계와 저 너머의 세계를 엿볼 수 있도록 베일을 살짝 걷는 때라고 그들은 여겼다. 아주 작은 움직임에 지각이 변하면서 이 세계와 나란히 있는 마법과 신비의 세계가 드러나는 바로 이곳에서, 나는 조용히 앉아 기다렸다가 동쪽 하늘이 남색 융단 속에 휩싸이는 것을 지켜본다. 바람이 잦아들자 기다렸다는 듯 침묵이 땅에 깔린다. 첫 번째 별에 불이 들어오며 밤하늘을 가로지르는 천체들의 웅장한 춤이 시작되는 이 순간을, 심지어 나무들도 기다리고 있었던 듯하다. 내 몸이 확장되는 것이 느껴진다. 내 에너지 장과 이 보이지 않는 세계

1_과즙을 주원료로 한 빙과.—옮긴이.

의 에너지 장 사이에 모든 경계와 분리가 사라지는 듯하다. 두 세계가 한데 섞이면서, 내가 사는 이 지상 세계가 베일 저편의 세계와 똑같이 마법과 신비로 가득 차 있다는 걸 깨닫는다.

—2006년 12월 일기에서

질병disease(불편함)이 어떻게 해서 나타나는지 이해하려면, 우리의 에너지 구조를 먼저 살펴보아야 한다. 앞에서 우리는 생명이 하나의 커다란 전자기장이며, 그것을 구성하는 빛, 소리, 진동이 서로 상호 작용을 하면서 커다란 거미줄처럼 완벽하게 연결되어 있음을 살펴보았다. 우리는 자신의 전자기장을 통해 이 그물과 상호 작용을 하는데, 이 전자기장은 오라aura 혹은 에너지 체energy body라 불리며, 우리 신체 밖으로 팔 길이 정도까지 뻗쳐 있다. 이 에너지 장은 삶의 모든 정보를 담고 있다. 우리가 하는 모든 긍정적·부정적 경험들이 오라 속에 인상이나 각인처럼 남는 것이다. 에너지 체는 우리 신체의 형판型板, template과 같으며, 따라서 에너지 체에 자리를 잡은 것은 모두 우리 신체의 건강에 영향을 미친다.

제임스 오쉬먼James Oschman은 《에너지 의학의 과학적 기초Energy Medicine, the Scientific Basis》라는 책에서 해럴드 버Harold Burr 박사가 연구한 내용을 다음과 같이 보고하고 있다. "생쥐부터 인간에 이르기까지, 씨앗부터 나무에 이르기까지 모든 생명체는 표준 검출기로 측정할 수 있는 장場들에 의해 형성되고 또 조절된다. 이런 장들은 신체와 정신의 상태를 반영하기 때문에 질병의 진단에 활용할 수 있다. 버는 심각한

병이 발생하기 전 비정상적인 장들이 나타나며, 장의 균형 회복을 통해 질병의 진행을 되돌릴 수 있다는 증거를 확보했다."

전통 치유사들한테서도 이와 비슷한 관점이 엿보인다. 알베르토 빌로도Alberto Villodo는 《샤먼, 힐러, 현자Shaman, Healer, Sage》라는 책에서 이렇게 이야기한다. "세상을 바꿀 수 있는 때는 형태 없는 것으로부터 형태가 드러나기 전, 즉 에너지가 물질로 현현하기 전이다. 따라서 샤먼들이 발전시킨 많은 치유법들은 어떤 상태가 신체에 나타나기 전, 다시 말해 빛나는 에너지 장Luminous Energy Field 속의 오래된 인상들이 물질을 조직해서 질병이나 불행으로 나타내기 전에 그것들을 치유한다."

우리의 에너지 구조는 다차원적이고 많은 수준에서 작동한다. 우선 우리가 외부와 에너지를 교환하는 소용돌이인 차크라가 있다. 그리고 우리 몸의 각 기관을 나타내는 경락經絡이 있다. 경락은 실제로는 정수리에서 분수처럼 뻗어나간 다음, 휘어져서 우리 몸 주위로 계란 모양의 꼬치를 형성했다가 발바닥을 통해 다시 몸속으로 들어온다. 또 우리 에너지 장에는 신체적 측면, 정신적/감정적 측면, 영혼soul의 측면, 영spirit의 측면을 나타내는 네 개의 층이 있다. 이 네 층 너머에는, 살아가는 동안 관계하는 사람들과 우리를 연결시키는 에너지 끈 energy cord들이 있다.

이상적인 모습은, 에너지가 우리 에너지 체 전체에 막힘없이 흐르고, 생명의 광대한 전자기장의 나머지 부분과 쉽게 에너지를 교환하며, 부정적인 각인이나 집착이 없으며, 우리 에너지 장 안에 구멍이나 빈틈이 생기지 않는 것이다. 그러나 이런 이상적인 모습이 되기란 거의 불가능하다. 에너지의 자유로운 흐름을 방해하는 것들이 우리의 에너지 체에 끊임없이 쏟아져 들어오기 때문이다. 그런 점에서 건강과 웰빙은 에너지 체를 어떻게 관리하느냐의 문제가 된다. 에너지 체에서 질병(불편함)이 시작되기 때문이다.

식물 영 치유 작업을 할 때 우리는 에너지 체에 집중하면서 사람들이 자신의 참된 본성을 최대한 실현할 수 있도록 도와주고자 한다. 우리는 단순히 증상을 치료하기보다는 질병의 근원을 해결하기 위해 노력한다. 증상은 가이드라인으로 쓸 표지판일 뿐 그것 자체가 질병은 아니다. 한 사람 안에서도 질병은 수많은 형태로 나타날 수 있지만, 그 모두는 같은 근원에서 나온다. 그것은 바로 에너지 체의 교란이다. 침술사이자 책의 저자이기도 한 다이앤 코널리Diane Connelly는 "모든 병은 향수병이다"라고 이야기한다.[2] 우리가 자신을 편안하게 받아들이지 못하거나 자신의 참된 본성에 따라 살지 않을 때, 에너지가 교란되어 어딘가가 어그러지거나 취약해진다는 말이다.

에너지 체 '보기'

여러 해 전, 주사위 여러 개를 손 안에 넣고 흔들다가 바닥으로 던지는 꿈을 꾸었다. 주사위에 글자가 새겨 있어서 단어들이 만들어졌다. 이 단어들로부터 문장이 하나 생겨났는데 핵심 단어 하나가 빠져 있었다. 그 문장은 바로 "Seeing is not looking with your _____"(보는 것은 자신의 _____로 보는 것이 아니다)였다. 잠에서 깬 나는 크게 낙담했다. 중

2_영어로 향수병은 'home sickness'이다. 즉 집에 있지 못해 집을 그리워하거나, 집처럼 느끼지 못해 불편함을 느끼는 상태를 뜻한다. 실제로 'feel at home'(편안함을 느끼다)이나 'make yourself at home'(편하게 있으세요) 같은 표현이 많이 쓰인다.—옮긴이.

요한 꿈 같았는데 핵심 단어가 빠져 있었기 때문이다. 출근 준비를 하고 시내로 가기 위해 버스 정류장으로 걸어갔다. 버스에 타자 친구 피트가 있어서 옆에 앉았다. 우리는 인사를 나누고 전날 저녁 어떻게 지냈는지 잠시 이야기한 뒤 각자 책을 읽기 시작했다.

바로 그때 앞좌석 등받이가 눈에 들어왔다. 낙서처럼 한 단어가 쓰여 있었는데, 그것은 바로 '눈eye'이라는 단어였다. 그걸 보는 순간 나는 깜짝 놀라고 말았다. 보통 낙서가 아니었기 때문이다. 그 순간, 버스를 타고 볼티모어 시내로 가던 그 순간에 꿈속의 빈 칸이 채워지면서 정보가 쏟아져 내려왔다. 우리가 육체의 눈만 사용해서 보는 까닭에 주변에 있는 것들의 전체 모습을 보지 못하고 한평생 살아간다는 걸 깨닫게 되었다. 이때부터 나는 진정으로 보기 위해서는(여기에는 의미를 끌어내는 것도 포함된다), 즉 이 3차원 현실 너머를 보는 깊이 있는 지각을 발휘하려면, 눈만이 아니라 다른 감각들도 함께 사용해야 함을 알게 되었다.

보는 능력은 본질적으로 에너지적인 것이며, 그레그 브레이든 Gregg Braden이 '합의된 현실consensus reality'이라 부르는 것에서 벗어나는 것으로부터 시작된다. "눈으로 정보를 받아들여서 그 신호들을 뇌로 전달할 때 우리는 익숙한 정보 패턴들만 '보도록' 문화적으로 길들여졌다. 우리는 이전의 경험에 비춰서 이해가 되는 것만 찾는다. 문화적으로 받아들여지고 기대되는 현실의 행동 패턴들에 고착되어, 실제 존재하는 것을 '보는seeing' 일을 우리의 경험에서 배제하도록 조건화된 것이다." 다시 말해서 오라를 보는 것이 문화적으로 받아들여지지 않기 때문에, 우리 대부분이 아무리 애를 써도 그것을 보지 못한다는 말이다.

콜롬비아의 코기Kogi 인디언 치유사들은 영의 세계를 익히고 보는 능력을 키우기 위해서 삶의 첫 아홉 해를 어두운 동굴 속에서 보낸다.[3] 이것이 에너지 장을 보는 능력을 키우는 방법 중 하나이기는 하지만, 근처에 동굴이 없는 사람들은 이 방법을 활용하기 어렵다. 하지만 사람과 식물 주위의 에너지를 '보는see' 다른 방식들이 있다. 시작하기에 가장 좋은 곳은 여러분의 심장이다. 왜냐하면 심장은 전체의 에너지 장으로부터 느낌이나 인상을 받을 수 있는 가장 큰 인식 기관이기 때문이다. 심장은 에너지에 대한 느낌을 쉽게 알려줄 수 있지만, 조심해야 할 점은 심장을 통해 심층적인 지각이 자연스럽게 일어나도록 하려면 우리가 머리가 아니라 가슴에 집중할 수 있어야 한다는 것이다.

심장과 더불어 제3의 눈도 이에 관여하는데, 제3의 눈은 통찰력의 차크라로, 직관을 통해 근본적인 앎에 이를 수 있다. 알베르토 빌로도는 뇌 바깥면 쪽으로 빛의 경로들을 만들어 이것들을 머리 뒤쪽의 시각피질에 연결시킴으로써, 심장과 제3의 눈이 하는 일을 하나로 결합해 보라고 제안한다. 우리는 심장에서 머리 뒤쪽까지 손가락으로 톡톡 두드리며 갔다가 다시 머리 뒤쪽에서 제3의 눈 주위로 두드려나오고, 다시금 위쪽으로 정수리를 지나 머리 뒤쪽의 시각피질까지 두드려나가는 방식으로 이 빛의 경로들을 만든다. 이렇게 두드리면서 에너지로 맥동하는 빛의 경로를 시각화하면 심장과 제3의 눈이 에너지 체를 '볼' 수 있는 센서가 된다.

빌로도가 이야기하듯이, "이 뇌 바깥면 쪽의 경로를 통해 감정적ㆍ

3_ 코기 족에 대해서는 《영혼의 부족, 코기를 찾아서》(샨티, 2006)를 참조하라.—옮긴이.

영적 통찰들이 전달된다. 제3의 눈이 사실들을 기록한다면, 심장은 느낌들을 기록한다. 이 둘의 결합은 치유사가 지식을 얻는 가장 강력한 원천이 된다." 보는 능력을 발전시키는 과정에서 상상력을 잘 발휘하는 것이 도움이 되는데, 그 이유는 시각피질이 이미지가 생성되어 나타나는 곳이기 때문이다.

보는 능력을 발전시키는 또 한 가지 방법은 손을 이용하는 것이다. 수많은 마사지 테라피스트들이 말하듯이, 손은 에너지에 대단히 민감하며 양손 중앙에는 작은 차크라가 하나씩 있다. 어떤 사람의 에너지장을 스캔할 때는, 여러분의 왼손을 그 사람의 몸에서 약 10센티미터 정도 떨어뜨린 상태로 그 사람의 머리에서 발끝까지 천천히 움직인다. 열기, 냉기, 뻑뻑함 같은 것이 느껴질 텐데, 이는 에너지 흐름이 방해받고 있음을 나타내는 것들이다.

'보는' 능력을 확장시키는 수단으로 펜듈럼을 사용할 수도 있다. 펜듈럼은 끈에 무게가 나가는 물체를 매단 것으로, 끈은 펜듈럼이 여러 방향으로 흔들리기에 충분할 정도로 길어야 한다. 펜듈럼은 막힌 에너지, 정체된 에너지, 외부에서 침입해 들어온 에너지를 빠르고 쉽게 찾을 수 있다. 펜듈럼은 또 심장과 제3의 눈으로 어디를 먼저 '보기' 시작해야 할지 알려주는 도구로 쓸 수도 있다. 펜듈럼을 사용하는 것을 다우징dowsing 혹은 디바이닝divining이라 부른다. 다우징은 아주 오래 전부터 활용되어 온 기술로, 직관 능력을 모든 정보가 담겨 있는 통일장에 연결시켜 주는 방법이다. 펜듈럼을 이용해 작업할 때 나는 펜듈럼을 상대방의 정수리 위쪽에 놓은 뒤 머리에서부터 발끝으로 천천히 이동하기도 하고, 곧장 어떤 차크라 위에 올려놓기도 한다. 자유롭게 흐르는 에너지는 펜듈럼을 시계 방향으로 돌게 만들지만, 에너지에 문제가 생긴 지점에서는 펜듈럼이 일자로 움직이거나 아예 움직이지 않는다.

에너지 체를 '보는' 능력은 치유 과정에서 식물 영에게 특정 위치로 가서 에너지를 정화, 이동, 수리, 복구해 달라고 부탁하는 데 도움이 된다. 여러분이 말하지 않아도 식물 영이 어디로 가야 할지 알고 있는 경우도 있지만, 구체적으로 이야기해 주는 것이 효과나 효율 면에서 더 나을 수 있다.

내 학생 한 명은 이런 식으로 '보는' 것과 관련한 자신의 경험을 이렇게 들려준다. "'보는' 훈련을 처음 시작했을 때는 절대 해낼 수 없을 거라 생각했어요. 저는 시각화 능력이 그다지 뛰어난 사람이 아니거든요. 그런데 친구들을 대상으로 연습하는 과정에서 그것이 실제로 뭔가를 보는 것과 무관하다는 걸 깨닫게 되었어요. 감지sensing에 더 가깝다고나 할까요? 한 사람의 에너지 체를 스캔하기 시작하자, 실제로 이상 부위를 감지할 수 있었죠. 일단 그 자리가 파악되고 몸의 다른 부분들하고는 뭔가 다르다는 점이 느껴지자, 양손을 이용하기 시작했어요. 에너지가 막혀 있거나 외부에서 침입한 에너지가 있는 곳에서는 무언가 딱딱한 것이 느껴졌죠. 그 다음에 다시 감지 상태로 돌아가자, 실제로 정체된 에너지가 어떤 모습인지 이미지를 얻을 수 있었어요. 제가 이런 일을 할 수 있을 거라고는 한 번도 생각해 보지 못했지만 이제는 어렵잖게 해내곤 해요."

차크라 정화
이미 앞에서 차크라에 관한 세부 내용을 다룬 바 있다. 이제 여기에서는 차크라들이 막힘없이 건강하게 회전할 수 있도록 하는 방법을 살펴보기로 하자. 트라우마, 스트레스, 감정 에너지의 쌓임, 부정적인 습관, 고통의 회피, 극단적인 신념 패턴들에 대한 집착 등 차크라가 막히는 이유는 다양하다. 현대 세계에 사는 것만으로도 차크라들이 주기적으로 막힐 수 있다.

반복적으로 막히는 차크라는 그것을 손상시키는 환경, 상황, 생각, 행동 패턴에 계속 노출되어 있는 것이다. 그런 경우 차크라를 건강하게 유지하기 위해서는 그것을 막히게 하는 요인을 제거해야 한다. 차크라가 막힘없이 자유롭게 회전할 수 있도록 하는 것은 극히 중요한데, 그것은 차크라가 하나라도 막히면 생명 과정 전체가 제한을 받을 수 있기 때문이다.

차크라를 정화하는 방법은 많다. 내가 사용하는 방법은 알베르토 빌로도가 《샤먼, 힐러, 현자》에서 기술한 일루미네이션 프로세스 Illumination Process를 식물 영 치유에 맞게 변용한 것이다. 먼저, 펜듈럼이나 손을 이용해서 어떤 차크라가 막히거나 정체되었는지, 혹은 어떤 형태로든 손상이 되어 있는지 판별한다. 모든 힐링 세션은 심화점들 deepening points을 양손으로 감싸 쥐는 것으로 시작한다. 심화점들은 두개골 아래쪽 끝부분, 후두부와 목뼈가 만나는 지점 양옆에 위치해 있다.(침술점 Baldder 9) 이것으로 전체 세션의 분위기가 만들어지며, 시술자가 함께 작업하고 싶은 조력자나 가이드를 부를 수 있는 기회가 생긴다. 심화점들은 피시술자를 이완시켜 수용적인 모드가 되도록 하는데 도움을 준다. 심화점들을 최소 5분 이상 감싸 쥐었다가 천천히 놓아주고, 양손으로 피시술자의 머리를 부드럽게 쓸어내린다.

다음으로 여러분의 손을 손상된 차크라 위에 놓고 반시계 방향으로 회전시킨다. 이렇게 하는 것은 정체를 낳은 뻑뻑한 에너지를 느슨하게 풀어주는 데 도움이 된다. 피시술자의 머리 쪽으로 손을 옮겨서 손가락을 피시술자의 후두부에 있는 이완점들release points에 올려놓는다. 이완점들은 두개골 아래쪽 끝부분, 귀와 목뼈 사이에 위치해 있다.(침술점 Bladder 19) 즉 심화점들로부터 두개골 끝을 따라 귀 쪽으로 절반쯤 이동한 곳에 있다. 이렇게 하는 것은 좀 전에 반시계 방향으로 손을 회전시킨 것에 이어서 막힌 에너지를 느슨하게 풀어주는 데 도움을 준다.

이 시점에서 여러분은 그 차크라의 치유에 도움을 줄 식물 영을 부를 수 있다. 뻑뻑한 에너지 같은 차크라에서 발견한 것을 제거하는 데 도움이 필요하다면 그런 쪽으로 도움을 줄 다른 식물 영을 부를 수도 있다. 이제 다시 그 차크라로 돌아가서, 여러분의 손과 식물 영의 도움으로 차크라를 막고 있는 것을 제거한다. 이런 에너지는 부드러운 타르에 가까울 정도로 끈적끈적하게 느껴질 수도 있고 딱딱하게 느껴질 수도 있다.

다음으로 식물 영이나 동물 영 가이드에게 그 에너지를 변형시켜 달라고 부탁한다. 다른 말로 하자면, 그 에너지를 먹고 소화시켜서 변화된 상태로 배출하라고 부탁하는 것이다. 이제 차크라의 치유를 도와줄 식물 영을 불러서 그 차크라 위에 있게 한다. 식물 영이 차크라 속에 자리를 잡을 때까지는 그 차크라를 떠나지 않도록 한다.

머리로 돌아가, 식물 영의 치유력이 제대로 발휘될 수 있도록 한 번 더 심화점들을 감싸 쥔다. 그리고 다시 해당 차크라로 가서, 식물 영의 도움 아래 차크라를 시계 방향으로 돌린다. 이것으로 차크라 정화는 완료된다. 이제 펜듈럼을 이용해 차크라가 자유롭게 회전하는지 확인해 본다.

다음은 차크라 치유와 관련된 이야기이다. 줄리아는 다리에 생긴 발진 때문에 나를 찾아왔다. 그녀는 발진이 스트레스와 관련이 있는 것 같다면서, 가려움을 완화시키거나 발진을 치료할 연고를 줄 수 있는지 물었다. 나는 증세를 완화시킬 연고를 줄 수는 있지만, 그것이 나타난 원인을 찾아서 근원적인 치유를 하지 않는 한 발진이 완전히 사라지지는 않을 거라고 설명했다. 그러자 그녀는 발진이 언제 어떻게 나타났는지 내력을 쭉 이야기하면서 그것을 정말로 없애고 싶다고 했다.

이야기를 듣고 나는 그녀에게 발진의 근원에 무엇이 있는 것 같은지 물었다. 그녀는 눈물을 글썽이면서 "성적인 것과 관련이 있는 것 같아요"라고 대답했다. 줄리아는 성폭행을 당했다고 느꼈던 어린 시절 경험을 이야기하면서, 그 때문에 엄청난 수치심을 갖고 있다고 말했다. 그녀는 이 수치심이 남편과의 성관계에도 작용하는 것 같다면서, 둘 사이에 문제가 생길 때마다 발진이 나타난다고 했다.

그녀의 차크라들을 체크하자 두 번째 차크라인 단전과 네 번째 차크라인 가슴이 막혀 있는 것이 보였다.(이 두 차크라는 같이 막혀 있는 경우가 많다.) 나는 금잔화의 영을 불러서 두 번째 차크라의 정화를 도와달라고 부탁했다. 이 세션에서 줄리아에게 주어진 숙제는 되도록이면 주황색 옷을 자주 입고, 스스로에게 성적 판타지를 허용하며, 남편과 친밀하게 사랑의 관계를 갖겠다(모두 성적인 것일 필요는 없었다)는 의도를 정하는 것이었다. 나는 그녀에게 아랫배에 바를 금잔화 크림도 주었다.

그 다음 주에 줄리아는 자신의 몸에게 자신을 믿으라고 자주 들려줬다며 발진이 사그라들고 있다고 말했다. 차크라들을 체크하자, 두 번째 차크라는 깨끗해졌지만 가슴 차크라는 여전히 막혀 있었다. 나는 장미의 영을 불러서 줄리아의 가슴 차크라를 정화해 달라고 부탁했다. 그리고 가슴에 뿌릴 장미수rosewater를 안겨 줄리아를 보냈다. 그녀의 숙제는 수치심을 받아들여서 자신과 남편을 위해 그것을 자애심으로 바꾸는 것이었다.

이제 줄리아는 이 두 에너지 센터를 통해 성 에너지와 사랑의 에너지를 받아들일 수 있게 되었으며, 이 두 에너지의 결합이야말로 그녀의 결혼 생활에 정말로 필요한 것이었다. 이는 긴 치유 과정의 서막이었으며, 이후 줄리아는 자신의 치유에 온힘을 쏟았다. 이 과정은 마치 양파를 벗기는 것과 비슷하다. 새로운 층에 이를 때마다, 한 단계 더 높은 성장이 이루어지는 식이다. 재미있게도 그 후로도 발진은 몇 차례 더 나타났는데, 그때는 항상 줄리아가 다음 단계의 성장을 경험하기 직전, 즉 그녀 영혼의 길에 한 걸음 더 다가가기 직전이었다.

질투 혹은 의도적인 악감정

에너지 체를 교란시킬 수 있는 또 다른 형태의 에너지로 시기, 질투, 의도적인 악감정 같은 것이 있다. 북미 문화에서는 질투가 질병의 원인으로 간주되지 않지만, 다른 문화들에서는 주된 원인 중 하나로 간주되기도 한다. 쿠란데라curandera(전통 여성 치유사)인 엘레나 아빌라 Elena Avila는《어둠 속에서 빛나는 여자Woman Who Glows in the Dark》라는 책에서 다음과 같이 이야기한다.

"멕시코에서 질투는 가장 널리 인정되는 질병 중 하나이다. 누구나 시장에서 질투의 악영향을 예방하거나 줄여주는 다양한 기름이나 물약, 부적, 비누, 약초 따위를 살 수 있다. 만약 어떤 사람이 질투의 희생자가 되면, 쿠란데로(전통 치유사)들은 환자를 치료하는 다양한 의식儀式을 행한다. 그렇다고 멕시코가 다른 나라들에 비해 질투에 더 많이 시달린다는 이야기는 아니다. 하지만 이 질병이 마음, 몸, 영에 부조화를 가져다준다는 믿음이 멕시코 문화 속에는 깊이 뿌리를 내리고 있다."

물론 질투는 무척 보편적인 감정이며, 상대적으로 건강한 오라를 가진 사람들은 대부분의 질투를 튕겨낼 수 있다. 하지만 누군가 의도적으로 여러분에게 부정적인 에너지를 보냈을 경우에는 그 해를 피하기가 좀 어려워진다. 에너지 장에서는 이것이 에너지 체에 날카로운 물체가 박혀 있는 모습으로 보이기도 하고, 뭔가가 에너지 체에 덧붙여진 것처럼 보이기도 한다. 희생자는 별다른 이유 없이 어떤 곳이 아프다고 호소할 수도 있고, 날카로운 물체가 오랫동안 박혀 있었을 경우에는 뭘 해도 사라지지 않는 만성 통증이 유발될 수도 있다.

상투적인 말을 하면 사람들이 짜증을 내지만, 그런 말이 우리 언어 안에 일상적인 표현으로 굳어진 데는 이유가 있다. 가까운 친구로부터 "등에 칼을 맞은stabbed in the back" 듯한 기분을 느낀 적이 있는가? 이 표현은 누군가가 나쁜 의도로 비수처럼 날카로운 뭔가를 여러분에게 보냈다는 사실에서 나온 것이다. 에너지 체에 뭔가가 덧붙여지는 것은 여러 가지 형태로 느껴질 수 있지만, "등에 원숭이가 타고 있는 것monkey on your back"[4]처럼 느껴질 수도 있고, "어깨 위에 세상의 짐을 모두 짊어진 것weight of the world on your shoulders"[5]처럼 느껴질 수도 있다. 보통은 고통, 중압감과 더불어 희생자의 삶에 어떤 장애도 발생한다. 무언가가 제대로 풀리지 않는 것이다. 질투의 또 다른 징후로는 의욕 상실, 열정이나 삶의 불꽃이 사라져버린 듯한 느낌이 있다.

에이미는 삶의 방향을 잃어버린 듯한 느낌 때문에 치유 세션에 찾아왔다. 세션에서 그녀는, 관계에 대한 열정이 사그라들고 있으며, 거울을 보면 못생긴 사람이 자기를 바라보고 있어서 얼굴을 찢어버리고 싶은 기분이 든다고 털어놓았다. 나는 그녀의 두 번째 차크라에서 막힌 것들을 제거해 주면서, 이것이 관계에 대한 열정을 되살리는 데 도움이 될 거라고 생각했다.

몇 주 뒤 돌아온 에이미는 얼굴 발진으로 몹시 힘들어했다. 언제 발진이 시작되었는지 묻자, 부모님이 다녀가고 난 직후라고 했다. 에이미의 에너지 체를 스캔해 보니 얼굴에 금속성 물체들이 튀어나와 있는 것이 보였다. 그 이야기를 하자 자기도 같은 것을 보았다며 그것들이 갈고리처럼 생겼다고 했다. 그러면서 아버지한테서 받는 관심 때문에 어릴 적부터 어머니가 자신을 질투했다고 털어놓았다. 어머니가 그녀에게 못생겼다는 이야기를 하곤 했다고 했다.

나는 쑥의 영을 불러서 얼굴의 갈고리들을 제거해 달라고 부탁했다. 갈고리들이 제거되고 나자 에이미의 치유가 시작되었다. 에이미의 개인적인 식물 영 협력자는 제비꽃이었는데, 그녀는 제비꽃 영과의 작업을 통해 얼굴에 난 상처와 어머니로 인해 생긴 가슴의 상처들을 치유해 갔다. 몇 번의 치유 작업이 끝난 뒤, 그녀는 부정적인 마음이 전

4_ 사라지지 않는 심각한 문제를 뜻한다.─옮긴이.
5_ 세상의 모든 문제를 혼자 지고 있는 것 같은 느낌을 뜻한다.─옮긴이.

혀 없이 어머니를 찾아갈 수 있었다. 그리고 자신을 보호하는 기법들에도 정통하게 되었다.

의도적인 악감정이 꽤 흔하다는 걸 알고 있었고, 클라이언트들에게서 본 적도 있었지만, 내가 그 희생양이 되리라고는 꿈에도 생각해 본 적이 없었다. 한번은 목에 심한 통증이 느껴졌는데, 당시 나는 컨퍼런스를 조직하는 일로 어려움을 겪던 참이었다. 나는 '진짜' 문제가 무엇인지 궁금했다. 그 무렵 약초 치료사 친구 몇 명과 함께 시간을 보낼 기회가 있었다. 친구들에게 내게 일어나고 있는 일과 목의 통증에 대해 이야기했다. 그중 한 명인 로지타 아비고Rosita Arvigo는 이런 종류의 치유에 조예가 깊은 사람이었다.

그녀가 내 맥을 짚어보더니 누군가 나에게 질투나 악감정을 갖고 있는 게 분명하다고 했다. 그녀는 몇몇 약초들을 따서 내 손목 위에 올려놓고 기도를 했다. 그녀는 또 목을 중심으로 약초들로 내 몸을 쓸어내렸다. 그 뒤로 나는 완전히 회복되었고, 컨퍼런스 준비도 순조롭게 진행되었다.

한 주 후 나는 한 클라이언트로부터 이메일을 받았다. 더 이상 도움을 주기가 어려워 치유 작업을 중단하기로 한 사람이었다. 한 순간 나는 부정적인 에너지가 바로 그 사람한테서 왔음을 깨달았다! 그녀를 볼 때마다 에너지가 고갈되는 느낌이 들었고, 나중에는 그녀가 '목의 가시' 같다는 느낌마저 들었다. 부주의하게도 나는 그녀의 공격적인 에너지에 나를 무방비 상태로 내버려두었던 것이다. 지금까지 살아오면서 클라이언트와의 작업을 중단한 것은 딱 두 번이었는데, 두 번 모두 작업을 계속하다가는 내 건강을 해치겠다고 느꼈을 때였다. '목의 가시'라는 말이 문자 그대로 실현된 듯했다. 그녀가 내게 보낸 부정적인 에너지는 내 목에 와서 박혔으며, 그 에너지가 제거되고 내가 그녀로부터 내 자신을 보호할 필요를 느꼈을 때에야 비로소 목의 통증이 사라졌다.

누가 머물고 있는가?

사람들에게 일어날 수 있는 에너지적 손상이 수없이 많지만 이를 기술하기에는 우리 언어가 너무나도 제한적이다. 몸에서 벗어난 영혼들을 표현하는 적절한 말은 정말 찾기 어렵다. 전통적으로는 신체적으로 죽은 사람이 살아있는 사람 몸에 들어와 거주하는 것을 '빙의憑依, possession'라고 부른다. 나에게는 이 말이 영화 〈엑소시스트The Exorcist〉를 떠올리게 하는데, 이 영화는 빙의와 관련된 대다수 사례들과는 무관한 그릇된 내용을 담고 있다. 비록 '개체entity'라는 말이 다른 세계에서 온 생명체 같은 느낌을 주기는 하지만, '침입한 개체intrusive entity'란 표현이 '빙의'보다는 좀 더 나아 보인다.

어떤 사람이 죽었는데 그 영혼이 혼란에 빠져서 저세상으로 건너가지 못하고 있는 상황을 설명하는 말도 찾기가 쉽지 않다. 어쩌면 '무단 거주자squatter'란 말을 쓸 수 있을 듯한데, 이 말은 빙의와 관련된 무서운 이미지를 없애줄 뿐더러, 어딘가 존재할 곳이 필요해서 자기 몸도 아닌데 들어와 머물고 있는 개체라는 느낌을 준다. 또 이 같은 무단 거주자의 이미지는 많은 사람들이 마법이나 영화의 세계에나 나오는 거라며 무시해 버릴 법한 주제에 약간의 현실성을 더해준다.

진실은, 몸을 벗은 영혼이 사람들 속에 무단으로 거주하는 일이 여러분이 생각하는 것보다 훨씬 더 많다는 것이다. 사고에 의해서, 충격적으로, 갑작스럽게, 매정하게 죽을 경우, 영혼들이 저세상으로 가는 길이 불안정해지는 것처럼 보인다. 불행히도 병원에서 맞는 죽음은 무척 충격이 클 수 있는데, 병원에서는 매우 부자연스런 방식으로 죽는 경우가 많기 때문이다. 무단 거주자는 동질감을 느끼는 가족 안에 들어가 머물 수도 있고, 자신과 별 관련은 없지만 정신적으로 취약하여 쉽게 들어갈 수 있는 사람 안에 거주할 수도 있다. 어떤 무단 거주자들은 너무나 심한 혼란에 빠진 나머지 자신이 죽은지조차 모르고 대상자의 중추신경계에 찰싹 달라붙어 자신의 성격, 인간성, 심지어는 건강 상태가 그 사람한테서 실제로 드러나게 만들기까지 한다.

무단 거주자를 제거하는 방법은 다양하다. 많은 전통 샤먼들은 무단 거주자의 영혼을 찾아가 설득하는 방법을 취한다. 설득을 통해 그 영혼이 자신이 진정으로 가야 할 길이 어딘지 이해시키고 저세상까지 바래다준다. 그러려면 저세상으로 건너갔다가 다시 돌아올 수 있는 능력이 있어야 한다. 그런가 하면 투명 수정을 사용해 무단 거주자를 축출하는 샤먼도 있고, 특별한 의식儀式을 행하는 샤먼도 있다. 중국 의학에서는 몸 앞뒤로 각각 일곱 개씩 있는 침술점을, 중추신경계에 달라붙은 영혼을 내보내는 방출점release point으로 사용한다. 열린 방출점들은 무단 거주자가 떠날 수 있는 통로가 된다. 식물 영 치유에서는 쑥의 도움을 받아 이 방출점들을 자극한다. 쑥을 태운 연기를 이 지점들에 쏘일 수도 있고, 쑥 에너지를 담은 오일을 바를 수도 있으며, 손을 그 위에 올려 쑥의 공명을 전해줄 수도 있다.

오랫동안 나는 오직 쑥의 영하고만 작업하면서 몸을 잃은 영혼들을 축출해 냈지만, 이렇게 축출한 무단 거주자가 여전히 혼란 상태에서 벗어나지 못하고 다른 몸속으로 다시 들어갈 수도 있다는 사실을 깨닫게 되었다. 그들을 저세상으로 인도해 줄 식물 영이 필요하다는 걸 알게 된 것이다. 나는 이런 능력을 가진 식물 영이 있으면 나에게 모습을 드러내 달라고 요청했다.

며칠 뒤 나는 우리 집 뒤로 얼마 떨어져 있지 않은 숲속에 갔다가 놀랍게도 그곳에서 수정란풀水晶蘭풀, Indian Pipe [6]을 발견했다. 수정란풀이 보통 훨씬 더 높은 산에서 자라는 식물인데다 죽은 유기체에서 양분을 흡수하는 새하얀 색의 부생腐生 식물이기 때문에 나는 주의를 기울여 살피기 시작했다. 수정란풀은 그 자라는 모습 때문에 오래전부터 내가 경탄해 마지않던 식물이었다. 수정란풀이 내가 요청한 식물이 맞는지 궁금해 하면서, 나는 수정란풀에 대한 백일몽 속으로 빠져들었다.

이윽고 흰색 로브를 입고 지팡이를 들고 서 있는 노인의 모습이 보였다. 그는 젊은 여성을 문밖으로 안내한 뒤 문을 닫으면서 미소와 함께 고개를 끄덕였다. 그의 태도에서는 더할 나위 없는 평온함과 자비로움이 배어나왔다. 나는 노인에게 다가가 수정란풀의 영이 맞냐고 물었다. 그가 고개를 끄덕였다. 그에게 사람들을 저세상으로 인도하는 영인지 묻자, 그는 다시금 고개를 끄덕이며 방금 젊은 여성이 빠져나간 문 쪽을 가리켰다. 내가 이런 일과 관련해서 그에게 도움을 청할 수 있는지 묻자, 그는 활짝 웃으면서 지팡이를 내 어깨에 갖다 댔

6_ 수정란풀은 엽록소가 없어서 완전 흰색이다. 영어 이름인 'Indian Pipe'는 그 모양이 인디언들의 담배 파이프와 비슷하다고 해서 붙여진 것이다. 버섯과 비슷한 식물이다.—옮긴이.

다. 그러자 그에게서 뿜어져 나오던 그 평온함이 나를 가득 채웠다. 존경심이 솟아오르며 나도 모르게 고개 숙여 절을 했다. 엄청난 선물을 받은 기분이었다.

비키는 갑상선 때문에 나를 찾아왔다. 불과 일주일 전 그녀를 병원 응급실까지 실려가게 만든 그 혼란스런 경험에 대해 듣고, 나는 뭔가 더 깊은 차원의 작업이 필요하다는 것을 알았다. 그녀는 그 경험이 공황 발작이었다고 하면서, 온몸을 사시나무 떨듯 떨며 자신이 곧 죽을 것 같은 느낌을 받았다고 했다. 물론 이것은 갑상선 급성 발작 증상처럼 들렸다. 하지만 그녀의 멍한 눈빛과 "마치 딴사람이 된 것 같다"고 말하는 모습을 유심히 관찰하면서 무언가 배후에 있다는 걸 알 수 있었다. 비키의 이야기를 듣던 중 남동생이 몇 달 전 약물로 인한 심장 발작으로 사망했다는 사실을 알게 되었다. 남동생은 그 전에도 권총으로 자살을 시도한 적이 있는데 그때는 그녀가 막았다고 했다. 남동생이 죽은 뒤로 그녀는 자신이 영적 위기를 맞고 넋이 나간 사람이 된 것 같다고 느끼고 있었다.

이 첫 번째 세션에서 나는 막혀 있는 그녀의 목 차크라를 정화해 주었다. 목 차크라가 정화되면 그녀의 갑상선은 곧 편안해질 터였다. 그 다음 세션 때 비키는 남동생 장례식에서 연주되던 노래를 라디오에서 들었다는 이야기를 했다. 그녀는 '바이커 바biker bar'[7]에 들러서 맥주 마신 이야기도 했는데, 그녀로서는 무척 유별난 행동이었다. 이 모든 징후가 혼란스런 상태로 죽은 남동생이 그녀에게 달라붙었음을 시

7_오토바이 바이커들이 주로 들르는 술집.—옮긴이.

사하고 있었다. 그의 영향으로 이상한 일들이 일어나고 있었던 것이다.

나는 일곱 개의 방출점들을 만지면서 쑥의 영에게 통로를 열어달라고 부탁했다. 또 비키 남동생을 저세상으로 인도해 달라고 수정란풀의 영에게도 부탁을 했다. 남동생이 그녀의 몸에서 떠나자, 그녀의 안색이 바뀌고 눈빛이 부드러워지는 등 긴장이 풀리는 기색이 역력했다. 세션 후에 그녀의 눈을 들여다보자, 거기에 그녀의 남동생이 아니라 비키가 있음을 알 수 있었다. 나는 비키에게 7일 동안 애도 의식을 치르라고 제안했다. 이 의식은 보통 누군가 죽은 직후에 하는 것이지만, 이 경우에는 남동생이 실제로 저세상으로 건너간 때가 오늘이라 지금 하게 한 것이었다. 몇 주 후 비키는 그 의식 덕분에 충분히 애도할 시간을 가졌으며, 마치 '세상이 달라진 듯한' 기분이 들었다고 전해왔다. 그녀는 "너무 행복해서 울고 싶은" 느낌이 들 정도로 무언가 내면에서 큰 변화가 있었다고 했다.

에너지 끈 자르기

에너지 끈energy cord이란 서로 간에 에너지 교환이나 공급이 일어나는 가까운 사람과의 에너지적 유대를 말한다. 태어나면서 우리는 부모 등 직계 가족과 자신을 묶어주는 에너지 끈들을 자동으로 갖게 된다. 이 끈들은 일차적인 관계에 있는 사람들과 우리가 맺은 영혼 계약soul contract의 일부이며, 따라서 평생에 걸쳐 유지하도록 되어 있다. 자라면서 우리는 가족 밖의 다른 사람들과도 관계를 맺기 시작하고, 그에 따라 더 많은 에너지 끈들이 만들어진다. 특히 친밀한 관계를 맺는 사람들하고는 더더욱 그렇다. 또 가까운 친구들이나 서로 간에 헌신이 요구되는 개인적인 관계를 맺는 사람들과도 에너지 끈이 만들어진다.

적절한 사람과 끈이 형성되고 서로 간에 에너지가 막힘없이 흐를 경우에는 아무 문제가 없다. 하지만 예컨대 결혼이나 연인 관계가 끝 났는데도 상대방과의 에너지 끈이 끊어지지 않으면 그 끈을 통해 우리의 생명력이나 개인적인 힘이 느리지만 꾸준히 유출된다. 이런 상태가 장기화될 경우 오라 장이 약해져 에너지 체에 손상이 일어날 수 있으며, 이는 다시 신체적 질환으로 이어질 수 있다.

에너지 끈은 형태와 크기가 다 다르고, 하나 이상의 차크라에 연결되어 있는 경우가 많다. 옛 연인이 지금은 좋은 친구로 남아 있다면 가슴 차크라에 끈이 연결되어 있는 것은 적절한 일일 수 있다. 하지만 성적 결합이 일어나는 두 번째 차크라에 끈이 연결되어 있다면 적절치 않을 것이다. 가끔은 끈을 자르는 것이 필요하지 않은 경우도 있다. 막힌 에너지를 제거하거나 꼬인 것을 풀어서 에너지가 자유롭게 흐르도록 끈을 정화하는 작업만 해도 될 때가 있기 때문이다. 특히 부모와의 관계가 어려울 때는 끈을 정화해야지 자르는 것은 좋은 생각이 아니다. 직계 가족과의 끈을 자르면 그들과 맺은 영혼 계약을 무효로 만들게 되는데, 이럴 경우 카르마를 짓게 돼 다른 생에서 그것을 다시 경험해야만 한다.

보통 나는 사람들이 직접 끈을 자르게끔 하는데, 그것은 내가 잘라주는 것보다 효과가 훨씬 더 큰 것처럼 보이기 때문이다. 사람들에게 잘라야 할 끈이 있다고 말하면, 열에 아홉은 내가 무슨 말을 하는지 알아듣고 그 즉시 끈의 이미지를 떠올린다. 이 경우에도 식물 영이 도움을 줄 수 있다. 나는 서양톱풀Yarrow의 영에게 어떤 것이든 그 사람이 필요로 하는 형태(칼, 가위, 엔진톱 등)를 활용해서 끈을 '자르도록' 도와 달라고 부탁한다. '자르기'를 하고 나면 에너지적인 '상처'가 생길 수 있는데, 이때 서양톱풀이 상처의 치유에 도움을 준다.[8]

한번은 끈이 찌꺼기들로 가득 찬 하수관 같은 모습을 본 적이 있었다. 낸시와 전남편 간의 끈이 그랬는데, 결국 낸시는 용접 토치를 사용해서 그 끈을 잘랐다. 또 한 번은 끈이 마구 엉켜 있는 장미덤불 같은 경우도 있었다. 메리는 친구가 끈을 자르도록 도와준 이야기를 이렇게 들려주었다.

"리처드는 처음 만났을 때부터 약간 슬럼프 상태에 있었어요. 자신의 에너지가 새어나간다고 느끼고 있었죠. 어느 쪽으로 나아가야 할지 삶의 방향도 가늠할 수 없었고, 뭘 해보려고 해도 경제적으로 빠듯해서 할 수가 없었죠. 전처와도 문제가 있었어요. 저는 에너지가 새어나가는 것이 전처와의 끈을 자르지 않았기 때문이라고 짐작했어요. 리처드에게 자기 몸을 스캔해 보고 차크라들에 전처와 연결된 끈이 있는지 확인해 보라고 조언했지요. 하지만 확인 결과, 과거 직장과 연결된 끈들이 훨씬 더 많이 발견되었어요. 그는 이 끈들을 다 잘라냈고, 저는 금잔화의 영에게 상처의 치유를 도와달라고 부탁했죠.

그날 이후 그의 삶에서 모든 것이 아주 빠르게 바뀌었어요. 전처와의 관계도 바뀌었지만, 그보다 더 중요한 것은 예전 직장과의 관계가 완전히 바뀌고 그 결과 금전 문제가 해결되기 시작한 거예요. 새로

8_ 서양톱풀은 북미 토착민들이 전통적으로 치유에 많이 사용해 온 식물이며, 특히 상처 치유에 효과적인 것으로 알려져 있다. 톱풀이란 이름은 잎의 가장자리가 톱니 모양인 데서 유래했다.—옮긴이.

운 기회가 많이 열렸고, 먹고살기 위해 하던 파트타임 일자리도 더 이상 할 필요가 없게 되었죠."

리처드의 에너지가 과거 직장과 너무나 심하게 얽힌 나머지, 이 연결을 끊기 전까지는 그가 아무것도 현실화시킬 수 없었던 것이다.

영적 식물 목욕

물은 생명을 주는 원소로서 신성한 지위를 누려왔으며, 진정鎭靜, 정화, 치유와 관련된 속성 때문에 오랫동안 숭배되어 왔다. 따뜻한 물로 목욕을 하면 날카로워진 신경이 진정되고, 세례洗禮는 죄를 정화시켜 준다고 이야기된다. 또 성스런 우물물로 온갖 질병을 치유할 수 있다고 주장되기도 한다. 로지타 아비고는 《영적 목욕Spiritual Bathing》이라는 책에서 "최근까지도 물은 지구상에서 가장 보편적인 영적 개념 중 하나였다. 모든 문화의 기원 속에는 물이 신성하며 생명을 주고 치유와 정화, 재생을 가져온다는 관념이 깔려 있다"고 이야기한다.

과학적으로 물은 전기를 전달하며, 일관된 에너지 파장들을 운반한다고 알려져 있다. 그리고 이들 일관된 에너지 파장 각각은 인상을 받아들이거나 다른 분자들의 '정보를 담을' 수 있다고 한다. 린 맥타가트가 자신의 책 《필드》에서 이야기하는 것처럼, "물은 녹음기처럼 정보를 기록 및 운반한다." 물은 식물과도 궁합이 잘 맞는데, 물이 식물의 치유 진동을 쉽게 기록하고, 이 둘이 결합되면 오라 장의 정화는 물론이고 신체적·감정적·영적 치유까지 가져올 수 있기 때문이다.

영적 식물 목욕spiritual plant bath은 다양한 방식으로 행해질 수 있지만, 주된 요소는 물과 식물 그리고 기도나 치유의 의도이다. 간단히 말해서 영적 식물 목욕은 우리를 신성과 연결시켜 고요함에 머물도록 해준다. 로지타 아비고가 이야기하듯이, "영적 목욕은 자연 세계 및 자연 속에 깃든 신성과 우리 사이의 미약한 연결을 강하게 만들어준다. 그것은 우리를 세속에서 분리시켜 더욱 신성한 장소로 데려간다. 우리가 일상의 스트레스를 잘 넘길 수 있도록 해주며, 우리 영혼의 내적 안내를 따르도록 그 문을 열어준다. 그것은 일종의 통과의례를 나타낸다. 그리고 그것은 영혼을 고양시키고, 마음을 경건하고 평화로운 상태로 만들어준다."

이것만으로도 정기적으로 영적 식물 목욕을 할 만한 이유가 충분하지만, 그보다 더 중요한 점은 영적 식물 목욕이 오라 장을 정화하고 복구하며, 침입한 에너지들을 제거하는 놀라운 능력을 가지고 있다는 것이다. 경험을 통해서 나는 에너지 체에 구멍들이 가득 생길 수 있으며, 이런 상태가 한동안 계속되면 생명력이 새어나가 여러 가지 신체적 손상을 초래할 수 있다는 걸 알게 되었다. 영적 식물 목욕은 이런 구멍을 복구하는 가장 좋은 방법 중 하나이다.

영적 식물 목욕을 하는 방식은 주어진 여건이 어떤지 그리고 어떤 방식이 자신의 상황에 가장 적합한지에 달려 있다. 이상적인 것은 신선한 식물들이 주위에 있어서 여러분과 여러분의 클라이언트가 함께 필요한 식물을 딸 수 있는 것이다. 식물을 딸 때는, 여러분과 친밀한 관계에 있는 식물들로 골라서 따고, 이때 식물들에게 클라이언트의 치유를 도와달라고 부탁한다. 클라이언트에게도 자기한테 끌리는 식물들을 따면서 그 식물들에게 치유를 도와달라는 기도를 하도록 부탁한다. 클라이언트가 자신의 치유 과정에 함께 참여하는 것은 언제나 좋다.

그 다음에는 물이 담긴 통에 식물들을 넣고, 치유를 위한 기도를 계속하면서 손으로 식물들을 잘게 조각낸다. 조각을 충분히 냈으면, 그 물을 클라이언트의 온몸에 뿌려서 그녀의 오라 장 전체가 흠뻑 젖도록 한다. 물통을 들어 클라이언트의 몸 위로 물을 모두 쏟아부을 수도 있다.

이런 목욕을 할 수 없는 상황이라면, 기도를 하며 신선한 식물들을 한 다발 모은 뒤 그 다발을 물에 담갔다가 클라이언트의 오라 장 전체에 흩뿌릴 수도 있다. 약초 다발을 물에 적셔 클라이언트의 온몸을 쓸어내리기를 반복하면서 클라이언트의 치유를 빈다. 영적 식물 목욕이 끝나고 나면, 클라이언트에게서 전에 보지 못하던 광채가 보일 것이다.(사진 8과 10을 보라.)

영적 식물 목욕을 하는 세 번째 방식은, 신선한 식물은 없지만 신선한 식물을 담갔던 물은 있는 경우이다. 물이 가진 독특한 성질 때문에 그 물 속에 식물의 고유한 진동이 담겨 있을 수 있으며, 따라서 신선한 식물로 목욕할 때와 같은 효과를 볼 수 있다.

대학생인 켈리는 학교에서 사건을 겪은 뒤에 나를 찾아왔다. 그 사건으로 그녀는 큰 상처를 받고 학교로 돌아가기를 꺼리게 되었다. 그녀는 친구들과 같이 밖에 나갔는데 집에 돌아올 때가 되자 모두 한 택시에 올라탔다고 했다. 친구들은 기숙사에서 살지 않아서 켈리가 잘 모르는 동네에서 모두 내렸다. 친구들이 모두 내리고 나자, 택시 기사가 켈리를 자기 쪽으로 끌어당기기 시작했다. 아무리 밀쳐내도 그는 집요하게 그녀의 팔을 움켜잡으며 멍이 들 정도로 비틀어댔다. 그녀는 자신이 아는 곳이 나오는지 계속해서 살폈다. 마침내 익숙한 곳이 눈에 떠자, 신호 대기하는 순간을 이용해 택시에서 뛰어내려 기숙사로 줄달음쳤다. 이 일로 켈리는 다시는 학교에 돌아가고 싶지 않을 정도로 엄청난 두려움에 사로잡히게 되었다.

그녀의 에너지 체를 스캔하자 오라에 많은 구멍들이 있는 것이 보였다. 두려움이 마치 산성 액체처럼 그녀의 오라를 태워 구멍이 생겼고, 그 결과 생명력이 새어나가고 있었다. 이렇게 생명력이 계속해서 새어나가면 두려움의 에너지를 변환시키기가 힘들어질 터였다. 늦가을이지만 날씨가 무척 온화해서 아직 많은 식물들이 자라고 있었다. 금잔화, 홀리바질, 루Rue,[9] 로즈마리, 쑥 등 치유에 좋은 것들이 충분했다.

이 식물들로 다발을 하나 만들면서 나는 켈리가 건강을 회복하고 마음의 평화를 되찾기를, 켈리의 오라에서 구멍들이 사라지기를, 그리고 그녀가 세상 속으로 돌아갈 때 이 식물 영들이 보호해 주기를 기도했다. 그리고 나는 식물 영들에게 치유를 도와달라고 부탁하면서 그 식물 다발을 샘물 속에 담갔다 꺼내 그녀의 몸을 쓸어내렸다. 다 마친 뒤 나는 켈리에게 이 식물들이 늘 함께하면서 도와주고 보호해 줄 것이며, 두려움이 일 때면 언제나 이 식물들에게 도와달라고 부탁하기만 하면 되기 때문에, 더 이상 두려워할 필요가 없다고 말했다. 켈리는 이 식물들을 가지고 집에 돌아갔다. 그리고 그것들을 스카프 속에 바느질해 넣어서 목에 두르고 다녔다.

9_ 루타라고도 한다. 성수聖水를 흩뿌릴 때 자주 사용되는 까닭에 '은총의 허브herb of grace'라고도 불린다.―옮긴이.

과거 치유를 통한 미래 바꾸기

우리가 신체적·감정적·정신적·영적 측면들로 이루어져 있으며, 에너지 체가 전체의 형판型板을 이루고 있다는 것을 앞에서 살펴보았다. 이 형판 속에는 우리의 조상들로부터 이어져온 혈통과 우리의 전생들(이것들 역시 우리의 존재 전체를 구성하는 일부이다)이 새겨져 있다. 이 둘 모두 중요한 정보를 담고 있으며 우리가 사는 동안 계속해서 어떤 인상들을 남긴다. 우리 혈통으로 인한 인상은 우리 DNA 속에 기록되어 있으며, 우리의 전생 경험들은 우리 영혼의 테피스트리 속에 반영되어 있다.

우리의 현대 문화, 특히 미국 문화에서 조상은 모두 잊히거나 부정되고 있다. 마틴 프렉텔이 이야기하듯이 "우리는 고아孤兒의 문화이다." 이런 부정은 억압을 당한 조상이나 억압을 한 조상에 대해 알고 싶어 하지 않는 마음에서 유래한 것일 수도 있고, 여성이나 흑인 혹은 빈민으로서 겪은 고통에 대해 알고 싶어 하지 않는 마음에서 나온 것일 수도 있다. 하지만 우리는 매일 우리 혈관에 흐르는 피를 통해서 우리의 과거와 불가분의 관계로 연결되어 있다. 가끔 엄청난 짐을 짊어지고 있는 것 같은 기분이 들지만, 그 기분이 어디서 나온 것인지 정확히 모를 때가 있을 것이다. 그 무게가 엄청나지만, 조상들로부터 물려받은 이 짐을 내려놓기란 불가능해 보인다. 조상들의 편견, 조상들의 고통, 조상들의 갈망으로 이루어진 이 사슬은 이 세상에서 여러분의 정체성을 규정하고 유지하는 역할을 한다. 이 짐이 여러분의 에너지 체 속에 있으면서, 여러분이 자신을 온전히 표현하지 못하도록 만드는 것이다.

조상들로부터 과도한 짐을 물려받은 경우에는 신체의 왼쪽에 그 징후가 나타난다. 왼쪽이 오른쪽과 눈에 띄게 다르거나, 왼쪽에 상처나 부상이 계속 발생하는 것이다. 내 학생 중 한 명인 릴라는 감정 표현이 풍부한 사랑스런 여성으로, 식물 영들과의 작업에 대해서도 날카로운 이해력을 가지고 있었다. 수업 시간에 그녀와 함께 있는 것이 무척 즐겁기는 했지만, 치유사로서 살아가는 데 걸림돌이 될 수 있는 극심한 손상이 눈에 띄었다. 그녀는 왼쪽 어깨가 아래로 처져서 늘 한쪽으로 기운 듯한 모습이었다.

어느 날 수업 시간에 초빙 강사가 심층적인 지각에 대해 강의하면서 그녀를 시범 대상으로 삼았다. 학생들 전체가 그녀를 스캔하고 나자, 강사는 그녀가 취하고 있는 자세가 마치 남성 같다고 이야기했다. 릴라는 무척 매력적인 여성으로 전혀 남성 같지 않았지만, 그녀의 자세가 마치 남성 같은 느낌을 준 것이다. 보통 나는 본인이 먼저 치유를 부탁하지 않는 이상, 자청해서 치유해 주겠다고 말하지 않는다. 하지만 수업이 끝난 후 나는 그녀에게 만약 관심이 있다면 내가 도움을 줄수 있을지도 모르겠다고 이야기했다. 물론 그녀는 관심을 보였고, 우리는 만나기로 약속을 잡았다.

세션 동안 나는 계속 그녀의 왼쪽에서 펜듈럼을 사용하게 되었는데, 이는 그곳에 막힌 에너지가 있다는 뜻이었다. 그녀의 조상 쪽에 무슨 문제가 있어서 그녀 왼쪽에 불균형이 생겨난 게 아닌지 의심이 들었다. 나는 그녀에게 어린 시절과 조상에 관한 이야기를 해달라고 부탁했다. 그녀는 어릴 적 약 다섯 살 무렵까지 남자애 이름으로 불렸으며, 어머니는 자기가 남자애이기를 바랐다고 했다. 자기 집안에서는 여성이 별로 대우받지 못했다며, 이런 면을 자기도 물려받은 것 같다고 했다. 왼쪽은 또한 우리 자신의 여성적·수용적인 측면을 나타내기도 하는데, 따라서 이 경우에는 여성에 대한 증오라는 조상들로부터 물려받은 짐에 더해 그녀 자신의 여성적 측면이 전반적으로 약한 점이 이중으로 작용해 그녀의 왼쪽에 영향을 미친 것이었다.

나는 측백나무의 영을 불러서 여성을 약하다고 보는, 조상으로부터 물려받은 편견을 치유할 수 있게 도와달라고 부탁했다. 나는 그녀의 왼쪽에 전체적으로 측백나무 연기를 쏘이면서, 이 상처를 치유하는 데 필요한 조상한테까지 이 연기를 타고 거슬러 올라가 달라고 측백나무의 영에게 부탁했다. 다음은 이 치유 작업에 대해서 릴라가 한 말이다.

"처음에는 몹시 피곤한 느낌이 들었고, 세션이 끝난 뒤에는 환자가 다 된 것 같았죠. 수술에서 회복되고 있는 듯한 느낌이었다고나 할까요? 그와 동시에 저에게 완전히 새로운 측면이 열리고 있다는 느낌도 들었어요. 제가 오른쪽만 쓰다시피 하며 살아왔다는 걸 처음 느꼈어요. 사람들과 이야기를 할 때면 몸의 오른쪽을 앞으로 틀고 이야기를 해서 왼쪽 눈에는 보이는 것이 거의 없었지요. 평생 동안 제가 오로지 남성적 측면만 써왔다는 걸 안 거죠. 그것이 평정을 유지하고 상황을 통제할 수 있는 방법이라고 생각한 거예요. 왜 진작 알아차리지 못했는지 모르겠어요.

이제 자세도 변하고, 제 여성적 자아도 깨어나고 있어요. 이번 일로 제 삶이 완전히 바뀔 거라는 느낌이 들어요. 단지 제 여성적 측면과 남성적 측면이 균형을 이루게 되기 때문만이 아니에요. 여성성 속에 믿기 힘들 정도로 놀라운 창조력이 있다는 걸 발견했기 때문이기도 해요. 이렇게 제가 크게 확장되면서 제 자신에 대한 앎과 사랑, 확신, 직관, 집중력, 새로운 아이디어, 그리고 난관을 돌파해 나아가는 용기 또한 더 커졌고, 제가 걸어야 할 길도 아주 분명해졌어요."

우리가 조상들의 짐을 내려놓고 더 이상 지고 가기를 거부하기 전까지는 이 지구가 결코 평화로울 수 없다는 점에서, 조상에 대한 작업은 몹시 중요하다. 우리 조상들의 문제를 치유하기 전까지는 조상들의 갈망이 늘 우리를 괴롭히고 그들의 슬픔이 우리를 옥죌 것이다. 그들이 치유될 때 우리가 그들의 당당한 어깨 위에 설 수 있고, 우리 아이들에게도 행복한 후손이 되라고 용기를 줄 수 있을 것이다. 자신의 조상에 대해 알아보는 것이 그들의 상처를 치유하는 첫걸음이다. 우리 가운데 상당수가 증조 이상의 조상들에 대해서는 전혀 모르기 때문에, 그들을 만나려면 변형된 차원에 들어가야 한다.

프랭크 맥에오웬Frank MacEowen의 책《기억과 귀속의 나선The Spiral of Memory and Belonging》에는 조상들을 알아보도록 도와주는 아주 좋은 훈련법이 하나 소개되어 있다. 바로 '조상의 몸속으로 들어가기Stepping Back into the Body of Ancestors'이다. 그는 먼저 '활성 호흡activated breathing'(길고 느린 호흡 다섯 번과 깊고 빠른 호흡 다섯 번)을 통해서 '꿈의 시대'로 들어가라고 제안한다. 그런 다음 활성 호흡 1회당 조상 한 명씩, 즉 부모부터 조부모, 증조부모, 고조부모 순서로 대를 거슬러 올라가면서 조상 한 명 한 명의 몸속으로 들어가 보라고 한다. 그때마다 그 몸속에 있는 것이 어떤 느낌인지 살펴보고, 다음과 같은 질문을 통해 그 조상에 대해 이해해 보라고 말한다.

"이 조상의 몸속에 있는 것이 어떤가? 좋은가? 아니면 불편한가? 그 사람이 살아있든 죽었든 간에, 그의 자세를 흉내 내면서 그 몸속에 있는 것이 어떤지 정말로 느껴보라. 이 조상은 세상에서 어떻게 서 있는가? 그 조상의 에너지와 연결되어 교감하는 동안 어떤 이미지나 감각, 인상이 떠오르면 그냥 인식하라. 그 조상은 여러분을 어떻게 생각하는가? 그 조상은 지구에 대해 어떻게 느끼는가? 그 조상은 땅을 어떻게 경험하는가? 그의 기쁨은 무엇이고 꿈은 무엇인가? 그가 힘들어하는 것은 무엇인가? 그가 여러분에게 물려준 자질은 무엇인가? 그가 현재의 여러분에게 줄 수 있는 재능이나 능력은 무엇인가? 그 조상은 현재 여러분이 살고 있는 곳과는 다른 환경 속에 살고 있을 수도 있다. 그가 살고 있는 곳이 여러분에게 어떤 인상을 주는가? 잠시 동안 그 조상의 자세에 다시 주의를 기울여라. 그 조상의 에너지와 존재감을 표현하는 손짓이 여러분의 손을 통해 자연스럽게 표현되도록 해보라. 그것을 그냥 인식하기만 하라. 그리고 잠시 시간을 들여서, 어떤 인상, 감각, 느낌, 이미지가 최종적으로 떠오르는지 살펴보라."

프랭크가 제안한 질문들에 나는 다음 질문을 추가하고 싶다. "그 조상은 어떤 편견을 가지고 있는가? 그가 지고 있는 짐은 무엇인가?" 이 외에도 여러분이 자신의 조상을 알고 이해하는 데 도움이 된다고 생각되는 거라면 어떤 질문이라도 추가할 수 있다. 이 훈련은 그것만 가지고도 자기 조상을 알 수 있는 유용한 도구로 활용할 수 있고, 내가 사용하는 '짐 바구니burden basket' 훈련법과 결합해서 쓸 수도 있다.

짐 바구니 훈련에서 나는 사람들에게 행복했던 조상의 가장 마지막 대代로 간 다음, 여기서부터 자기 쪽으로 한 대씩 내려오면서 조상들이 지고 있는 짐을 모두 받아서 바구니 속에 넣으라고 요청한다. 최종적으로 현재의 자신에 이르면, 짐 바구니를 내려놓고 모든 고통과 편견, 억압, 슬픔이 대지 속으로 흡수되도록 한다. 그 모든 짐에서 벗어남에 따라 사람들은 이제 자신 역시 뒷세대의 조상이 될 것이고 자신의 현재 행동이 후손들에게 영향을 미치게 되리란 걸 의식한 상태에서 행복한 조상들의 긴 대열 뒤쪽에 설 수 있게 된다.

몸의 오른쪽에서는 전생이 남긴 인상들 가운데 아직 치유되지 못한 것들이 발견된다. 때때로 나는 사람들에게 자신의 손상된 신체 부위 속으로 들어가서 전생에서 넘어온 인상을 찾을 수 있는지 살펴보라고 제안한다. 또 치유가 필요한 전생을 찾기 위해 꿈 여행 속으로 이끌기도 하고, 내가 직접 그런 전생을 추적해 들어가기도 한다.

나는 전생 작업과 영혼 작업을 병행해야 한다고 생각하는데, 그 이유는 한 생에서 다음 생으로 이어지는 것이 바로 우리의 영혼이기 때문이다. 여기에서 여러분은 전생에서 영혼의 일부를 되찾아온 로라의 이야기를 떠올릴 수도 있을 것이다. 전생을 치유하는 데 이런 작업이 필요할 때가 가끔 있지만, 늘 그런 것은 아니다. 전생에서 무언가 해결되지 못한 상태로 남아 있다가, 그것이 막히거나 딱딱해진 에너지의 형태로 이번 생으로 이어지는 경우가 종종 있다. 이처럼 막혀 있거나 딱딱한 에너지를 제거하려고 끊임없이 애를 써보지만 잘 되지 않거나, 제거된 것처럼 보이다가도 다음 세션에서 다시 나타난다면, 이는 해결되지 못한 전생의 문제가 있다는 신호라고 봐도 좋다. 전생이 파악되고 나면, 나는 홀리바질의 영에게 그 전생에서 필요한 치유를 해달라고 부탁한다. 그러고 나면 막혀 있거나 딱딱한 에너지가 쉽게 제거될 수 있다.

베키는 여러 가지 통증으로 힘들어서 나를 찾아왔는데, 특히 오른쪽 목과 어깨에 통증이 심했다. 몸을 스캔해 보았더니 그녀의 오른쪽에서는 에너지가 전혀 보이지 않았다. 마치 육중한 갑옷이 가로막고 있는 것 같았다. 베키는 간호사로 그 자신이 꽤 훌륭한 치유사였지만, 자신에게 해결해야 할 문제가 있다고 확신하고 문제를 해결해 줄 안내자를 찾고 있었다. 나는 목의 통증과 몸 오른쪽에서 움직이는 에너지가 보이지 않는 원인을 찾아보자며 전생들을 살펴볼 것을 제안했다.

그 다음 주에 그녀는 자신이 전생에 남자였고 교수형을 당했으며, 그때의 밧줄이 아직도 목에 감겨 있다고 했다. 무척 큰 트라우마가 남았으리라는 생각에 나는 홀리바질의 영에게 그녀의 영혼 일부를 되찾아달라고 부탁했다. 그 다음번 세션에 온 그녀는 내가 이야기한 갑옷을 보았다며, 자신을 다른 사람들에게 열어 보이지 못하게 만든 것이 바로 이것 같다고 말했다. 노출에 대한 두려움 때문에 자신을 계속 다른 사람들로부터 차단시켜 왔던 것이다. 그녀에게 자신을 노출하면 어떻게 될 것 같으냐고 물었으나 그녀는 제대로 대답을 못했다.

그 다음에 우리가 만났을 때 그녀의 목 통증은 재발해 있었다. 나는 약간 당황스럽긴 했지만, 동시에 이것이 전생 문제라는 확신이 들었다. 세션중에 나는 그녀의 목 통증을 일으키고 있는 전생을 찾으면서, 줄무늬단풍나무의 영에게 그 일을 도와달라고 부탁했다. 줄무늬단풍나무가 놓아준 빛의 길을 따라가는데, 베키가 한 생에서만이 아니라 여러 생에서 교수형을 당했음이 보였다. 다른 사람들의 질병을 알아보고 치유하는 능력 때문에 재판을 받고 마녀로 몰려 교수형에 처해졌던 것이다.

그제야 나는 간호사로서 그녀가 가진 '소명召命'과 그녀의 높은 직관력, 노출에 대한 두려움, 그리고 계속되는 목의 통증을 이해하게 되었다. 나는 쑥의 영에게 그녀의 목과 어깨에서 딱딱하게 굳어 있는 에너지를 없애도록 도와달라고 부탁했다. 직관력을 갖춘 의료인으로서 그녀가 지닌 능력에 대해서 우리는 오랫동안 이야기를 나눴고, 이제 교수형의 밧줄이 목에서 사라지고 전생의 상처들도 치유되기 시작했으니 더 이상 노출되는 것을 두려워할 필요가 없다는 이야기도 했다. 나는 집에 돌아가는 그녀에게 치유가 계속 진행될 수 있도록 홀리바질 플라워 에센스를 건네주었다.

보호에 대하여

영의 질병을 치유하는 일을 시작하는 사람들에게서 듣는 가장 큰 걱정거리 중 하나가 "'사악한 영들evil spirits'로부터 나를 보호하려면 어떻게 해야 하느냐?"이다. 개인적으로 나는 '사악한 영' 같은 것이 존재한다고 믿지 않기 때문에 그런 걱정은 별로 하지 않는다. 하지만 여러분에게 영향을 미칠 수 있는 부정적인 의도들은 존재하며, 만약 여러분이 취약한 상태에 있다면 그런 에너지들이 여러분에게 달라붙을 수 있다. 또 기생이라기보다는 약탈에 더 가까운 수준으로 사람들에게 달라붙어 지배하려 드는 개체entity들도 존재하며, 굳이 말하자면 이것들을 '나쁜 영malspirit'이라고 할 수 있을 것이다.

나는 학생이나 클라이언트에게 이런 점을 염두에 두고 특정 식물 영을 활용해서 스스로를 보호하라고 권한다. 학생들에게는 자신에게 보호의 선물을 준 적 있는 식물 영에게 그런 부탁을 해보라고 제안한다. 예를 들어 제니퍼는 홀리바질의 영에게, 재스민은 서양톱풀의 영에게 그런 보호를 부탁할 수 있을 것이다. 클라이언트들에게는 로즈마리와 루rue로 만든 신선한 다발을 주기도 하고, 몸에 지니고 다닐 수 있도록 말린 약초를 주머니에 담아주기도 한다. 목 뒤편 두개골이 끝나는 지점의 움푹 들어간 부위가 외부 에너지가 침입해 들어올 수 있는 곳이므로, 특히나 취약한 상태에 있는 사람에게는 홀리바질 오일을 주면서 그곳에 바르게 한다. 세션을 하는 동안에는 클라이언트와 나를 화이트 세이지White Sage나 쑥 혹은 서양쑥으로 스머지smudge[10]할 수도 있다.

보호와 관련해서 기억해야 할 중요한 점은, 여러분이 허용하지 않는 한 아무것도 여러분에게 해를 끼칠 수 없다는 것이다. 물론 그런 허용이 무의식적으로 일어날 수도 있지만, 여러분이 진정한 자신으로 존재하며 창조력을 발휘하고 있다면 여러분에게 도움되지 않는 에너지가 들어올 수 있는 여지는 전혀 없다. 자신 혹은 다른 사람들을 위해 치유의 길을 걸을 때 여러분의 의도는 항상 '모두에게 최고의 선善인 것'에 향해 있어야 한다. 최고선에 이바지하지 않는 것처럼 보이는 상황이나 에너지를 만날 때는, "너는 나에게 영향을 미칠 수 없어"라고 단호하게 선언하라. 그 다음에 자신을 보호해 주는 식물 영에게, 모든 에너지가 조화롭게 바뀌는 빛 속으로 인도해 달라고 부탁하라.

10_연기를 쏘여 정화하는 것.―옮긴이.

PART 3

식물들의 치유 선물

한 송이 꽃의 기적을 분명히 볼 수 있다면,
우리의 삶 전체가 바뀔 것이다.
—붓다 *Buddha*

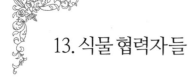

13. 식물 협력자들

마침내 식물들의 이야기와 이들이 지닌 정말 놀라운 속성들을 말할 순간이 왔다. 식물마다 아주 많은 치유 속성들을 가지고 있으며, 따라서 사람마다 경험하는 측면이 다를 수 있다. 이는 여러분과 식물의 공동 창조의 파트너십, 즉 두 에너지 장이 하나로 섞이는 것이다. 어떤 식물과 내가 형성한 에너지는 여러분의 것과는 다를 것이다. 따라서 내가 어떤 식물을 경험하고 그 식물을 치유 목적으로 이용하는 방식도 여러분과 다를 수 있다. 여러분은 여러분 자신의 경험을 써나가는 저자author이며, 그것이 여러분에게 권위authority를 준다는 점을 기억하기 바란다.

유념해야 할 다른 점은, 식물이 우리와 마찬가지로 계속 진화하고 있으며, 이미 언급했듯이 식물의 진화가 동물이나 인간의 진화에 늘 앞서 일어난다는 점이다. 이는 현재 인간에게 새로운 필요가 생겨나고 있기 때문에 거기에 맞는 새로운 용도가 식물에게 나타나고 있다는 뜻이다. 내가 발견하고 있는 것은, 현시점에서 우리의 진화가 기본적으로 영적인 것이며, 따라서 함께 작업할 식물 영들의 존재가 강하게 드러나고 있다는 것이다. 하지만 식물의 가슴과 영혼 역시 진화하고 있기 때문에 물리적·구조적 수준에서도 식물의 새로운 쓰임새가 생겨나고 있다.

이 책의 앞부분에서 우리는 인간의 가슴, 영혼, 영에 대해서 탐구했다. 비록 우리가 이것들을 따로따로 살펴보기는 했지만, 가슴, 영혼, 영은 불가분의 관계로 연결되어 있어 그중 어느 것도 개별적으로 존재할 수 없다. 식물 역시 마찬가지다. 식물도 서로 불가분의 관계로 연결된 가슴, 영혼, 영을 가지고 있다.

만약 식물이라는 존재를 집에 비유한다면, 식물의 영혼soul은 집의 구조에 해당한다. 그것은 물질로의 현현을 위한 구체적인 설계를 담고 있으며, 이러한 설계는 항구적이고 원형적이다. 식물의 가슴은 집의 내장재와 같다. 그것은 집에 구체적인 개성을 부여한다. 화학 성분들을 포함한 식물의 신체적 측면은 모두 집의 세간살이이다.

식물의 영spirit은 집에 살면서 집 안의 모든 공간을 자신의 존재로 채운다. 영은 그 집의 주인으로서 집의 건축과 내장재 설치를 감독하는 존재이기도 하다. 따라서 식물의 영은 자신의 가슴과 영혼에 대해 아주 잘 알고 있다. 식물 영은 자기 존재 전체의 진정한 본성을 완전히 이해하고 있기 때문에, 식물 영과 함께 작업하는 사람은 그 식물의 가슴과 영혼에 대해서까지 알 수 있는 기회를 갖게 되지만, 그 반대의 경우에는 반드시 그렇지는 않다. 식물 영에 다가가 치유 선물이라는 축복을 받는 경험을 하지 못한 채 오직 그 식물의 가슴(신체적 본질)하고만 작업한다면, 여러분의 치유 작업은 그 사람의 신체적 측면에만 영향을 끼치게 될 것이다. 그 결과 부분적인 치유만 일어나고, 그 효과도 일시적인 경우가 보통이다. 진정한 치유는 신체적 수준을 포함해 모든 수준에서 질병의 근원이 해결될 때 일어난다. 이상적인 것은 식물의 가슴, 영혼, 영과 긴밀하게 연결되어(즉 진정한 협력자가 되어) 그 세 측면 모두를 치유받는 사람의 가슴, 영혼, 영의 치유에 활용하는 것이다.

식물을 아는 것과 식물의 영을 아는 것 사이에 어떤 차이가 있느냐고 묻는 사람이 많다. 책을 읽는다든지 이따금씩 어떤 식물을 사용해 보는 것으로는 그 식물에 대해 표면적인 이해는 할 수 있지만, 그런 정도로는 식물의 영이 내 안에 들어와 살지 않는다. 어떤 식물의 영을 알게 되면 그 식물과의 융합이 일어나고, 직관의 형태로 그 식물의 메시지가 자유롭게 흘러들어 오게 된다. 내 학생인 재스민의 이야기대로이다. "예전에는 그 식물이 바깥에 있었지만, 이제는 제 안에 있어요. 이건 완전히 다른 수준의 앎이에요."

팅처, 오일, 향, 차, 플라워 에센스 등 식물로 만든 제품을 사용하는 것과 관련해서도 질문하는 사람들이 있다. 일단 어떤 식물의 영이내 안에 살게 되면 그 진동의 정수를 알게 돼 치유가 필요할 때 그 진동의 정수를 불러낼 수 있다는 것도 맞는 말이지만, 그 식물이 물리적인 형태로 곁에 있는 것을 내가 사랑한다는 것 또한 맞는 말이다. 사랑하는 사람이 내 가슴속에 살고 있어서 언제라도 그의 정수를 불러내그 진동을 느낄 수 있기는 하지만, 그래도 그가 곁에 있으면 더 좋은 것과 마찬가지이다. 여러분의 식물 협력자들도 똑같다. 그들과 관계가깊어지면 사랑하는 마음이 아주 커지게 마련이고, 그러면 온갖 형태로그들이 여러분 주위에 있기를 바라게 될 것이다.

아래 내용은 내가 좋아하는 식물 협력자 중에서 몇몇만 추린 것이다. 훨씬 더 많은 협력자들이 있지만, 바로 이들이 자신의 이야기를 공유하기를 원했다. 이 식물들이 얼마나 관대한 존재들인지 기술하자니 언어가 주는 제약이 너무나 크다. 여기에 실린 설명을 통해 독자 여러분이 그들의 삶에 대해 조금이라도 이해할 수 있기를 바란다.

쑥Mugwort: Artemisia Vulgaris, Douglasiana, Tridentata

하늘거리는 은색 여인이 보름달 아래에서 소용돌이처럼 빙빙 돌며 춤춘다. 녹색 손가락이 내 몸을 애무하며 나를 태곳적 리듬으로 데려간다. 늙은 얼굴, 젊은 얼굴, 아기 안은 엄마의 얼굴…… 달이 모양을 바꿀 때마다 함께하며 치유해 주는 이가 바로 그대로구나. 그대의 은색 망토가 내 어깨 위로 퍼져 나를 품속에 가둔다. 그러자 이제 황홀한 춤사위가 내 안으로 흘러들어 온다. 춤은 혈관, 경락, 신경, 척추를 통해 소용돌이치며 자유롭게 흐르다가, 이윽고 내 손끝, 발끝, 정수리를 통해서 흘러나간다. 한 번씩 물결을 일렁이며 흘러나갈 때마다 에너지는 더욱 맑고 밝아진다. 은빛 물결이 나를 앞뒤로 흔들고, 나는 은빛 여인의 꿈속으로 점점 더 깊이 빠져든다. 그녀의 꿈이 내 꿈이 되고, 우리는 손을 맞잡고 들판으로 숲으로 걸으며 녹색 존재들, 털 달린 존재들, 물에 사는 존재들, 딱딱한 존재들을 방문한다. 모두 그녀의 친구들이다. 그녀는 이 모든 자연의 친구들 속에 들어오라고 나를 초대하며, 내 목소리를 공동 창조를 위한 협력 작업에 보탠다.

쑥이 가진 다양한 모습은 그 별명인 아르테미스Artemis에서부터 엿보인다. 아르테미스는 그리스의 여신으로, 제우스의 딸이자 아폴로의 누이이다. 그녀는 야생의 자연을 집처럼 편히 여기는 처녀 신으로, 야생 동물들을 데리고 잘 돌아다니며 야생 식물들과도 친구처럼 지낸다. 아르테미스의 이런 성격처럼 쑥의 영은 사람들이 자연의 영과 녹색 존재들에게 접근하는 것을 도와준다. 아르테미스는 결코 길들여지는 법이 없고, 결혼에 따른 속박에서도 자유롭다.

아르테미스는 또한 달의 여신으로서, 여성들의 수태, 출산, 월경 등을 돕는 협력자이기도 하다. 이런 측면이 쑥의 이용에도 고스란히 나타나, 여성들의 생식 기관에 원기를 북돋아주는 강장제로 쑥이 사용된다. 달의 여신으로서 아르테미스는 꿈의 시대의 마법을 체화하고 있으며, 백일몽, 밤의 꿈, 꿈 여행에 쉽게 들어간 뒤 통찰, 명료함, 깊은 지식을 얻어 역시 쉽게 돌아올 수 있는 능력을 쑥의 영에게 부여해 준다. 여러분이 쑥의 아르테미스 정수를 만나게 되면, 그녀는 여러분을 부정적인 에너지나 옛날 약초 치료사들이 말하는 '악령들evil spirits'로부터 지켜주는 보호자가 된다.

쑥은 또한 세례 요한의 띠St. John's Girdle라고도 불리는데, 세례 요한이 황야에 있을 때 쑥으로 만든 띠를 머리에 둘렀다고 전해지기 때문이다. 쑥의 영이 자신을 보호해 주리란 걸 알았기 때문일까? 아니면 제3의 눈과 직관을 여는 데 도움을 얻어서, 꿈의 시대로 들어가는 또 다른 길인 비전을 통해 영에게 더 가깝게 다가가고자 함이었을까?

보단Woden[1] 신이 세상에 건네준 아홉 개의 약초 중 하나인 쑥은 우나Una, 즉 모든 약초 중 첫째요 가장 오래된 것으로서 모든 약초의 어머니라 불린다. 이 점은 식물 영 치유에서도 마찬가지다. 만약 여러

1_ 북유럽 신화의 최고신으로 오딘Odin이라고도 한다.—옮긴이.

분이 함께 일할 식물 협력자를 하나만 선택해야 한다면 쑥을 선택하도록 하라.

쑥의 가슴은 수많은 치유의 특성들을 가지고 있는데, 그 일부는 식물 영이 치유하는 방식과 직접 관련되어 있다. 쑥은 신경을 진정시키는 효과가 있는 것으로 알려져 있으며, 쑥의 영은 들쭉날쭉하거나 정체된 에너지를 부드럽게 해준다. 나는 쑥을 '에너지를 흐르게' 하는 용도로 자주 사용하는데, 이렇게 하면 오라 장의 에너지가 부드럽고 균일하게 된다. 쑥은 또 몸을 따뜻하게 해주고 신진대사를 활성화시키는 특성이 있으며, 독소와 몸에 쌓인 노폐물을 배출시키는 기능도 한다. 이 같은 물질적 능력이 쑥의 영에도 반영되어 있는데, 이것이 내가 식물 영 치유에서 쑥을 사용하는 주된 이유 중 하나이다. 쑥의 영은 정체된 에너지를 없애고, 한 곳에서 다른 곳으로 에너지를 이동시키며, 에너지가 막힌 곳을 뚫어주고, 외부에서 침입한 에너지를 제거할 수 있도록 통로를 열어준다.

엘리엇 코완이 가르쳐준 것으로, 쑥의 영을 이용해 매우 효과적으로 척추를 교정하는 시술법이 있다. 엘리엇은 이 시술을 '홀인원Hole in One'이라 부르지만, 왠지 골프장에 나가야 할 것 같은 느낌이 들어서 나는 이를 '올인원All in One'이라 부른다. 사실 이것이 더 적절한 이름 같기도 하다. 척추는 배의 돛대와 같아서, 몸의 구조 전체를 유지시키고 균형을 잡아준다. 우리 몸을 꼿꼿한 자세로 지탱시키며, 에너지적으로도 우리가 가진 의도의 중심축 역할을 한다.

그런데 다양한 형태의 트라우마가 온전한 형태의 척추 에너지 기둥에 영향을 미쳐서 그 모양을 어긋낼 수 있다. 생명력은 두개골과 첫 번째 척추골 사이에 있는 구멍인 대후구동foramen magnum을 통해서 들어온 다음, 환추atlas(제1경추)와 축추axis(제2경추)를 지나 척추의 나머지 부분들로 흘러내려 간다. 어떤 사람의 내적 온전함이 트라우마에 의해 손상되거나 그의 의도가 어긋나 있을 경우, 대후구동·환추·축추에 병목 현상이 발생해 생명력의 흐름이 줄어들게 되며, 그 결과 에너지의 자유로운 흐름이 막히고 척추 아래쪽까지 어긋나게 될 수 있다.

척추가 온전한지 여부는 다리 길이, 발의 회전 각도, 목의 회전 각도로 판단할 수 있다. 올인원 시술이 필요하다고 판단되면, 클라이언트를 편안히 눕히고 그의 위쪽에서 머리를 잡고 앉은 다음 쑥의 영을 불러내 대후구동·환추·축추의 에너지 통로를 정화해 달라고 부탁한다. 이는 깨끗하고 막힘이 없는 통로를 만들어 생명력이 자유롭게 흐를 수 있도록 하기 위해서이다. 쑥의 영은 은색 나선 형태로 춤을 추며 통로를 뚫어줄 수도 있고, 코르크 따개처럼 생긴 솔을 빠르게 돌려서 정체된 것을 없앨 수도 있다.

쑥이 보여주는 이미지가 무엇이든 여러분은 무언가 손을 통해 움직이고 있다는 것을 열감이나 따끔거림의 형태로 느끼게 될 것이다. 열감이나 따끔거림이 잦아들면, 생명력이 척추를 바로잡는 동안 움직이지 말고 가만히 누워 있으라고 클라이언트에게 이야기한다. 여기에는 약 15분 정도가 걸리며, 그 다음에 여러분은 클라이언트의 다리 길이, 발과 목의 회전 각도를 다시 확인하여 교정이 일어났는지 확인할 수 있다.

내 학생인 제니퍼는 쑥에 대해 이렇게 이야기한다. "쑥은 저의 가장 강력한 협력자 중 하나예요. 다른 사람을 치유할 때 저는 늘 쑥을 사용합니다. 저한테는 쑥의 영이 검은 머리를 한 달의 여인moon lady 모습으로 나타나는데, 실제로 그녀는 제가 끼고 다니도록 월석月石으로 된 반지를 하나 줬어요. 그녀가 있을 때면 제 주변과 손에서 그녀가 춤추는 것이 느껴져요. 곁에 그녀가 있으면 마치 달빛 아래에 있을 때처럼 서늘한 느낌이 들지요. 그녀랑 함께 일하는 건 정말 쉬워요. 제 요청에 기꺼이 응해주거든요. 저는 그녀를 사람들의 에너지 장과 차크라에 박힌 날카로운 물체를 제거하는 데 자주 사용해요."

재스민도 거의 모든 치유 세션에서 쑥의 영을 부른다. 그녀의 말이다. "치유 세션에서는 쑥의 영이 저를 이끌어요. 그녀는 길을 비춰주는 빛과 같죠. 시술 때 제가 무엇을 해야 할지 보여주죠. 실제로 어디에서 에너지가 막혀 있는지 보여주기도 하고요. 그녀가 직접 가서 에너지가 막힌 곳을 뚫어주기도 하고, 저더러 수정을 써서 그것을 제거하라고 이야기하기도 하고요. 그녀는 저를 통로로 활용하기도 하고 저를 안내해 주기도 하죠. 한번은 심하게 부은 클라이언트의 얼굴에서 열을 빼라는 지시를 저에게 내렸어요. 어디에 손을 둬야 할지 일러주면서요. 그렇게 함께 열을 빼냈죠."

나는 특히 연기의 형태로 쑥을 사용하는 것을 좋아한다. 스머지 재료로 쑥의 잎을 넣고 태우면 정체된 에너지를 다시 흐르게 하는 데 좋다. 나는 쑥 연기를 들이마시는 것도 좋아하는데, 그렇게 하면 어느 순간 차분하고 명확한 상태로 변하기 때문이다. 중국 의학에서는 쑥뜸이 오랫동안 사용되어 왔다. 쑥뜸은 쑥의 잎을 동그랗게 말아 말린 것을 침술점 위에 놓고 태워서 자극을 주는 것이다.

쑥은 단연코 내가 가장 좋아하는 허브 비어herbal beer[2]의 재료이다.

쑥 비어mugwort beer라는 말이 쑥이 주재료임을 나타내는 것인지 아닌지에 대해서는 논란이 있지만, 쑥으로 만든 음료가 맛도 아주 좋고 기분도 즐겁게 만들기 때문에 그런 이름이 붙었을 가능성이 크다. 나는 또 쑥을 집 안이나 차 안, 침대 곁에도 걸어두고 목에 차는 작은 주머니에도 넣고 다닌다. 그렇게 하면 쑥의 영이 나를 보호해 주고 있다는 걸 상기하는 데는 물론이고 내 에너지가 막힘없이 흐르게 하는 데도 도움이 되기 때문이다.

다양하게 사용할 수 있는 많은 선물을 아르테미시아(쑥의 다른 이름)가 가지고 있지만, 쑥의 영이 우리에게 주는 주된 메시지 중 하나는 분명코 우리 에너지를 막힘없이 계속 흐르게 하라는 것이다. 쑥의 영은 우리가 그렇게 하도록 돕기 위해 여기에 있다.(사진 9를 보라.)

홀리바질Holy Basil, Sacred Basil: Ocmum Sanctum

이른 아침의 새로움 속에서 태양이 그대와 공생의 포옹을 하기 위해 손을 뻗자, 이슬에 젖은 그대의 잎이 반짝거린다. 태양의 온기와 함께 그대의 풍부한 오일이 퍼져나가고, 나는 그대의 달콤한 아로마 향기 속으로 나른하게 빠져든다. 신들이 거니는 그곳에 가 닿고 싶다는 소망의 날개에 실려 내 존재가 공중으로 떠오르는 것이 느껴진다. 여

2_ 허브 비어는 크게 두 가지가 있다. 첫째, 약초나 허브로 만든 발효액(발효 과정에서 어느 정도 알코올이 생기는 것이 보통이다). 쑥 비어, 쐐기풀 비어, 생강 비어 등이 대표적이다. 둘째, 약초를 넣어 제조한 맥주. 실제로 맥주 제조에서 홉이 보편화되기 전에는 쑥, 서양톱풀 같은 여러 약초로 맥주에 풍미를 더했으며, 요즘에는 가정에서 맥주를 만들어 먹는 사람들이 이런 방법을 많이 쓰고 있다. 허브 비어에 대해서는 스티븐 뷰너의 《힐링을 위한 신성한 허브 비어Sacred and Herbal Healing Beers: The Secrets of Ancient Fermentation》를 참조하기 바란다.—옮긴이.

기 이 확장된 상태에서, 그대는 고상한 진리들을 속삭이는 달콤한 숨결과 함께 내게 다가온다. 로열 퍼플[3] 로브를 입은 그대, 그대 품에 안기면 어떤 병도 낫게 해주는 그대가, 신성한 은총으로 나를 축복해 준다. 이 지복至福의 바다 속을 떠다니고 있자니, 나를 끌어당기는 힘이 느껴진다. 내 영혼의 깊숙한 곳으로 잠수해 내려가자 여기서도 그대를 만나게 된다. 그대의 향기로운 에센스로 나를 흠뻑 적셔주기 위해 기다리고 있었구나. 오, 신성한 이여, 그대는 내 영혼을 되찾아주고, 나를 내 자신에게로 다시 데려가는구나. 이 성소聖所에서 나는 저항을 내려놓고 나를 다 바쳐 그대를 섬긴다.

　　인도에서는 홀리바질을 툴시Tulsi라고 부르는데, 이는 '비교할 수 없는 것'이란 뜻이다. 툴시는 5천 년 넘게 숭배되어 왔는데, 야시 라이 Yash Rai는 자신의 책《툴시Tulsi》에서 "힌두교 경전들은 툴시를 단순한 식물이 아니라, 비슈누Vishnu나 크리슈나Krishna[4]의 신성한 현현으로 볼 것을 명하고 있다"고 이야기한다. 툴시를 크리슈나의 배우자 중 하나로 기술하면서 '우주의 어머니'라 지칭하는 경전도 있다. 그 신성한 본질 때문에 홀리바질 자체가 아침저녁으로 등잔불을 놓아두는 숭배의 대상이 되기도 한다. 인도의 거의 모든 가정에서는 악운이 집 안에 들어오지 못하도록 막기 위해 현관에 홀리바질을 놓아둔다. 야시 라이의 말대로 "툴시가 있을 경우 죽음의 신(혹은 질병의 신)이 집에 접근하지 못

3_왕실의 권위를 나타내기 위해서 영국의 군주가 입은 로브나 망토에서 유래된 색깔로 밝은 보라색이다.—옮긴이.
4_비슈누는 힌두교의 3대 주신 중 하나이며, 크리슈나는 비슈누의 화신 중 하나이다.—옮긴이.

한다는 믿음이 있을 정도이다." 이런 점에서 홀리바질은 물질적 수준에서뿐만 아니라 영적인 수준에서도 훌륭한 보호자이다. 목 뒤쪽에 홀리바질 오일을 바르면 원치 않는 에너지가 들어오는 것을 막을 수 있다.

홀리바질의 가슴은 '불로장생의 묘약elixir of life'으로 여겨진다. 야시 라이가 말하듯이 "치유 효과의 관점에서 툴시는 단순한 치유 도구나 약이 아니라 최고의 약이요 진정한 불로장생의 묘약이다. 인류를 괴롭히는 모든 질병을 치료할 수 있기 때문이다." 이 식물은 암에서부터 호흡기 질환, 소화불량, 피부병, 생식 관련 문제에 이르기까지 모든 병을 치유할 수 있는 것으로 알려져 있다. 툴시는 알려진 최고의 면역 강화제 중 하나로, 면역계를 환경의 스트레스로부터 보호해 준다. 이런 점에서 홀리바질의 영이 사람들의 영혼에 접근해서 균형과 웰빙을 회복시켜 주는 것도 놀라운 일이 아니다. 이 식물은 영의 세계를 잘 알고 있으며, 영의 언어를 알아듣게끔 영혼을 도와줄 수도 있다. 이런 점은 인도에서 많이 알려져 있는데, 이를 야시 라이는 "바람이 툴시와 만나는 곳마다 신성한 생각들이 일어나고, 모든 존재가 영적으로 고양되며, 경건함이 마음을 가득 채운다"는 말로 표현하고 있다.

식물 영 치유 시술을 할 때 나는 대부분 홀리바질을 사용한다. 홀리바질은 훌륭한 보호자 식물일 뿐만 아니라 영혼 되찾기에도 도움을 준다. 추방된 영혼의 소재를 알아내 그들을 집으로 데려올 수 있기 때문이다. 어느 날 나는 만성피로에 시달리고 있는 젊은 여성과 함께 작업하고 있었다. 그녀는 삶에서 기쁨도 느끼지 못하고, 삶의 방향을 잡는 데도 어려움을 겪고 있었다. 산드라는 자신이 무엇을 하고 싶은지 알아차리기는커녕 그것에 대해 감조차 잡지 못하고 있었다. 에너지의 흐름에 장애가 있어 이런 상황이 초래되었으리라 짐작하고 예상되는 곳을 모두 체크해 봤지만 별 문제가 없었다. 어떻게 해야 할지 몰라서 가만히 앉아 도움을 청했다.

달콤한 향기가 공기를 타고 아주 강하게 퍼져오기 시작했다. 홀리바질이 내 개인적인 협력자 중 하나이기 때문에, 나는 그 영이 내 요청에 응해서 무언가 말해주러 왔다는 생각이 들었다. 하지만 그녀는 그런 지시 대신 내가 작업중이던 테이블의 모서리들에 빛의 기둥을 만들기 시작했다. 이 기둥들은 위로 하늘 높이 치솟고 아래로 땅 속까지 이어졌다. 그러곤 기둥들 사이의 공간을 빛으로 채우기 시작해, 빛으로 이루어진 투명한 방을 만들었다. 이 방은 나와 산드라, 테이블을 중심에 두고 위아래로 길게 뻗어 있었다. 그 다음에 홀리바질의 영은 산드라의 심장에서 출발해 위로 아래로 회오리처럼 나선형으로 돌며 오르내리기 시작했다. 그러자 홀리바질이 땅과 하늘의 문을 열어젖히기라도 한 것처럼 빛이 홍수처럼 쏟아져 들어와 방을 채웠고, 그중에서도 아주 밝은 빛줄기 하나가 산드라의 심장에 집중되었다.

나는 벌어지고 있는 일에 깜짝 놀랐지만, 가만히 앉아서 그저 지켜보는 수밖에 없었다. 마침내 빛이 잦아들고, 홀리바질의 영이 내 앞에 서서 "이것이 그대가 바라던 도움인가?"라고 물었다. 지금 무슨 일을 한 것인지 묻자, 그녀는 산드라의 영혼에 문을 열어주었다고 했다. 산드라의 가슴이 자기 본성의 정수와 그것을 펼쳐나가는 과정을 알 수 있도록 영혼의 두 측면, 즉 대지에 속하는 측면과 하늘에 속하는 측면의 문을 열어주었다는 이야기였다.(나는 영혼에 이런 두 측면이 있는지 전혀 몰랐다.)

이는 많은 수준에서 놀라운 경험이었다. 대개 나는 식물 영들의 능력에 대해 내가 알고 있는 것을 바탕으로 특정 식물 영을 불러서 이러 저러한 작업을 해달라고 부탁한다. 식물 영이 어디에 가서 어떤 일을 해야 할지 내가 알려주면 치료가 훨씬 더 효율적으로 이루어질 수 있다는 믿음을 가지고 있었던 것이다. 하지만 이 경우를 보면서 나는 내 안내 없이도 식물 영 스스로 무엇을 해야 할지 정확히 알고 있다는 것을 분명히 알게 되었다. 그리고 홀리바질의 치유 선물도 하나 더 알게 되었고, 영혼에 대한 이해도 더 깊어졌다. 나는 대지에 속하는 영혼의 측면이 우리로 하여금 이곳에 뿌리내리도록 해주며, 영혼의 길을 펼쳐 나가는 과정에서 우리에게 도움을 준다는 사실도 깨닫게 되었다. 결국 산드라는 의미 있는 일을 찾았고, 이를 자신의 '소명'으로 느끼고 있다.

홀리바질의 현존 속에 있는 것은 신성한 축복의 물로 샤워를 하고 있는 것과 같다. 그녀의 향기만으로도 지복의 상태에 빠져들 수 있기 때문이다. 단순히 홀리바질 곁에 앉아 있는 것만으로도 치유가 일어날 수 있다고 생각되는데, 그것은 홀리바질이 산소와 음이온을 많이 배출하기 때문이다. 홀리바질은 자신이 거하는 곳마다 눈부신 아름다움을 선사한다. 야시 라이는 이렇게 이야기한다.

"이른 아침 목욕을 하고 툴시 곁에 매트를 펴고 앉아 그 잎과 꽃, 줄기에서 퍼져 나오는 향기를 들이마셔라. 여러분의 존재 전체가 황홀함으로 가득 차게 될 것이다. 깊이 들이마시고, 숨을 멈춰라. 최대한 많은 양의 향기가 폐 속에 들어올 수 있도록 하라.…… 이 향기는 아름다움, 건강, 몸의 광채를 증진시키는 데 아주 효과적이다. 그것은 피를 정화하고, 피 속의 좋지 않은 것들을 모두 고칠 수 있다. 여러분의 몸에서는 홍조가 돌고, 얼굴에서는 빛이 발산될 것이다. 그리하여 여러분은 아주아주 아름다워질 것이다."

향기는 홀리바질의 가장 뚜렷한 표지이다. 나는 홀리바질의 달콤한 에센스가 오일 속에 스며들도록 그 꽃과 잎을 오일 속에 담가 6주 동안 놓아둔다. 홀리바질의 진동이 필요한 신체 부위에 이 오일을 바를 수 있다.(사진 11을 보라.)

성요한초 St. John's Wort: Hypericum Perforatum [5]

꽃들을 수확하러 밖에 나서자 여름의 온기가 밀려든다. 너른 들판에 이르니 햇빛에 흠뻑 젖은 클로버, 서양톱풀, 베르가못의 향기가 나를 기쁘게 한다. 깊은 지각을 위해 심장으로 의식을 옮기자 눈의 초점이 흐려진다. 다음 순간 들판 여기저기에 점점이 박혀 있는 그들이 보인다. 마치 태양이 주변에 빛 조각들을 흩뿌려놓은 것처럼 노란색이 강렬하다. 들판의 성요한초 연장자가 미풍에 몸을 흔들고, 나는 그를 만나게 된 영광에 감사하며 겸손히 절을 한다. 그리고 이 빛나는 식물이 불의 정수를 가지고 있음을 인식하며 불을 붙여 작은 불꽃을 만든다. 불길이 살아나자, 내 가슴에서 섬광과 불꽃이 폭발하더니 번개가 밤을 밝히듯 내 가슴속 그늘진 구석들을 빛으로 환하게 밝힌다. 성요한초가 밝은 빛으로 길을 비추며 어둠을 몰아내자, 내 영의 불꽃이 살아나며 기운이 용솟음친다. 두 불꽃이 하나가 되어 빛나는 가운데 나는 노란 꽃들을 딴다. 그리고 내 손가락에는 피처럼 붉은 기억이 아로

5_ 한국에서는 망종화, 물레나물 등이 이와 비슷한 식물이며, 북미 원산인 갈퀴망종화도 한국에서 재배되고 있다.—옮긴이.

새겨진다.[6]

성요한초는 노란색 꽃을 피우는 아름다운 식물로, 하지 무렵부터 6월 셋째 주 정도까지 꽃을 피운다. 이 식물은 하지와 연결 지어 언급되는 경우가 많고, 점(특히 사랑 문제와 관련된)을 치는 데에도 사용된다. 성요한초는 마녀들로부터 보호하기 위한 용도로 사용되었으며, 하지 때 출입문 위에 걸어둔다든지 몸에 걸치는 용도로도 쓰였다. 기독교가 정착된 뒤 하지는 축일로서 세례 요한의 날St. John's Day이 되었으며, 이 이교도의 명절과 관련된 식물은 성요한초St. John's wort가 되었다.[7]

성요한초의 라틴어 속명 'Hypericum'은 그리스 어 'hyper eikon'에서 유래되었을 가능성이 큰데, 이 말은 '이미지나 우상, 혹은 환영을 넘어서'라는 뜻이다. 이는 성요한초가 악마를 물리칠 수 있는 어떤 힘을 지녔으며,[8] '보호'의 성격을 가지고 있음을 나타낸다. 이 식물이 원래 1년 중 낮의 길이가 가장 긴 날(즉 햇빛이 가장 많이 비치는 날)을 찬양하는 데 사용되었다는 점에서, 풍부한 빛의 특성을 지닌 성요한초를 어둠과 함께하는 '악'을 쫓는 식물로 간주할 수 있으며, 이 때문에 보호를 위해 이 식물을 사용하게 되었을 것이라 짐작할 수 있다.

성요한초는 태양의 식물로 불의 원소를 지니고 있으며 엄청난 양의 빛을 안에 간직하고 있다. 바로 이것이 성요한초의 정수이며, 이 식

6_성요한초는 보통 하지 때 완전히 피지 않은 꽃봉오리를 수확하며, 꽃봉오리에서는 피처럼 붉은 즙이 나온다. 서양에서는 오래전부터 이렇게 수확한 꽃봉오리를 올리브유에 담가서 이 오일을 약으로 썼다. 피처럼 붉은 이 침출 오일은 '그리스도의 피'라 불렸다.—옮긴이.
7_세례 요한이 처형당한 날(8월)에 성요한초가 피를 흘린다는 전설이 있다.
8_그림이나 우상 등에 숨어 있는 악마를 드러내고 내쫓는다는 뜻이다.—옮긴이.

물이 주는 수많은 선물의 원천이다. 성요한초의 가슴은 우울증을 완화하는 것으로 알려져 있으며, 이 식물의 영 역시 같은 작용을 한다. 우울증이란 말은 매우 모호한 용어로 여러 형태로 발현될 수 있다. 하지만 에너지적으로는 생기가 없는 모습으로 나타난다. 내면의 불꽃이 잦아들거나 영이 새나가고 있는 것이다.

내면의 불꽃이 잦아드는 1단계의 우울증에 빠진 사람은 신체적·감정적·영적인 질병이 들어올 수 있도록 문이 열린 것 같은, 특유의 취약한 상태가 된다. '영의 묘지Spirit Burial Ground'라 불리는 침술점 키드니 Kidney 24가 성요한초가 들어가는 관문인데, 이 침술점을 통해 성요한초는 자신의 불꽃을 더해줌으로써 불꽃이 활활 타오르도록 해준다. 이 침술점은 쇄골(어깨에서 목까지 뻗어 있는 긴 뼈)과 네 번째 갈비뼈의 꼭대기가 만나는 곳에 위치해 있다. 여러분 몸의 중심선에서 양 옆으로 약 2.5센티미터 떨어진 곳이다.

2단계 우울증은 극심한 충격이나 트라우마의 축적, 공포 경험으로 인해 일어날 수 있으며, 영이 약해져서 자살 충동이 생길 수도 있다. '영의 창고Spirit Storehouse'라 불리는 침술점 키드니 25가 성요한초에게 작업을 부탁하는 지점이다. 이 지점으로 들어가 내면의 불꽃을 점화시켜 영을 다시 불러들여 달라고 부탁하는 것이다. 이 침술점은 키드니 24에서 약간 위쪽으로 올라간 곳으로 세 번째 갈비뼈 위에 있다. 이러한 우울증의 단계들은 영 상실의 정도를 나타내는 것이자, 향후에 발생할 수 있는 훨씬 더 큰 손상의 전조일 수 있다.

성요한초의 영은 나에게 찬란한 타원형 빛의 형태로 나타나며, 그 존재감이 몸으로 느껴진다. 맥동하는 빛이 심장을 통해 들어와 나를 가득 채우면서 내 에너지 장 전체와 내면 전체가 온통 빛으로 환해지기 때문이다. 이 진동의 정수를 클라이언트에게 전해주는 방법은, 내 손가락들을 클라이언트의 침술점 키드니 24나 25 위에 두고 성요한초의 영에게 그 사람 영의 불꽃을 점화시키거나 마치 불에 땔나무를 넣듯이 그 사람의 영에 힘을 보태주라고 부탁하는 것이다. 클라이언트에게서 나타나는 첫 번째 반응은 눈이 다시 빛나는 것이고, 그 다음으로 에너지가 회복되며, 마지막으로 삶의 기쁨이 돌아온다. 일단 영이 회복되고 나면 질병에 대한 저항력과 스트레스에 대처하는 힘이 커지며, 원하지 않는 에너지들에 대한 취약성도 줄어든다. 이 침술점들에 관한 가르침을 준 침술사 메간 갓프리Megan Godfrey에게 감사드린다.

내 학생인 제니퍼 역시 성요한초를 비슷한 방식으로 사용하지만, 성요한초 영에 대한 경험은 약간 다르다. 그녀의 말이다. "큰 목조 주택에 들어갔는데, 모든 곳에서 불꽃이 낮게 일렁이고 있었어요. 하지만 실제로 타는 것은 아무것도 없었죠. 크고 두툼한 팔걸이 의자에 몸을 파묻자 제 가슴이 점점 더 따뜻해졌어요. 의자에 더욱 깊숙이 몸을 맡기자 파동의 진동 속으로 빠져들기 시작하더군요. 가슴 차크라를 통해서 제 내면 불꽃의 파동이 들어오고 있었어요. 이 깊은 공간에 성요한초의 영이 있었지요. 그는 내면의 불꽃이 꺼지지 않게 해주고 있었죠. 제 영의 불꽃이 계속 타오를 수 있도록요."

여느 식물들처럼 성요한초 역시 많은 치유 선물을 가지고 있다. 성요한초의 가슴은 신경질환을 치유하며 바이러스를 억제한다. 이런 목적으로 나는 내복용 알코올 팅처를 만든다. 성요한초의 영혼은 심령 공격이나 질투로부터 사람을 보호해 줄 수 있다. 플라워 에센스에 식물 영혼의 각인이 담길 수 있기 때문에, 이 경우에는 플라워 에센스가 유용할 수 있다. 또한 성요한초는 심리적 상처와 에너지 체 상처의 치료에도 탁월한 약초이다.

성요한초의 강력한 표지는 잎에 있는 반투명한 반점들(구멍이 뚫린 것처럼 보인다)과 피처럼 붉은 빛의 진액이다. 이는 이 식물이 피가 나는 피부의 구멍이나 생명력이 새어나가는 에너지 체의 구멍을 치유하는 데 유용함을 보여준다. 성요한초의 꽃을 올리브유나 아몬드오일에 담가두면 아름다운 선홍색 오일이 만들어지는데, 이 오일로 이 강력한 식물의 치유 선물들을 필요한 곳에 옮길 수 있다.(사진 12를 보라.)

금잔화Calendula: Calendula Officinalis

주황색, 노란색 원반들이 춤추는 비전이 보인다. 마치 태양이 자신을 조각내어 비처럼 쏟아붓는 것 같다. 백일몽에서 깨어나 서서히 눈을 뜨자 길 양쪽으로 밝은 꽃송이들이 눈에 들어온다. 주황색 치마를 입은 이 야생의 여인과 함께 지르박을 추다가, 그녀가 빠르게 한 바퀴 돌자 치마가 공중으로 쫙 펼쳐지던 기억이 난다. 그녀의 이름은 메리 골드Mary Gold,[9] 온종일 빙빙 돌며 춤추는 걸 무엇보다 좋아한다. 나는 에너지가 넘쳐흐르는 그녀를 따라잡기에도 힘이 부쳤다. 이윽고 해가 넘어가자 그녀는 회전하기를 멈췄다. 꽃잎들은 닫혔고, 그녀는 조용한 잠 속으로 빠져들어 갔다. 주위를 둘러보자, 주황색과 노란색이 섞인 꽃 수백 송이가 마치 그녀의 치마처럼 활짝 펼쳐져 있다. 한 송이

9_금잔화의 다른 이름.—옮긴이.

를 따서 배꼽 바로 아래에 갖다 대고, 메리 골드의 진동이 공명을 일으켜 내 진동을 이끌도록 한다. 우리가 하나되어 춤을 추자, 내 에너지가 리드미컬한 조화 속에서 맥동한다.

금잔화는 내가 밤에 꿈속에서 만난 첫 번째 식물이다. 오래전 일이지만, 아직도 내 마음속에는 그때의 밝은 주황색과 강한 냄새가 또렷이 남아 있다. 꿈에서 강렬한 빛이 하나 나타났는데, 눈이 멀 정도로 밝은 태양 같았다. 금잔화의 온기가 느껴졌으며, 도로에서 피어오르는 아지랑이 같은 물결 패턴들이 보였다.

그 당시 나는 감염으로 생긴 상처 때문에 고생하고 있었다. 뭘 해봐도 낫질 않았다. 그 꿈을 꾼 뒤에 금잔화 꽃을 우려낸 물로 목욕을 했더니 상처가 금방 나았다. 그때부터 금잔화는 내 안에 들어와 살고 있으며, 해가 거듭되면서 우리의 관계는 깊어졌다. 이제 나는 금잔화의 영이 에너지 체의 상처까지 치유할 수 있음을 안다.

나는 매년 정원에 금잔화를 기르는데, 금잔화는 가장 많이 피는 꽃 중 하나이다. 자라는 기간 내내 계속 꽃이 피며, 올해에는 심지어 11월까지 꽃이 피었다. 실제로 그 이름 'calendula'는 초하루(매월 첫날)를 뜻하는 라틴 어 'calends'에서 유래한 것이다. 기후가 따뜻한 금잔화의 원산지에서는 금잔화가 매달 피기 때문이다. 금잔화는 '포트 매리골드 Pot Marigold'라고도 불리는데(정원에서 해충을 쫓기 위해 기르는 만수국French Marigold과 혼동해서는 안 된다[10]), 그 이유는 이 꽃이 성모 마리아Virgin Mary

---

10_ 한국에서는 만수국 역시 금잔화로 부르는 경우가 많아서, 살 때 주의해야 한다.─옮긴이.

에게 바쳐진 꽃 중 하나이기 때문이다.

금잔화의 가슴은 많은 치유 선물을 가지고 있다. 면역계의 기능을 활발하게 해주며, 림프 울혈을 풀어줘 부풀어 오른 분비선을 가라앉히는 효과가 있다. 또 순환이 잘 이루어지도록 해주고, 하지정맥류에도 도움을 주며, 세균이나 바이러스, 곰팡이 등 모든 종류의 감염 치료에도 유용하다. 금잔화는 여성의 생식 계통에 특히 효과가 좋아서, 월경 불순을 치유하고 갱년기 증상을 완화시키며 자궁의 울혈을 풀어주고 낭종과 섬유종을 줄이며 생리통 역시 완화시킨다.

이와 같이 금잔화의 가슴과 영은 서로 보완 역할을 한다. 나는 성적인 문제와 관련이 있는 두 번째 차크라의 막힘이나 정체를 해소할 때 금잔화의 영과 작업한다. 성과 생식의 문제는 직결되어 있는 경우가 많다. 두 번째 차크라가 손상된 경우 나는 금잔화의 영을 불러서 이 차크라의 정화를 도와달라고 부탁한다. 그녀는 주황색 치마를 입고 와서 치마가 쫙 펴질 정도로 빠르게 제자리에서 회전을 한다. 이 빠른 움직임으로 차크라에서 정체가 사라지고 나면, 그녀는 이 차크라의 에너지 장에 발생한 상처를 치유한다. 만약 내 클라이언트가 차크라의 손상으로 생식 기관에 문제가 생겼다면, 나는 금잔화 팅처(알코올을 사용한 것)를 집에 가져가라고 준다. 그리고 현재나 과거에 성적으로 문제가 있는 경우라면 아랫배에 바를 금잔화 연고를 준다.

내 학생으로 마사지 치유사인 제시카는 자기가 금잔화와 개인적으로나 직업적으로 맺고 있는 관계에 대해 이렇게 이야기한다.

"당신 곁에서 인턴을 할 때 저는 앞으로 무엇을 하며 살지 생각을 많이 했어요. 그때 저에게 마사지 학교에 가라고 안내해 준 식물 영이 바로 금잔화예요. 처음에 전 학교로 다시 돌아가고 싶지 않아서 저항을 했죠. 그러자 금잔화의 영이 저를 테이블 위에 눕히고는, 잎으로 된 손을 제 몸 위에 올려놓고 의식儀式을 행했어요. 그녀는 제 손 속으로 주황색 빛 덩어리를 보내면서, 제가 '치유의 손길'을 갖게 될 것이라고 이야기했어요. 사람들을 마사지할 때 저는 그들의 신체 갑옷이나 방어막을 뚫고 들어가서, 금잔화가 저에게 준 '치유의 손길'을 그들이 온전히 받도록 만들 수 있어요.

금잔화는 저의 강력한 협력자이자, 제가 대지에 굳건히 뿌리내릴 수 있도록 도와주는 든든한 버팀목이에요. 그녀의 따뜻하고 부드러운 맥동이 제 안에 살아있으면서 제 손을 통해 흐르기 때문에, 제가 순수한 사랑 속에 뿌리내릴 수 있지요. 저는 또 두 번째 차크라 관련 작업이나 오라 장을 치유할 때도 금잔화 영이랑 함께 일해요. 그녀가 자신의 주황빛으로 오라 장에 난 구멍들을 메우면 금방 치유가 되죠. 그녀는 저에게 만능 조언자 같아요. 사람들을 어떻게 도와야 할지 깨닫게 해주죠.

그녀가 나타나는 방식은 정말 놀라워요. 집에 토스터가 하나 있는데, 밤중의 이상한 시간대에 소리를 내곤 했죠. 매일 같은 시간이 아니라 매번 달랐어요. 토스터에서 소리가 나면 집 안에서 이상한 존재감이 느껴져서 두려웠어요. 그러면 금잔화의 영이 나타나서 아무 문제도 없다고 이야기해 주곤 했죠. 어느 날 밤 토스터가 또 소리를 내자, 금잔화가 금세 나타나서는 저에게 유령이 무엇을 원하는지 알아보라고 했어요. 금잔화가 저와 유령 사이에 대화를 주선했고, 유령이 자기 할머니를 위해서 지하실에 1센트 동전 하나를 놓아두길 원한다는 것을 알게 되었죠. 이유는 묻지 않고 시키는 대로 했어요. 지하실에 동전을 두고 나자 토스터가 더 이상 소리를 내지 않았어요.

그리고 두 달이 지난 뒤 토스터에서 다시 소리가 났고, 이번에도 금잔화가 유령과의 대화를 도와주었어요. 유령은 자신이 외롭고 갇힌 느낌이 들지만, 저세상으로 어떻게 가야 할지 모른다고 하더군요. 저는 금잔화의 영에게 도와줄 수 있느냐고 물었죠. 그녀는 쑥 그리고 제 동물 영 가이드인 펜더와 함께, 유령을 저세상으로 인도했어요. 그때 이후로 토스터에서는 소리가 나지 않았고요. 식물 영들이 얼마나 많은 수준에서 도움을 줄 수 있고 얼마나 다재다능하고 협조적인지 놀라울 뿐이에요."

금잔화의 영혼이 플라워 에센스에 각인되어 있는 모습은 태양의 얼굴을 하고 있으며, 자신의 따뜻한 진동에 사람들을 공명시키고, 다른 사람들과의 소통에 따스함이 스며들게 만든다. 치유, 교육, 카운슬링 등의 직업에 종사하는 사람들에게는 금잔화의 온정 넘치는 보살핌이 큰 도움이 될 수 있다.(사진 13을 보라.)

트릴리움Trillium: Trillium Erectum[11]

개울을 거슬러 정처 없이 올라가자, 낙엽으로 뒤덮인 숲 바닥 위로 군데군데 빛이 들어와 비친다. 땅이 녹으면서 나온 물이 산 아래로 세차게 흘러내려 간다. 바위틈마다 물이 스며 나온다. 따뜻한 대지가 풍

11_ 북미가 원산지인 트릴리움은 보통 꽃잎이 자주색이며 흰색이나 녹색도 가끔 보인다. 이와 비슷한 한국의 자생 식물은 연령초와 큰연령초로, 이 둘 모두 흰색 꽃이 핀다. 연령초延齡草란 이름은 수명을 연장시켜 주는 풀이라는 뜻이다.—옮긴이.

기는 축축한 냄새가 장차 올 생명을 약속하며 나를 가득 채운다. 요동치는 물살에 더 가까이 가기 위해 강둑 아래로 미끄러져 내려가자, 와인 빛 꽃잎 세 장으로 된 꽃들이 경사를 따라 여기저기 흩어져 있는 것이 눈에 들어온다. 트릴리움이 돌아와서 이 거장(조물주)의 캔버스를 더없이 아름답게 꾸며내는 모습을 보게 되다니, 이 얼마나 큰 축복인가! 활짝 벌린 그녀의 꽃잎 가까이에 머리를 두고 편안히 눕는다. 땅 위에 누워 눈앞의 세 여신을 응시하는데, 내 아랫배에서 맥박이 북처럼 크게 쿵쾅거리는 것이 느껴진다. 그녀와의 백일몽 속으로 빠져들자, 그녀가 바로 북소리요, 내 심장의 고동이며, 내 피의 맥박이자, 내 심장과 자궁 사이의 조화를 이끌어내는 공명의 리듬임을 깨닫는다.

화창한 봄날 숲길을 걷다가 트릴리움을 만나는 행운을 얻는다면, 걸음이 저절로 멈추고 숨이 턱 막힐 것이다. 더할 나위 없이 아름다운 이 토종 식물은 보통 베스루트Bethroot 혹은 버스루트Birthroot라 불리는데, 이는 토착민 여성들이 이 식물을 순조로운 출산을 위해 사용했음을 보여준다.

'트릴리움'이란 이름은 스웨덴 어 'trilling'에서 유래한 것으로, 이 말은 세 개가 한 조를 이룸을 뜻한다. 트릴리움이 잎도 세 장, 녹색 꽃받침도 세 장, 꽃잎도 세 장이기 때문이다. 이처럼 트릴리움은 삼위일체를 자신의 표지signature로 삼고 있는 특별한 식물 중 하나이다. 이 식물은 출생, 죽음, 재탄생에서부터 처녀, 어머니, 할머니에 이르는 삶의 여러 큰 변화들을 잘 통과하도록 도와준다. 또 트릴리움은 세 개의 차크라, 즉 첫 번째 뿌리 차크라, 두 번째 단전 차크라, 네 번째 가슴 차크라에도 도움을 준다. 이들과의 협력 작업을 통해 트릴리움은 가슴에 의해서 조절되고 구현되는 성애sexuality 속에 우리가 단단히 뿌리 내릴 수 있도록 해준다. 트릴리움은 피처럼 검붉은 색으로, 이 색깔이 암시하듯이 신체의 모든 부위에서 피가 과도하게 흐르는 것을 억제하는 효과가 있다.

내 학생 신시아는 트릴리움을 무척 친밀한 방식으로 경험한 바 있다. 다음은 그녀의 말이다.

"트릴리움을 처음 봤을 때 뭔가 느낌이 왔어요. 이 식물이 제 몸과 가슴의 문을 열어줄 열쇠이고, 제가 왜 여기 있는지 알도록 도와줄 존재라는 걸요. '3'은 제게 중요한 숫자이고, 빨강은 제가 가장 좋아하는 색깔이에요. 그 즉시 이 식물과 사랑에 빠졌지요. 하지만 그 사랑이 어떻게 성장할지는 전혀 몰랐어요. 트릴리움은 대지에 아주 굳게 뿌리박고 있고, 그래서 첫 번째 차크라로 제 몸속에 들어와 저에게 도움을 줘요.

트릴리움과의 백일몽 속으로 빠져 들어갔을 때 전 그 친밀함에 깜짝 놀라고 말았어요. 트릴리움이 제 질膣을 통해 들어와 온몸을 지나더니 피가 되어 저를 가득 채웠어요. 그러고는 제 전생들, 조상들에게로 더 멀리, 더 깊이 찾아 들어갔지요. 마치 제 모든 것을 알고 싶어 하는 것 같았어요. 현재의 저는 제 과거 모습의 결과이니까요. 제가 누구인지 기억이 나기 시작했어요. 제 피에, 그러니까 트릴리움에 그 기억이 담겨 있었거든요. 제 발과 다리가 점점 더 무거워지면서 대지 깊숙이 뿌리 내리는 것이 느껴졌어요 의식이 머리에서 몸으로 옮겨지고, 저는 저의 동물적 본능처럼 보이는 것을 즐겼어요. 그 동물적 본능을 통해 제가 느끼는 도취감과 제 몸의 성적 본질이 연결되었죠. 트릴리움은 제가 완전하다는 것을 느끼도록 도와주었어요."

또 다른 학생은 트릴리움에 대해 이렇게 이야기한다. "엄마가 돌아가신 뒤로 제 가슴에 문제가 생겼어요. 예상치 못하게 가슴이 자꾸 닫히곤 했죠. 그때 트릴리움을 만났고, 트릴리움을 부르면 가슴을 계속 열어둘 수 있다는 걸 알게 되었어요. 제가 부르면 트릴리움의 영이 제 뒤에 와서 제 가슴 위에 손을 얹어요. 그러곤 손을 움직여서 제 가슴을 열어주죠. 제 클라이언트들의 가슴이 움츠러들거나 딱딱해져 있을 때 저는 트릴리움을 사용해요. 트릴리움은 가슴을 열어주고 부드럽게 만들어주죠."

트릴리움은 성 에너지와 가슴 에너지를 결합시켜 그것이 몸속에 뿌리 내릴 수 있도록 해주는, 탁월한 사랑의 치료약이다. 가슴에 기반한 플라토닉 러브가 연민compassion을 가져다준다면, 성적 사랑은 열정passion을 가져다준다. 이 둘이 결합될 때 궁극적으로 하나가 될 수 있다. 트릴리움은 이 둘 간의 모든 차이를 해소시키고, 분리를 없애주며, 이 두 강력한 에너지를 통합시켜 하나의 역동적인 힘을 만들어낸다.(사진 14를 보라.)

서양산사나무Hawthorn: Crataegus Spp. [12]

가을을 맞아 버몬트의 언덕들이 울긋불긋 화려하다. 나무들이 마치 무도회에라도 나가는 양 최고의 옷차림을 선보이고 있기 때문이다.

12_ 한국에서는 산사나무가 이와 비슷하다. 아가위나무라고도 한다.—옮긴이.

긴 겨울의 휴식에 들어가기 전 마지막으로 자신을 맘껏 뽐내는 모습에 이 장엄한 존재들에 대한 깊은 감사와 경외감이 가슴에 차오른다. 감사하는 마음으로 걸으면서, 잘 보이지 않는 붉은 베리들을 찾아 숲 가장자리를 뒤진다. 석양이 내려앉을 무렵 나는 열매들로 뒤덮인 서양산사나무와 마주쳤는데, 나무 아래쪽에서 가물거리는 불빛이 눈에 띄었다. 반사되는 빛 때문일까 싶어 주위를 살펴봤지만 아무것도 없었다. 가까이 다가가자, 빛은 사라지고 나무 둥치 주위로 마치 누군가 춤이라도 추고 있었던 것처럼 원 모양으로 밟힌 자국이 보인다. 서양산사나무 아래에서 요정들이 만난다는 옛이야기가 있던데 그런 걸까? 나무를 뒤덮은 붉은 베리들을 바라보며 상념에 잠긴다. 이 얼마나 풍성한가? 그런데…… 정말 이게 요정 나무가 맞을까? 호주머니에서 주머니를 꺼내 손으로 만든 구슬을 집어 든다. 구슬에 숨을 불어넣으며 요정들과 서양산사나무의 영에게 기도를 드린다. 구슬을 나무 둥치에 두고 베리도 따지 않은 채 자리를 뜨지만, 내 가슴은 살아 움직이는 마법으로 충만하다.

11월의 어느 날 운 좋게도 나는 딸과 함께 아일랜드를 여행하고 있었다. 운전하는 내내 풍성한 붉은색 베리를 뽐내는 생울타리들이 계속 눈에 들어왔는데, 그게 과연 무엇인지 가늠하기 어려웠다. 마침내 차를 멈추고 밖으로 나가서야 서양산사나무 열매가 그토록 풍성하게 달려 있음을 알게 되었다. 내가 사는 버몬트에서는 베리를 조금이라도 찾으려면 아주 멀리까지 뒤져야 한다. 하지만 아일랜드는 서양산사나무의 천국이었다. 신선한 베리들을 미국까지 가져올 수 없어 나는 브랜디로 팅처를 만들어 집으로 가져왔다. 추운 겨울밤에 서양산사나무 열매로 만든 브랜디를 홀짝거리는 호사라니!

서양산사나무는 장미과로, 5월에 꽃이 핀다. 그래서 메이블러섬 Mayblossom이라고 불리기도 한다. 이 식물은 오래 전부터 메이데이May Day[13] 축제와 연결되어 왔으며, 축제에서 5월의 여왕은 서양산사나무의 꽃으로 만든 화환을 쓴다. 1년 중 이 시기에 열리는 고대의 축제가 벨테 인Beltane[14]인데, 이 날은 춘분과 하지 한가운데에 있다.[15] 벨테인은 봄을 축하하는 축제로, 다산 및 재생과 밀접하게 연결된다. 서양산사나무는 그 달콤한 꽃으로 봄에 만물이 다시 소생할 것을 예고한다.

서양산사나무는 또 오래된 사과 과수원의 경계를 따라 많이 자라 고 5센티미터 정도 되는 가시 때문에 눈에 잘 띄어서 '가시 사과Thorn Apple'라고도 불린다. 예수의 머리에 씌워진 가시나무 왕관 역시 서양 산사나무였으며, 이 때문에 신과 가장 가까운 나무, 결코 부정을 타지 않는 나무라는 지위를 얻게 되었다.

서양산사나무가 주는 최대의 선물이자 가장 유명한 선물이 바로 가슴을 치유해 주는 것이다. 신체적인 수준에서 서양산사나무는 순환 능력을 향상시키고, 혈압을 낮추며, 심계항진[16]과 부정맥[17]을 감소시키 는 효과가 있는 한편, 노인성 심장 질환[18]과 심부전[19]에 대한 치료약으 로도 사용된다. 이처럼 서양산사나무는 가슴을 튼튼하게 해주는 약으

13_봄을 축하하는 서양의 명절. 고대의 수목 신앙에서 유래했다고 한다.—옮긴이.
14_고대 켈트 족이 5월에 하는 축제.—옮긴이.
15_한국의 입춘에 해당한다.—옮긴이.
16_가슴이 두근거리는 것이 느껴지는 증세.—옮긴이.
17_심장 박동이 불규칙해지는 것.—옮긴이.

로서 모든 종류의 심장질환을 예방한다. 플라워 에센스로 사용될 경우 서양산사나무는 이별이나 실연 때문에 슬픔에 빠진 사람의 가슴을 풀어준다. 또 사람의 가슴을 열어줌으로써 다른 이들과 사랑을 주고받을 수 있도록 도와주기도 한다.

서양산사나무의 영은 오행 중 불 원소의 관리자인 심장에 균형을 가져다주고 가슴 차크라도 정화해 줄 수 있다. 하지만 식물 영 치유에서 서양산사나무의 가장 중요한 쓰임새는 심장을 조종사라는 원래의 자리로 되돌리고 이를 통해 머리가 부조종사 역할을 하도록 하는 데 있다. 데카르트가 "나는 생각한다. 고로 존재한다"라는 말을 남긴 이래, 심장은 제 위치에서 쫓겨났다. 심장이 제 위치에서 멀리 벗어나면 벗어날수록 일관성을 확립하는 일은 더욱더 어려워진다. 이로 인해 우리는 감각에 생기를 불어넣고 직관을 이끌며 삶을 의미 있게 해주는 주된 지각 방식(가슴을 통한 인식)에서 분리되게 된다.

내 학생인 질에게 클라이언트가 마사지를 받으러 왔는데, 마사지 도중 그가 가슴의 통증에 대해 이야기를 했다고 했다. 질이 손을 그의 가슴 위에 올려놓자 그 즉시 서양산사나무의 영이 그녀의 에너지 장 속에 나타났다. 그녀는 클라이언트의 심장이 제 위치에서 벗어나 있음을 알았다. 예전에 서양산사나무의 영이 질에게 심장을 제 위치에 돌려놓기 위해서 손을 어떻게 놓아야 하는지 보여준 적이 있었다. 그녀는 한 손은 클라이언트의 가슴에, 다른 한 손은 그의 머리에 갖다 댔다. 그녀

18_대동맥 판막의 석회화로 인해 혈액이 심장에서 전신으로 전달되지 않고 폐에 물이 차서 호흡 곤란이 초래되는 심장 질환.—옮긴이.

19_심장의 기능 저하로 신체에 혈액이 제대로 공급되지 못해서 생기는 질환.—옮긴이.

가 내면의 비전을 통해 본 바로는 그의 심장이 왼쪽으로 치우쳐 있었다. 그리고 일, 돈, 가정 생활 등과 관련된 여러 가지 '~해야 한다'들의 합창이 심장의 원래 자리를 차지하고 있었다. 그가 내리는 모든 결정이 가슴의 바람이 아니라 '~해야 한다'에 기반해 있었다.

질은 서양산사나무의 영에게 자신의 손을 통해 작용해서 그의 존재의 중심으로 심장이 돌아가게 해달라고 부탁했다. 서양산사나무는 질에게 "가슴을 따르세요. 그러면 당신 자신, 아내, 그리고 모든 생명에 봉사하게 될 것입니다"라는 메시지를 그에게 전하라고 이야기했다. 질이 메시지를 전하자 그는 그 말이 맞다는 걸 알고 눈물을 흘렸다. 그러면서 그는 아내가 돈을 더 벌 만한 직업을 구하라면서 오랫동안 자신을 압박해 왔다는 이야기를 했다. 그는 그런 압박이 자신을 죽이고 있다고 느꼈으며, 특히 가슴 통증이 생긴 후로는 심장마비가 올까 두려워하고 있었다. 한 달 뒤 마사지를 받으러 그가 다시 왔을 때에는 가슴의 통증이 사라지고 없었다. 그는 가슴이 바라는 것을 따르고 있었고, 아내는 그가 기뻐하는 모습에 만족해한다고 했다.

나를 처음 찾아왔을 때 제인은 떨쳐버릴 수 없는 우울증에 시달리고 있었다. 그녀는 친밀함 없이 살아가는 결혼 생활을 불행해했는데, 남편이 자신을 지적인 대화를 나누는 친구 정도로 대한다고 했다. 그녀의 가슴 차크라는 막혀 있었는데, 나는 그것이 불행한 결혼 생활 때문이라고 짐작했다. 나는 실연 문제를 도와주던 식물 영과 함께 그녀의 가슴 차크라를 정화해 주었다.

다음번에 그녀가 왔을 때 보니 가슴 차크라가 다시 막혀 있었다. 무언가 더 있구나 싶어서 그녀의 일이라든지 나머지 생활 등에 대해 물었다. 그녀는 일도 전혀 행복하지 않고, 친구도 거의 없으며, 삶에서 흥분될 만한 것이 아무것도 없다고 했다. 제인은 지적으로 매우 총명하고 능력도 많았지만 그녀의 삶은 무너져내리고 있었다. 맥을 짚어보자 심장/소장의 맥이 거의 느껴지지 않았다. 마치 심장이 사라지고 없는 것 같았다.

이에 관해 묻자 그녀는 가슴에서 거의 아무것도 느껴지지 않는다고 대답했다. 순간적으로 그녀의 심장이 극심한 손상을 입은 모습이 보였다. 불 원소의 관리자인 심장이 불균형 상태에 있었고 가슴 차크라도 닫혀 있었는데, 이 모두가 머리 때문에 심장이 원래의 자리에서 쫓겨났기 때문이었다. 그녀는 자신의 삶을 이해하고자 많은 시간을 보냈지만, 가슴으로 느껴보려고 하지는 않았다.

나는 서양산사나무를 불러서, 그녀의 심장을 원래의 왕좌로 되돌려놔 달라고 부탁했다. 그녀가 돌아갈 때는 서양산사나무 플라워 에센스를 주면서, 심장이 계속 원래의 자리에 있을 수 있도록 감사와 용서, 그리고 순진무구한(판단 없는) 인식 같은 긍정적인 자극을 심장에 주라고 지시했다.《하트매스 솔루션_HeartMath Solution_》[20]이라는 책도 읽어보길 권했다. 그녀의 머리가 소외감을 느끼지 않고 가슴에 봉사하는 것이 최선임을 알 수 있도록 하기 위함이었다. 몇 달 뒤 그녀는 남편과 이혼했다. 자신이 좋아하는 일자리도 찾고, 그림도 그리기 시작했다. 그리고 자신이 "예전보다 행복하다"고 전해왔다.

20_ 앞의 4장에 이 책에 대한 언급이 나온다.—옮긴이.

민들레Dandelion: Taraxacum Officinale

우리는 바구니를 들고 민들레가 엄청나게 피어 있는 큰 들판으로 향한다. 그 꽃의 숫자만으로도 이 평범한 꽃의 성공이 입증된다. 우리는 양 손을 자유롭게 쓸 수 있도록 바구니를 목에 걸고 꽃을 따기 시작한다. 벌과 곤충 들이 붕붕거리면서 바쁘게 꿀을 모으는 소리에 나는 몽환적인 상태로 빠져든다. 그러는 사이에도 내 손은 자동으로 움직이며 바구니에 꽃을 계속 채운다. 공기에서 급박함이 느껴진다. 마치 무언가가 나를 무서운 속도로 끌어당기는 듯한 느낌이다. 다음 순간 민들레가 길을 이끌고 있는 모습이 보인다. 민들레가 여러 생을 거쳐 움직이고, 인류가 그 뒤를 따르며 급속히 진화한다. 비전이 사라지면서, 이 가장 흔한 잡초가 온 들판에서 나를 향해 미소 짓는 모습이 눈에 띈다. 발효액 재료의 확보[21]와 진화상의 도약이라는 두 당면과제를 이 꽃송이들이 한꺼번에 해결해 주는구나!

세상에서 가장 잘 알려진 식물이 아마도 민들레일 것이다. 식물에 대해 잘 모르는 사람조차도 어디서나 눈에 띄고 끈질기게 살아남는 민들레만큼은 알고 있다. 그러나 불행히도 이 흔한 식물은 많은 사람들에게 오해를 받고 뽑아내야 할 귀찮은 잡초쯤으로 여겨지고 있다. 진실은 민들레가 간肝의 원기를 북돋아주는 가장 좋은 식물 중 하나라는 것이다.

21_서양에서는 민들레 와인(앞에서 설명했던 허브 비어의 한 종류)을 만든다. 이 음료는 민들레꽃에 이스트, 설탕 등을 넣고 발효시킨 것으로 약간의 알코올이 포함되어 있다.—옮긴이.

발음하기조차 힘든 어려운 이름의 수많은 화학 물질과 독소를 피에서 걸러내느라 우리의 간이 과로하고 있는 상황에서, 민들레 같은 식물이 우리의 현관 바로 앞에서 엄청나게 자라고 있다는 사실은 무척이나 의미심장하다. 실제로 민들레의 강력한 생존 능력(인도의 갈라진 틈새에서도 굳세게 자라는 모습만 보아도 알 수 있다)은 우리가 그 치유 특성을 간절히 필요로 하는 것에 따른 응답일 수도 있다.

'민들레dandelion'라는 이름은 사자의 이빨을 뜻하는 프랑스 어 'dent de lion'에서 유래되었다. 톱니 모양의 잎이 사자의 이빨을 닮았기 때문이라는데, 나는 이 이름이 민들레의 사나운 성격과 엄청난 예방 능력 때문에 붙여진 것일 수도 있다고 생각한다. 실제로 민들레는 소화불량 해소 및 간과 요로의 찌꺼기 제거에 큰 효과를 보이며, 영양소가 많아서 질병 예방 능력도 뛰어나다. 불도저 같은 성격을 가지고 있는 민들레는 마치 해야 할 일이라면 두려움 없이 덤비며 포기하려 들지 않는 사람과 비슷하다.

나는 학생들에게 민들레의 의학적·식품적 특성, 성격, 꿈 여행, 진동의 정수에 관해 자신이 알고 있는 것들을 바탕으로 민들레에 관한 그림을 그려보라고 주문한다. 어떤 식물에 대한 전체적인 그림이 있으면 그 식물을 어떻게 활용할지 결정할 때 도움이 된다. 꿈 여행 한 번이나 식물에 대한 관찰 혹은 의학적 특성만 가지고 한 식물의 진정한 본질을 제대로 이해하기란 불가능하다. 여러분과 식물 사이의 소통이 이것들 모두와 결합되어야 친밀한 앎과 나눔에 이를 수 있다.

학생들은 꽃이 노랗다는 관찰을 기초로 민들레에 대한 그림 그리기를 시작할 수 있다. 노란색이 태양신경총 차크라의 색깔이자, 메디신 휠의 동쪽 방향에 해당하는 색깔이기 때문이다. 민들레는 맛이 쓴데, 이는 간과 쓸개에 효과가 있으며 원기를 회복시켜 주는 능력이 있음을 나타낸다. 민들레는 또 이른 봄에 다량으로 자라는데, 봄이나 성장은 오행 중 나무 원소의 특성에 해당하는 것들이다. 민들레의 영양적 특성을 통해 이 식물이 우리의 성장에 필요한 양분을 제공하고 평소에 건강을 유지할 수 있도록 도와준다는 것을 알 수 있다. 민들레는 생존 능력이 강하며, 따라서 여러분이 어떤 상황에서도 견딜 수 있도록 도와준다. 꿈에 전투화를 신은 군인 모습의 박력 있는 남자라든지 말 많고 원기왕성한 일 중독자 스타일의 회사 간부가 여러분을 찾아올 수도 있는데, 둘 다 강인함과 자신감이 넘치는 사람들이다. 복부에서 민들레의 진동이 느껴질 수도 있는데, 여러분과 민들레의 에너지 장이 융합될 때 만들어지는 공명에 따라서 강한 고동이 느껴질 수도 있고 높은 도 음에 해당하는 진동이 느껴질 수도 있다.

이처럼 민들레가 주는 선물을 받는 자기만의 경험이 쌓여감에 따라 민들레에 대한 그림은 점점 더 뚜렷해질 것이다. 여러분은 민들레를 세 번째 차크라를 정화하는 데 사용할 수도 있고, 어떤 사람의 나무 원소의 균형을 회복하는 데 사용할 수도 있으며, 동쪽의 새로운 시작 지점으로 이동하는 데 사용할 수도 있다.

낸시는 갑상선 기능 저하증과 소화불량, 변비 등의 문제로 나에게 왔다. 그녀는 자기가 아무런 기술도 없는 전업주부에 불과하다고 느끼고 있었다. 이제 자녀들이 모두 자라고 나자 그녀는 시간을 쓸 데가 없었다. 결혼 생활은 무너지고 있었고, 그녀의 자긍심은 바닥을 맴돌았다. 그녀는 많은 시간을 잠으로 보냈고, 삶에 뛰어들고픈 욕구조차 거의 사라지고 없었다. 모든 것이 무기력했으며, 그녀의 소화 기능과 배설 기능도 무기력하기는 마찬가지였다. 상황을 전혀 바꿀 수 없었기에, 그녀는 자신이 갇혀 있다고 느꼈다.

나는 그녀와 여러 차원에서 작업을 진행했지만, 변화를 이끌어내기 위해서 주로 한 일은 자긍심을 다시 세우고 에너지가 그녀 안에 흐르도록 만드는 것이었다. 민들레의 가슴, 영혼, 영과의 작업을 통해 나는 이 일을 할 수 있었다. 나는 민들레의 영과 함께 그녀의 세 번째 차크라를 정화했고, 그녀는 어떤 난관도 극복할 수 있다는 자신감을 얻기 위해 민들레 플라워 에센스를 복용했다. 그녀는 삶(과 음식)을 소화시켜서 노폐물이 규칙적으로 배출되고 에너지 또한 흐르도록 하기 위해 민들레 팅처도 복용했다. 이제 그녀는 더 이상 갑상선에 문제가 없다. 에너지 상태도 좋고, 소화 기능도 정상이다. 여름에 그녀는 유기농 농장에서 일을 했는데, 그것은 그녀 평생의 꿈이었다. 그녀는 이제 자신의 진정한 본성에 따라 살고 있고 자기만의 길을 걷고 있다.

안젤리카Angelica: Angelica Archangelica[22]

그대 앞에 선다. 그대는 저 위에서 나를 내려다보며, 하늘을 향해 팔들을 쭉 펴든 채 그대의 갈라진 틈들을 모두 채우도록 천국을 초대한다. 그대의 강하지만 속이 텅 빈 연보랏빛 줄기들을 손가락으로 쓸어내리며 그대의 줄기에 나 있는 부드러운 홈들을 느낀다. 그대의 둥그런 꽃봉오리를 찾아서, 꽃봉오리들 하나하나를 부드럽게 만지며 장

22_ 한국에서는 신선초, 당귀, 참당귀 등이 이와 비슷한 식물이다.—옮긴이.

차 생겨날 씨앗의 힘을 느낀다. 그대의 아주 작은 조각을 내 입 속에 밀어 넣으며, 그대의 살에서 나는 신선한 셀러리 향기와 알싸한 달콤함을 한꺼번에 느낀다. 내 부드러운 손길에 그대가 열리면서, 그대의 아름다운 모습이 나를 황홀하게 한다. 약간의 현기증과 함께 이것이 새로운 사랑의 시작임이 느껴진다.

안젤리카에 대한 나의 구애는 아직 초기 단계에 불과하다. 하지만 나는 이 놀라운 식물에 너무도 강하게 끌려서 장차 아주 친밀한 관계가 되리라 믿어 의심치 않는 마음에 감사의 표시로 여기에 포함시키기로 했다. 안젤리카는 항상 천상 세계와 연관 지어 이야기되어 왔다. 예컨대 천사가 역병의 치료약으로 안젤리카를 쓰라고 알려주었다는 이야기가 있는데, 실제로 안젤리카는 모든 감염성 질환 치료제로 쓰이고 있다. 또 'Angelica Archangelica'라는 이름에서 드러나듯이, 하느님의 의사라 불리는 대천사 미카엘Archangel Michael과도 관련이 있다. 미카엘은 치유의 천사로, 특히 샘, 강, 연못을 다스리며 이런 곳에 치유의 속성들을 불어넣는다. 대천사 미카엘은 또한 천국의 문에서 "생명 나무에 이르는 길을 지키는"(《창세기》 3: 24) 존재이기도 하다.

사람들은 안젤리카를 '성령의 뿌리'라고 부를 만큼 고귀하게 여겼다. 나는 이를 안젤리카가 우리 삶에서 영적 가이드 역할을 할 수 있다는 의미로 받아들인다. 이는 샤먼이 아닌 일반 사람들도 식물 안에(최소한 안젤리카 안에는) 우리가 이해할 수 있고 함께 일할 수도 있는 영적 측면이 존재한다는 사실을 오래전부터 알고 있었음을 암시한다.

안젤리카는 우리의 몸을 치유하는 능력이 아주 뛰어나다. 《현대 식물지 *A Modern Herbal*》를 쓴 모드 그리프Maude Grieve는 옛날부터 "안젤리카가 감염으로부터의 보호, 피의 정화, 그 밖의 온갖 질환의 치료에 탁월하다는 믿음"이 있었다고 이야기한다. 안젤리카는 몸을 따뜻하게 하고 신진대사를 활발하게 해주며, 소화 기능이나 순환 기능을 향상시키고, 자궁의 정체를 풀어준다. 안젤리카의 강장 효과는 몸 전체의 원기를 회복시키며, 특히 쇠약해진 신경의 회복에 좋다. 탁월한 약리 작용만이 안젤리카의 미덕이 아니다. 단 과자 재료나 케이크 장식 재료로도 안젤리카는 유명하며, 그 씨앗은 증류주 샤르트뢰즈Chartreuse[23] 제조와 진에 풍미를 더하는 데에도 사용된다.

안젤리카의 영과 나의 관계가 공동 창조의 파트너십으로 발전되어 감에 따라, 그녀의 치유 선물들이 조금씩 드러나고 있다. 그녀는 내가 상위 자아(신성의 일부, 곧 내 안에 있는 현명한 존재)와 연결되고 그로부터 인도받는 것을 돕는 것처럼 보인다. 나는 안젤리카가 일곱 번째 차크라를 통해 움직임으로써, 영이 형태 속으로 현현하도록 만들 수 있는 멋진 능력을 가지고 있음을 발견했다. 안젤리카는 현실에 뿌리 내리지 못하고 공상에만 빠져 있는 사람들이 자신의 몸속으로 들어가도록 도울 수 있고, 거꾸로 세속에 붙들려 있는 사람들이 더 높은 차원의 세계에 접근하도록 도울 수도 있다.

안젤리카의 또 다른 측면은 내 학생인 리사를 통해 볼 수 있었다. 리사는 색맹으로, 특히 보라색을 잘 알아보지 못했다. 하지만 안젤리

23_ 약 130가지 약초로 만든 술로, 수도원에서 비밀스럽게 만들어지며, '리큐어의 여왕'이라 불린다.—옮긴이.

카와 만난 후 그녀는 보라색을 보게 되었다. 이 놀라운 사례에는 꽤 깊은 함의가 담겨 있다. 어쩌면 안젤리카가 사람들로 하여금(물론 리사에게만 적용되는 이야기일 수도 있다) 예전에 보지 못하던 것을 보도록, 혹은 사람이나 상황의 '진짜 색깔'을 보도록 돕는다는 뜻은 아닐까?(사진 15를 보라.)

아그리모니Agrimony: Agrimonia Eupatoria, Agrimonia Gryposepala[24]

첨탑처럼 높다랗게 솟은 노란색 꽃 위로 몸을 굽히고 콧노래를 부르며, 날카로운 톱니 모양의 갈색 잎들을 줄기에서 딴다. 쪼그리고 앉아 잡초를 뽑으며, 이 조용한 활동이 명상이 되도록 한다. 이 몹시 평온한 장소에서 나는 아그리모니와의 백일몽 속으로 빠져든다. 요정처럼 생긴 작은 남자가 탁자에 앉아 처방전을 쓰고 있다. 많은 사람들이 그에게 오고, 그는 좌우로 사람들에게 처방전을 나눠준다. 이윽고 그가 나의 존재를 눈치 채고 어떤 도움이 필요하냐고 묻는다. 나는 그를 만나 친해지고 싶어 여기 왔다고 말한다. 그는, 아파서 자기 도움이 필요한 사람이 너무 많아 잡담할 시간이 없다고 이야기한다. 나는 그가 가르쳐준다면 기꺼이 그의 일을 돕겠다고 말한다. 그가 동의하고, 나의 도제 수업이 시작된다.

지금까지 우리는 식물의 가슴, 영혼, 영에 대해서, 그리고 식물이 우리에게 신체적·감정적·정신적·영적으로 어떤 영향을 미치는지 살

24_ 한국에서는 짚신나물, 산짚신나물, 용아초 등이 비슷하다.—옮긴이.

펴보았다. 식물이 여러분의 협력자가 되면, 여러분은 그들이 아주 세속적인 일에도 도움을 줄 수 있다는 걸 발견하게 될 것이다. 의사 결정이라든지, 자기가 원하는 것을 현실화하는 일, 갈등의 해소 같은 일에서도 식물들로부터 도움을 받을 수 있는 것이다. 아그리모니가 그런 식물 중 하나로, 특히 갈등의 여지가 있는 상황이나 결과를 바꾸는 데 큰 도움이 된다. 약초 치료사 매튜 우드Matthew Wood는 "아그리모니는 그것을 사용하는 사람을 둘러싼 환경을 변화시킨다"고 말한다.

다음은 캐롤이 아그리모니와의 경험에 대해 들려준 이야기이다. "제 이혼 과정이 꽤 지저분한 모양새로 바뀌고 있었어요. 현재 위치에 도달하기 위해 평생 열심히 일했는데 한순간에 모두 잃어버리게 생긴 겁니다. 변호사에게 제가 이혼을 하면서 기대하는 것을 이야기하자, 그녀는 제가 그것을 받아야 마땅하기는 하지만 그런 일은 일어나지 않을 거라고 하더군요. 제가 아그리모니를 지니고 다니기 시작한 게 그때부터였어요. 변호사에게 갈 때마다 호주머니에 아그리모니를 넣어가지고 다녔죠. 그러던 어느 날 우리는 테이블 위에 모든 서류들을 펼쳐놨어요. 변호사에게 서류 작업을 하고 서명을 하기 전에, 그것들 위에 아그리모니를 약간 뿌리고 싶다고 했어요. 물론 변호사는 저를 미친 사람인 양 쳐다보았죠. 하지만 이제 그녀는 아그리모니에 관해 모든 걸 알고 싶어 해요. 왜냐하면 이혼 소송에서 제가 원하던 것을 모두 얻어냈거든요. 변호사가 불가능하다고 이야기했는데도 말이에요"

이런 사례도 있다. 새로 집을 짓던 크리스는 타운 슈퍼바이저Town Supervisor[25]로부터 사도私道로 간주되는 집의 진입로와 그 이름을 승인받아야 했다. 그녀의 이야기이다.

"이웃들로부터 타운 슈퍼바이저에 대한 이야기를 들었는데, 그가 아주 까다로운 사람이고, 주택 진입로 이름을 집주인 바람대로 허락해 주는 법이 없다고 하더군요. 마침내 그가 왔는데 정말 믿을 수가 없을 정도였죠. 마치 디킨스[26] 소설의 등장 인물 같았어요. 키가 작고 침울한 얼굴에 분노가 가득 차 있었죠. 그리고 자기가 가진 권력을 최대한 휘두르려 하는 게 뻔히 보였고요. 그는 우리 집 진입로가 경사가 너무 급해서 소방차가 올라올 수도 없고, 제 마음대로 진입로 이름을 정할 수도 없다고 했어요.

그때 저는 아그리모니의 도움이 필요하다는 것을 알았어요. 다음에 그가 왔을 때, 저는 아그리모니 한 조각을 입 속에 넣고 씹으면서 아그리모니의 영에게 부디 여기 와서 그를 부드럽게 녹여달라고 빌었어요. 제 친구 카렌이 그때 저와 함께 있었는데, 카렌은 그를 보고 몸서리가 쳐지더라고 하더군요. 비록 승산도 별로 없어 보이고 그가 물러설 것 같아 보이지도 않았지만 저는 포기하지 않았어요. 계속해서 아그리모니의 영에게 절망스런 이 상황을 도와달라고 부탁했죠.

그 후로도 그가 몇 번 더 왔고, 그때마다 저는 아그리모니를 입에 넣고 그 영에게 저를 도와달라고 빌었죠. 그러던 어느 날 타운 슈퍼바이저와 함께 진입로를 걸어 오르던 때였어요. 물론 그 전에도 그는 이 길을 여러 번 걸었죠. 그런데 그가 진입로에 아무 문제도 없고, 제가 원

25_타운은 뉴욕 주의 기초 지자체이며, 타운 슈퍼바이저는 타운 의회town board의 장으로 선거를 통해 선출된다.—옮긴이.
26_《올리버 트위스트》의 작가로, 사회 밑바닥 계층의 애환과 사회적 모순을 생생하게 묘사했다.—옮긴이.

하는 대로 이름을 붙여도 된다고 하는 거예요. 현관에 도착할 때까지 우리는 계속 웃으며 이야기를 나눴어요. 이런 반전이 일어난 건 아그리모니의 활약 때문이라고밖에는 생각할 수가 없어요."

내 백일몽에 나타난 조그만 남자 이야기에서 알 수 있듯이, 아그리모니는 눈의 염증, 간 질환(간 경변 등), 담석, 통풍, 관절염, 궤양, 대장염, 설사 등 많은 질환의 치유에도 사용된다. 아그리모니는 소화력을 북돋아줄 뿐 아니라, 과다 출혈을 막고 상처의 치유를 돕는 수렴제 기능도 한다. 또한 목이 따가울 때나 잇몸 염증이 생겼을 때 사용하는 가글액의 원료로도 좋다. 아그리모니가 그렇게나 놀라운 약초인 이유 중 하나는 창자, 생식 기관, 호흡기, 수축된 간이나 콩팥, 신경계 등 신체 여러 곳의 긴장을 완화시키는 독특한 능력 때문이다.

장미 Rose: Rosa Spp.

장미 정원이 활짝 핀 장미들로 가득하다. 흰색, 빨간색, 분홍색, 노란색 장미가 한데 모여 기분 좋은 향내로 공기를 가득 채운다. 나는 꽃잎들을 가볍게 어루만지며 걷는다. 내 손가락들은 벨벳처럼 부드러운 꽃주름들을 애무하고, 내 심장의 거친 모서리들은 비너스의 꽃과의 포옹 속에서 부드러워진다. 바로 이 부드럽고 편안한 자리에서, 내 안의 시인이 잠을 깨고 나온다. 예전의 많은 이들이 그랬듯이 장미의 이 거부할 수 없는 마법에 항복하자, 영감이 솟아올라 내 심장에 키스하고 순수한 사랑이 봇물 터지듯 밀려든다. 조건 없는 순수한 사랑, 사람들 사이에서는 드물지만, 장미와 함께라면 너무도 쉽구나!

까마득한 옛날부터 장미는 사랑, 아름다움, 기쁨을 상징하는 꽃이었다. 오늘날 재배되는 장미는 페르시아에서 유래한 것으로 짐작되는데, 페르시아에서는 장미가 처음 필 때 나이팅게일이 울곤 했다고 한다.[27] 하지만 시인 사포Sappho에 따르면 그리스에서는 장미가 삼미신三美神,[28] 아프로디테, 디오니소스의 공동 노력으로 태어났다고 한다. 장미를 '꽃의 여왕'으로 만들기 위해 이들이 각각 기쁨, 아름다움, 향기를 주었던 것이다. 로마 인들은 장미를 온갖 곳에 널리 사용했다. 꽃잎을 연회장 바닥에 흩뿌리기도 하고, 목욕물과 술잔에 꽃잎을 띄우기도 하고, 축제 때 장미 화환을 쓰기도 하고, 갓 결혼한 커플들에게 장미 왕관을 씌워주기도 했다.

셰익스피어는 "내가 아는 꽃 중에 최고는 장미다"라고 했다. 마찬가지로 수많은 시인 예술가들이 오랜 세월 동안 장미의 미덕을 칭송해 왔다. 장미는 신성한 것의 상징으로도 사용되어 왔다. 장미십자회 Rosicrucians(또는 Brotherhood of the Rose Cross)는 원래 회원들 간의 신성한 신뢰 속에서 연금술적·영적 진리를 보존하던 비밀 조직이었다. 이와 비슷하게 스코틀랜드의 야곱파Jacobites는 대영제국에 반기를 들고 백장미를 자신들의 문양으로 삼았는데, 이때 백장미는 그들 서로 간의 신성한 서약을 상징하는 것이었다. 최근 들어서는 사람들이 사랑의 표현으로서 장미 꽃다발을 건네며, 이를 받는 사람은 장미꽃을 받으며 가

27_페르시아에서는 장미와 나이팅게일이 함께 있는 풍경이 흔하고, 오래전부터 전설이나 문학 작품에 둘이 함께 등장한다. 장미는 아름답고 완벽한 사랑의 대상(영적인 대상일 수도 있다)을, 나이팅게일 은 헌신적인 구애자를 상징한다.—옮긴이.

28_그리스 신화에 나오는 세 명의 아름다운 여신들로, 매력, 아름다움, 창조성을 각각 상징한다.—옮긴이.

숨이 충만해지는 경험을 하곤 한다.

장미 꽃잎과 잎은 온갖 질환을 치유하는 것으로 알려져 있다. 특히 장미는 식히고 진정시키고 차분하게 만드는 성질 덕분에, 높은 열로 인한 질환을 치유하는 데 효과가 큰 것으로 알려져 있다. 장미는 고열, 몸의 염증과 안구의 염증을 완화시켜 준다.

컬페퍼Culpepper는 이렇게 이야기한다. "장미 시럽은 과열된 간과 피를 식히고, 오한을 진정시킨다.…… 장미수rose water는 열을 식혀주고, 원기를 북돋아주며, 기운이 나게 한다.…… 장미 연고는 머리의 열을 내리고 염증을 치료하는 데 쓰인다.…… 장미 오일은 염증으로 열이 나거나 부풀어 오른 부위를 가라앉히며, 장미 오일로 만든 연고와 고약역시 열을 식히고 부풀어 오른 조직을 가라앉히는 작용을 한다.…… 장미로 간이나 심장 부위를 찜질해 주면 이들 기관을 식히고 안정시키며, 과열된 정신을 진정시켜 휴식과 잠에 들게 한다."

또한 장미는 소화관과 폐의 감염을 방지하고, 콧물, 목의 따끔거림, 호흡 곤란을 동반하는 독감과 감기 역시 억제할 수 있다. 충혈을 완화시키는 특성으로 인해 장미는 생리통, 생리 과다, 생리 불순, 불임 등생식 계통의 문제에 효력을 발휘한다. 장미는 남성과 여성의 성기능장애에도 좋은데, 신체적 수준에서의 성기능 장애뿐만 아니라 성적 불안정을 초래한 감정적 요인의 치유에도 도움을 준다. 장미는 그 진정능력으로 신경계를 차분하게 만들고, 불면증을 완화하고, 심장을 진정시키며, 전반적으로 기분을 끌어올려 우울증과 불안감을 해소시킨다.

장미의 수렴성은 과다 출혈, 가래, 설사를 멈추게 하는 데 도움을 준다. 장미는 또 체액 저류fluid retention[29]를 완화하고 신장과 방광에서

담석을 제거하는 등 비뇨 계통에도 좋은 영향을 미친다. 들장미와 개장미dog rose[30]의 열매인 로즈힙은 어떤 식물보다도 비타민 C 함량이 높아서 온갖 감염을 예방하는 데 유용하게 사용된다. 장미는 피부에 색조를 입히고 피부를 깨끗하게 만들며, 주름을 펴고 잡티와 여드름을 없애는 등 미용 보조제로도 사용된다.

식물 영 치유에서 장미는 가슴이 난타당했거나 반복적으로 상처를 입었을 경우, 슬픔이 너무 커서 벗어나지 못하는 경우에 가슴을 치유해 준다. 이런 수준의 손상이 일어나면 가슴 차크라가 찢어져 그 경계가 톱니처럼 삐죽삐죽하게 보이게 된다.

레이첼은 나에게 다음과 같이 장미와 관련된 경험을 들려주었다.

"남편과의 관계가 불확실하던 무렵 제 가슴은 심한 상처를 입었어요. 단순히 감정적인 상처만이 아니라 신체적인 상처도 있었죠. 그때 꿈을 꿨어요. 밝고 공기가 잘 통하는 방 안에 제가 있었는데, 거기에 크고 아름다운 침대가 하나 놓여 있었고 방 전체가 장미로 가득 차 있었어요. 그 장미들이 진짜로 저에게 말을 건넸기에, 저는 장미 에센셜 오일을 바르기 시작했어요. 오일을 가슴에 발랐죠. 그 다음에 당신에게 치료를 받게 되었고요. 제 꿈 얘기도, 장미를 사용하고 있다는 얘기도 한 적이 없는데, 당신은 장미의 영과 함께 작업을 했지요.

치료를 받기 전에 저는 거의 아무것에도 제대로 대처할 수가 없었어요. 제 결혼 생활은 무너져 내리고 있었고, 제 가슴은 그것을 참아

29_체액이 세포에 고이는 현상으로 만성질환의 전조이다. 나트륨(소금)의 과다 섭취가 그 원인 중 하나이다.—옮긴이.

30_들장미의 일종.—옮긴이.

낼 수 없었죠. 너무도 많이 상처를 받았기에 제 가슴은 문자 그대로 난타당한 느낌이었죠. 치료를 받은 후에는 집으로 운전하면서 가는 내내 노래를 불렀어요. 정말 기분이 좋았고, 에너지가 변한 것도 느낄 수 있었어요. 좁은 시선에서 벗어나 더 큰 그림에서 사랑이란 걸 바라볼 수 있게 되었죠. 그 시기 동안 장미를 많이 사용했고, 이혼 과정에서 장미가 저에게 큰 도움을 줬다고 생각해요. 이제 장미는 제가 가장 좋아하는 협력자 중 하나예요. 제 자신만이 아니라 제 클라이언트들과 함께 작업할 때에도 마찬가지예요. 사람들이 가슴속에 장미를 지니고 있을 수 있다면, 모두가 천국에서 살게 될 거예요."(사진 16을 보라.)

위대한 시인 메리 올리버Mary Oliver는 장미의 현존 속에서 느낀 기쁨을 다음과 같이 시로 전해주고 있다.

오후 내내 바닷가 모래 언덕을 걸었네.

주름진 해당화[31]들로 이루어진 두꺼운 뗏목 하나에서,[32]

다음 뗏목으로 급히 발걸음을 옮기며,

피처럼 붉거나 눈처럼 하얀,

짙고 옅은 꽃잎들 가까이 몸을 굽혔네.

이제 숨이 고르게 천천히 쉬어지기 시작하네.

사냥꾼에게 쫓겨 달리고 또 달린 끝에

마침내 자유를 얻은 동물이 숨을 쉬듯이.

---

31 해당화는 장미과에 속하는 관목으로, 바닷가 모래밭에서 주로 자란다.—옮긴이.

32 바닷가 모래언덕에 해당화들이 이곳저곳 무리지어 피어 있는 모습이 마치 뗏목이 여기저기 흩어져 있는 것 같다고 묘사한 것이다.—옮긴이.

갈증으로 목은 타지만, 결국에는 따돌렸네.

극심한 공포가 빠져나가기 시작하네.

가슴에서, 멋진 다리들에서, 그리고 지친 마음에서.

오, 순수하고 소박한 나의 연인이여, 같이 앉아도 되겠소?

모래 위 그들 곁에 눕네.

하지만 그 다음에 일어난 일을 이야기하자면,

정말로 도움이 필요하다네.

부디 누가 노래를 시작해 주지 않겠소?

에필로그

보름달 월식 덕분에 모닥불 곁에 앉아서 보게 된 비전이 더욱 힘을 얻었다. 모든 식물 영들이 나타나 불 주위를 돌며 춤을 추기 시작했고, 사람들은 불을 둘러싸고 원형으로 서 있었다. 식물 영들의 춤이 열기를 더해가자 노래 또한 빨라졌다. 다음 순간 식물 영들은 사람들에게 다가와 원 안쪽으로 손을 잡아끌면서 함께 춤추고 노래하길 권했다. 식물 영들의 인도로 사람들은 곧 노래와 춤에 도취되었다. 마침내 춤이 끝나자 사람들은 모닥불 주위에 둘러앉았고, 식물 영들은 사람들에게 새로운 시대에 관해 이야기하기 시작했다. 이 새로운 시대에는 사람들의 가슴이 열리고, 직관이 존중받으며, 살아있는 모든 것들 속에서 신성神性을 느끼고, 탐욕 없이 지속 가능한 삶을 살아가며, 더 이상 다른 이들을 억압하지 않고, 전쟁도 없다고 했다. 사람들은 이 이야기를 듣고 기뻐했다. 한 어린 소년이 가장 연장자인 식물 영에게, "하지만 그렇게 되려면 우리가 어떻게 해야 하죠?"라고 물었다. 그러자 새로운 패러다임이 등장하려면 어떻게 공동 창조를 하며 살아야 하는지 모든 식물 영들이 사람들에게 가르쳐주기 시작했다. 사람들은 식물 영들의 가르침을 받아들였고, 집으로 돌아가서 그것을 실천하기 시작했다. 그들은 치유되기 시작했고, 자녀들에게 오래되고 낡아빠진 이야기 대신 새로운 이야기를 들려주었다. 그들은 지구의 신성함을 인식하기 시작했으며, 지구는 치유되기 시작했다. 그러자 예언에서 이야기한 시기가 펼쳐졌으며 평화가 지구를 가득 채웠다.

—2007년 3월 일기에서

이 비전vision이 나를 지탱해 준다. 이 비전이 없다면, 사람들이 전쟁의 참화로 고통받고, 억압과 사회 부정의가 만연하며, 경제적 노예제가 전횡을 일삼고, 이윤을 위해 지구를 남용하여 파괴의 지경까지 몰아간 현대 사회에 대한 깊은 절망감이 나를 짓이겨버릴지도 모른다. 나를 지지해 주고 나에게 희망을 주는 식물 협력자들이 있으니 나는 행운아다.

비록 지금이 무척 힘겨운 시기이긴 하지만, 우리가 대규모로 진화의 도약을 이루기 직전에 있다는 점에서는 무척 흥분되는 시기이기도 하다. 지난 수년 사이 식물과 식물의 영적 본성 혹은 신성한 본성에 엄청난 관심이 생겨났음을 여러분이 알아차렸을지 모르겠다. 아야와스카ayahuasca[1] 같은 향정신성 식물들을 통해 식물의 영을 발견하는 것은 그 예 중 하나이다. 나에게는 이런 현상이 식물이 과거에 늘 그랬듯이 우리의 진화를 위해 다시 한 번 길을 닦아주고 있는 것으로 비친다.

이번에 일어날 우리의 진화는 나선형의 진화로, 모든 생명 속에서 신성神性을 인식하는 수준으로 의식이 상승하게 된다. 식물은 그들 자

1_브라질 산 식물로 환각 작용을 일으키는 음료가 채취된다. 전통적으로 아마존 원주민들이 영적 체험을 위해 이용해 왔으며, 현재는 신경 치료 등을 위해서도 사용된다. 6장의 DMT 부분을 참조하라.—옮긴이.

에게 바쳐진 꽃 중 하나이기 때문이다.

금잔화의 가슴은 많은 치유 선물을 가지고 있다. 면역계의 기능을 활발하게 해주며, 림프 울혈을 풀어줘 부풀어 오른 분비선을 가라앉히는 효과가 있다. 또 순환이 잘 이루어지도록 해주고, 하지정맥류에도 도움을 주며, 세균이나 바이러스, 곰팡이 등 모든 종류의 감염 치료에도 유용하다. 금잔화는 여성의 생식 계통에 특히 효과가 좋아서, 월경 불순을 치유하고 갱년기 증상을 완화시키며 자궁의 울혈을 풀어주고 낭종과 섬유종을 줄이며 생리통 역시 완화시킨다.

이와 같이 금잔화의 가슴과 영은 서로 보완 역할을 한다. 나는 성적인 문제와 관련이 있는 두 번째 차크라의 막힘이나 정체를 해소할 때 금잔화의 영과 작업한다. 성과 생식의 문제는 직결되어 있는 경우가 많다. 두 번째 차크라가 손상된 경우 나는 금잔화의 영을 불러서 이 차크라의 정화를 도와달라고 부탁한다. 그녀는 주황색 치마를 입고 와서 치마가 쫙 펴질 정도로 빠르게 제자리에서 회전을 한다. 이 빠른 움직임으로 차크라에서 정체가 사라지고 나면, 그녀는 이 차크라의 에너지 장에 발생한 상처를 치유한다. 만약 내 클라이언트가 차크라의 손상으로 생식 기관에 문제가 생겼다면, 나는 금잔화 팅처(알코올을 사용한 것)를 집에 가져가라고 준다. 그리고 현재나 과거에 성적으로 문제가 있는 경우라면 아랫배에 바를 금잔화 연고를 준다.

내 학생으로 마사지 치유사인 제시카는 자기가 금잔화와 개인적으로나 직업적으로 맺고 있는 관계에 대해 이렇게 이야기한다.

"당신 곁에서 인턴을 할 때 저는 앞으로 무엇을 하며 살지 생각을 많이 했어요. 그때 저에게 마사지 학교에 가라고 안내해 준 식물 영이 바로 금잔화예요. 처음에 전 학교로 다시 돌아가고 싶지 않아서 저항을 했죠. 그러자 금잔화의 영이 저를 테이블 위에 눕히고는, 잎으로 된 손을 제 몸 위에 올려놓고 의식儀式을 행했어요. 그녀는 제 손 속으로 주황색 빛 덩어리를 보내면서, 제가 '치유의 손길'을 갖게 될 것이라고 이야기했어요. 사람들을 마사지할 때 저는 그들의 신체 갑옷이나 방어막을 뚫고 들어가서, 금잔화가 저에게 준 '치유의 손길'을 그들이 온전히 받도록 만들 수 있어요.

금잔화는 저의 강력한 협력자이자, 제가 대지에 굳건히 뿌리내릴 수 있도록 도와주는 든든한 버팀목이에요. 그녀의 따뜻하고 부드러운 맥동이 제 안에 살아있으면서 제 손을 통해 흐르기 때문에, 제가 순수한 사랑 속에 뿌리내릴 수 있지요. 저는 또 두 번째 차크라 관련 작업이나 오라 장을 치유할 때도 금잔화 영이랑 함께 일해요. 그녀가 자신의 주황빛으로 오라 장에 난 구멍들을 메우면 금방 치유가 되죠. 그녀는 저에게 만능 조언자 같아요. 사람들을 어떻게 도와야 할지 깨닫게 해주죠.

그녀가 나타나는 방식은 정말 놀라워요. 집에 토스터가 하나 있는데, 밤중의 이상한 시간대에 소리를 내곤 했죠. 매일 같은 시간이 아니라 매번 달랐어요. 토스터에서 소리가 나면 집 안에서 이상한 존재감이 느껴져서 두려웠어요. 그러면 금잔화의 영이 나타나서 아무 문제도 없다고 이야기해 주곤 했죠. 어느 날 밤 토스터가 또 소리를 내자, 금잔화가 금세 나타나서는 저에게 유령이 무엇을 원하는지 알아보라고 했어요. 금잔화가 저와 유령 사이에 대화를 주선했고, 유령이 자기 할머니를 위해서 지하실에 1센트 동전 하나를 놓아두길 원한다는 것을 알물 영혼의 각인이 담길 수 있기 때문에, 이 경우에는 플라워 에센스가 유용할 수 있다. 또한 성요한초는 심리적 상처와 에너지 체 상처의 치료에도 탁월한 약초이다.

성요한초의 강력한 표지는 잎에 있는 반투명한 반점들(구멍이 뚫린 것처럼 보인다)과 피처럼 붉은 빛의 진액이다. 이는 이 식물이 피가 나는 피부의 구멍이나 생명력이 새어나가는 에너지 체의 구멍을 치유하는 데 유용함을 보여준다. 성요한초의 꽃을 올리브유나 아몬드오일에 담가두면 아름다운 선홍색 오일이 만들어지는데, 이 오일로 이 강력한 식물의 치유 선물들을 필요한 곳에 옮길 수 있다.(사진 12를 보라.)

금잔화Calendula: Calendula Officinalis

주황색, 노란색 원반들이 춤추는 비전이 보인다. 마치 태양이 자신을 조각내어 비처럼 쏟아붓는 것 같다. 백일몽에서 깨어나 서서히 눈을 뜨자 길 양쪽으로 밝은 꽃송이들이 눈에 들어온다. 주황색 치마를 입은 이 야생의 여인과 함께 지르박을 추다가, 그녀가 빠르게 한 바퀴 돌자 치마가 공중으로 쫙 펼쳐지던 기억이 난다. 그녀의 이름은 메리 골드Mary Gold,[9] 온종일 빙빙 돌며 춤추는 걸 무엇보다 좋아한다. 나는 에너지가 넘쳐흐르는 그녀를 따라잡기에도 힘이 부쳤다. 이윽고 해가 넘어가자 그녀는 회전하기를 멈췄다. 꽃잎들은 닫혔고, 그녀는 조용한 잠 속으로 빠져들어 갔다. 주위를 둘러보자, 주황색과 노란색이 섞인 꽃 수백 송이가 마치 그녀의 치마처럼 활짝 펼쳐져 있다. 한 송이

9_금잔화의 다른 이름.—옮긴이.

를 따서 배꼽 바로 아래에 갖다 대고, 메리 골드의 진동이 공명을 일으켜 내 진동을 이끌도록 한다. 우리가 하나되어 춤을 추자, 내 에너지가 리드미컬한 조화 속에서 맥동한다.

금잔화는 내가 밤에 꿈속에서 만난 첫 번째 식물이다. 오래전 일이지만, 아직도 내 마음속에는 그때의 밝은 주황색과 강한 냄새가 또렷이 남아 있다. 꿈에서 강렬한 빛이 하나 나타났는데, 눈이 멀 정도로 밝은 태양 같았다. 금잔화의 온기가 느껴졌으며, 도로에서 피어오르는 아지랑이 같은 물결 패턴들이 보였다.

그 당시 나는 감염으로 생긴 상처 때문에 고생하고 있었다. 뭘 해봐도 낫질 않았다. 그 꿈을 꾼 뒤에 금잔화 꽃을 우려낸 물로 목욕을 했더니 상처가 금방 나았다. 그때부터 금잔화는 내 안에 들어와 살고 있으며, 해가 거듭되면서 우리의 관계는 깊어졌다. 이제 나는 금잔화의 영이 에너지 체의 상처까지 치유할 수 있음을 안다.

나는 매년 정원에 금잔화를 기르는데, 금잔화는 가장 많이 피는 꽃 중 하나이다. 자라는 기간 내내 계속 꽃이 피며, 올해에는 심지어 11월까지 꽃이 피었다. 실제로 그 이름 'calendula'는 초하루(매월 첫날)를 뜻하는 라틴 어 'calends'에서 유래한 것이다. 기후가 따뜻한 금잔화의 원산지에서는 금잔화가 매달 피기 때문이다. 금잔화는 '포트 매리골드 Pot Marigold'라고도 불리는데(정원에서 해충을 쫓기 위해 기르는 만수국French Marigold과 혼동해서는 안 된다[10]), 그 이유는 이 꽃이 성모 마리아Virgin Mary

---

[10]_ 한국에서는 만수국 역시 금잔화로 부르는 경우가 많아서, 살 때 주의해야 한다.—옮긴이.

로서 모든 종류의 심장질환을 예방한다. 플라워 에센스로 사용될 경우 서양산사나무는 이별이나 실연 때문에 슬픔에 빠진 사람의 가슴을 풀어준다. 또 사람의 가슴을 열어줌으로써 다른 이들과 사랑을 주고받을 수 있도록 도와주기도 한다.

서양산사나무의 영은 오행 중 불 원소의 관리자인 심장에 균형을 가져다주고 가슴 차크라도 정화해 줄 수 있다. 하지만 식물 영 치유에서 서양산사나무의 가장 중요한 쓰임새는 심장을 조종사라는 원래의 자리로 되돌리고 이를 통해 머리가 부조종사 역할을 하도록 하는 데 있다. 데카르트가 "나는 생각한다. 고로 존재한다"라는 말을 남긴 이래, 심장은 제 위치에서 쫓겨났다. 심장이 제 위치에서 멀리 벗어나면 벗어날수록 일관성을 확립하는 일은 더욱더 어려워진다. 이로 인해 우리는 감각에 생기를 불어넣고 직관을 이끌며 삶을 의미 있게 해주는 주된 지각 방식(가슴을 통한 인식)에서 분리되게 된다.

내 학생인 질에게 클라이언트가 마사지를 받으러 왔는데, 마사지 도중 그가 가슴의 통증에 대해 이야기를 했다고 했다. 질이 손을 그의 가슴 위에 올려놓자 그 즉시 서양산사나무의 영이 그녀의 에너지 장 속에 나타났다. 그녀는 클라이언트의 심장이 제 위치에서 벗어나 있음을 알았다. 예전에 서양산사나무의 영이 질에게 심장을 제 위치에 돌려놓기 위해서 손을 어떻게 놓아야 하는지 보여준 적이 있었다. 그녀는 한 손은 클라이언트의 가슴에, 다른 한 손은 그의 머리에 갖다 댔다. 그녀

18_대동맥 판막의 석회화로 인해 혈액이 심장에서 전신으로 전달되지 않고 폐에 물이 차서 호흡 곤란이 초래되는 심장 질환.—옮긴이.

19_심장의 기능 저하로 신체에 혈액이 제대로 공급되지 못해서 생기는 질환.—옮긴이.

가 내면의 비전을 통해 본 바로는 그의 심장이 왼쪽으로 치우쳐 있었다. 그리고 일, 돈, 가정 생활 등과 관련된 여러 가지 '~해야 한다'들의 합창이 심장의 원래 자리를 차지하고 있었다. 그가 내리는 모든 결정이 가슴의 바람이 아니라 '~해야 한다'에 기반해 있었다.

질은 서양산사나무의 영에게 자신의 손을 통해 작용해서 그의 존재의 중심으로 심장이 돌아가게 해달라고 부탁했다. 서양산사나무는 질에게 "가슴을 따르세요. 그러면 당신 자신, 아내, 그리고 모든 생명에 봉사하게 될 것입니다"라는 메시지를 그에게 전하라고 이야기했다. 질이 메시지를 전하자 그는 그 말이 맞다는 걸 알고 눈물을 흘렸다. 그러면서 그는 아내가 돈을 더 벌 만한 직업을 구하라면서 오랫동안 자신을 압박해 왔다는 이야기를 했다. 그는 그런 압박이 자신을 죽이고 있다고 느꼈으며, 특히 가슴 통증이 생긴 후로는 심장마비가 올까 두려워하고 있었다. 한 달 뒤 마사지를 받으러 그가 다시 왔을 때에는 가슴의 통증이 사라지고 없었다. 그는 가슴이 바라는 것을 따르고 있었고, 아내는 그가 기뻐하는 모습에 만족해한다고 했다.

나를 처음 찾아왔을 때 제인은 떨쳐버릴 수 없는 우울증에 시달리고 있었다. 그녀는 친밀함 없이 살아가는 결혼 생활을 불행해했는데, 남편이 자신을 지적인 대화를 나누는 친구 정도로 대한다고 했다. 그녀의 가슴 차크라는 막혀 있었는데, 나는 그것이 불행한 결혼 생활 때문이라고 짐작했다. 나는 실연 문제를 도와주던 식물 영과 함께 그녀의 가슴 차크라를 정화해 주었다.

다음번에 그녀가 왔을 때 보니 가슴 차크라가 다시 막혀 있었다. 무언가 더 있구나 싶어서 그녀의 일이라든지 나머지 생활 등에 대해

긴 겨울의 휴식에 들어가기 전 마지막으로 자신을 맘껏 뽐내는 모습에 이 장엄한 존재들에 대한 깊은 감사와 경외감이 가슴에 차오른다. 감사하는 마음으로 걸으면서, 잘 보이지 않는 붉은 베리들을 찾아 숲 가장자리를 뒤진다. 석양이 내려앉을 무렵 나는 열매들로 뒤덮인 서양산사나무와 마주쳤는데, 나무 아래쪽에서 가물거리는 불빛이 눈에 띄었다. 반사되는 빛 때문일까 싶어 주위를 살펴봤지만 아무것도 없었다. 가까이 다가가자, 빛은 사라지고 나무 둥치 주위로 마치 누군가 춤이라도 추고 있었던 것처럼 원 모양으로 밟힌 자국이 보인다. 서양산사나무 아래에서 요정들이 만난다는 옛이야기가 있던데 그런 걸까? 나무를 뒤덮은 붉은 베리들을 바라보며 상념에 잠긴다. 이 얼마나 풍성한가? 그런데…… 정말 이게 요정 나무가 맞을까? 호주머니에서 주머니를 꺼내 손으로 만든 구슬을 집어 든다. 구슬에 숨을 불어넣으며 요정들과 서양산사나무의 영에게 기도를 드린다. 구슬을 나무 둥치에 두고 베리도 따지 않은 채 자리를 뜨지만, 내 가슴은 살아 움직이는 마법으로 충만하다.

11월의 어느 날 운 좋게도 나는 딸과 함께 아일랜드를 여행하고 있었다. 운전하는 내내 풍성한 붉은색 베리를 뽐내는 생울타리들이 계속 눈에 들어왔는데, 그게 과연 무엇인지 가늠하기 어려웠다. 마침내 차를 멈추고 밖으로 나가서야 서양산사나무 열매가 그토록 풍성하게 달려 있음을 알게 되었다. 내가 사는 버몬트에서는 베리를 조금이라도 찾으려면 아주 멀리까지 뒤져야 한다. 하지만 아일랜드는 서양산사나무의 천국이었다. 신선한 베리들을 미국까지 가져올 수 없어 나는 브랜디로 팅처를 만들어 집으로 가져왔다. 추운 겨울밤에 서양산사나무 열매로 만든 브랜디를 홀짝거리는 호사라니!

서양산사나무는 장미과로, 5월에 꽃이 핀다. 그래서 메이블러섬 Mayblossom이라고 불리기도 한다. 이 식물은 오래 전부터 메이데이May Day[13] 축제와 연결되어 왔으며, 축제에서 5월의 여왕은 서양산사나무의 꽃으로 만든 화환을 쓴다. 1년 중 이 시기에 열리는 고대의 축제가 벨테인Beltane[14]인데, 이 날은 춘분과 하지 한가운데에 있다.[15] 벨테인은 봄을 축하하는 축제로, 다산 및 재생과 밀접하게 연결된다. 서양산사나무는 그 달콤한 꽃으로 봄에 만물이 다시 소생할 것을 예고한다.

서양산사나무는 또 오래된 사과 과수원의 경계를 따라 많이 자라고 5센티미터 정도 되는 가시 때문에 눈에 잘 띄어서 '가시 사과Thorn Apple'라고도 불린다. 예수의 머리에 씌워진 가시나무 왕관 역시 서양산사나무였으며, 이 때문에 신과 가장 가까운 나무, 결코 부정을 타지 않는 나무라는 지위를 얻게 되었다.

서양산사나무가 주는 최대의 선물이자 가장 유명한 선물이 바로 가슴을 치유해 주는 것이다. 신체적인 수준에서 서양산사나무는 순환 능력을 향상시키고, 혈압을 낮추며, 심계항진[16]과 부정맥[17]을 감소시키는 효과가 있는 한편, 노인성 심장 질환[18]과 심부전[19]에 대한 치료약으로도 사용된다. 이처럼 서양산사나무는 가슴을 튼튼하게 해주는 약으

13_봄을 축하하는 서양의 명절. 고대의 수목 신앙에서 유래했다고 한다.—옮긴이.
14_고대 켈트 족이 5월에 하는 축제.—옮긴이.
15_한국의 입춘에 해당한다.—옮긴이.
16_가슴이 두근거리는 것이 느껴지는 증세.—옮긴이.
17_심장 박동이 불규칙해지는 것.—옮긴이.